環境問題と
市民参加型制度
の発展
進化経済理論から見た
市民参加の展開
越田加代子
Koshida Kayoko

文理閣

環境問題と市民参加型制度の発展
――進化経済理論から見た市民参加の展開――

目　次

補　章　家計における太陽光発電普及のための提案

第4章　太陽光発電普及のための市民参加型「屋根貸し」制度の現状と課題

第5章　消費者の環境配慮行動としてのカーボン・オフセット

第6章　都市近郊における里山保全――市民による共同管理――

第7章　県民債を活用した住民参加型太陽光発電事業の展開

序　章

いまや、「拡大・成長」を続けてきた経済社会が、資源や環境の地球レベルでの有限性という制約に直面していることを覆い隠すことができない事実となっている。世界においては、20世紀的な豊かさを享受することは難しく、これまでの物的な市場価値を拡大する「豊かさ」から「あらたな豊かさ」への再定義が必要となっている。

J. S. ミルは『経済学原理』において、「そもそも富の増加というものが無制限のものではないということ、進歩状態と名づけているところのものの終点には停止状態が存在し、富の一切の増大はただ単にこれの到来の延期に過ぎず、前進の途上における一歩一歩はこれへの接近であるということ……このような停止状態（定常状態：stationary state）を終局的に避けることは不可能であるが、定常状態においても、あらゆる種類の精神的文化や道徳的社会的進歩のための余地があることは従来と変わることがなく、また『人間的技術』を改善する余地も従来と変わることがないであろう」[1)]としている。

広井良典（2001）は、『定常型社会』において、「時間観の転換」[2)]を重要視している。「快適な空間で、いい時間を過ごす」というのは、人生の1つの目標であるが、「自己実現」に向けた「時間の消費（マテリアルな消費）が「情報の消費」へと進化してきた延長線上に、「時間の消費」とでも呼べる消費のあり方を見出すことができる、具体的には、文化、芸術、自然、園芸、旅行、スポーツなどの“余暇”ないし“レクリエーション”に関わる消費は、やがて「根源的な時間の発見」へ、「自然」や「コミュニティ」の時間の発見へと進化する。そこでは、例えば、自然保護や福祉など、個人が主体的に参加するボランタリーな「市民参加型」の活動の中で、自由な創意が発揮され、喜びや感動を共有しあう時間が流れるが、これらは、明らかに「市場経済」とは異なる時間である、と指摘する。

ダニエル・ベル（1975）は、「ポスト工業社会（脱工業社会）」においては、物的資源とエネルギーの効率的配分によって、経済効率と成長を第一義とする「経済学的様式」から、知識や情報による問題解決という「社会学的様式」、すなわち経済的価値から社会的価値へと価値観の変化が必要である[3)]、としている。アンソニー・ギデンズ（1995）は、今日の「ポスト工業社会」のことを「ポスト希少性社会」と呼び、先進国の工業化が十分に進展した後にくるのは、「ポスト希少性の経済（Post-scarcity Economy）」である[4)]、としている。

佐伯啓思（2003）は、「あらたな豊かさ」の実現に向けて、「豊かさの再定義」が必要である。これまでの「工業社会」は、物的生産における経済成長が主要な関心事であったが、「ポスト工業社会」では、環境、健康、生活のアメニティ、交通システムなどの専門的な知識や情報が動員・結合され、それによって「公共的計画」の実現が図られる。人々の関心が物的な「量」の拡大から生活の「質」へと変化する。人々は、例えば、自動車そのものを求めるのではなく、自動車を有効で快適に使えるような生活システム、交通（道路）のシステムを求めるようになる。つまり、自動車という商品ではなく、その自動車を家族や友人と共有する時間を求めるようになるのである。量的拡大（成長経済）を目標としない、「あらたな豊かさ（定常経済）」に向けて、「価値観の転換」が必要であると指摘している。

人々の関心が、「物的豊かさ」から「心の豊かさ」を重視するように変化するなかで、今日、われわれには、環境問題から脱却し、持続可能な経済社会を構築するという大きな課題がある。これからは、「自己実現」に向けた時間の消費であり、省エネ型余暇活動を通じて、変化しない「自然」や「コミュニティ」の時間にも価値をおくことが重要になる。なぜなら、そこでは、自然環境保護、リサイクル活動、福祉など、個人が主体的に参加するボランタリーな「市民参加型」の活動に繋がるからである。そのなかで、人々の自由な創意が発揮され、喜びや感動を共有しあう時間が流れる。一方、消費行動においても、環境に配慮した製品を選択的に購入する消費者が登場している。また投資行動においても、自らの資産運用にあたっては、環境に配慮する企業や団体を選んで投資する投資家が現れている。このように、人々の環境意識の高まりを受けて、環境問題の解決のために、上述のような「市民参加型」の取り組みが創出されてきている。換言すれば、いわゆる「量的拡大」から「生活の質」への変化は、人々の社会問題への積極的な関わりを通じて、自己実現することに時間を費やすことを意味する。他方で、人々が環境に配慮した消費行動や環境に配慮した企業に資金供給を促す投資行動が創出されている。このようなアクティブな活動の一つとして環境問題への「市民参加型」取り組みが存在し、この分野の取り組みと制度上の仕組みが相互に依存しながら、「価値観の転換」を押し進めていると考えられる。

そのような「市民参加型」の活動に共同参画する企業を市民化して参加することが求められる。具体的に企業は、制度学派が明らかにしたように、利潤追求を目的とする主体であり、それは収奪本能である。このような企業の有りようは、先に指摘した「物的な市場価値を拡大する『豊かさ』」に関係しているが、企業それ自体がその社会的責任を認識して市民参加型取り組みに目を向け始めるや、「人々の社会問題への積極的な関わり」を持つことになり、企業市民概念が生まれる。とはいえ、利潤追求たる主体をやめるわけではなく、後に展開するように、その性格は資金上の規律として現れることになる。

企業市民という市民参加型の仕組み（例えば環境保全の取り組み）の場合、その仕組み自体が製作本能をベースとした取り組みである。つまり、製作本能がベースになって動いているなかで、企業がこの動きの中に参加することによって、これまでの収奪本能が劣位に退き、製作本能が前面に顕在化することになる。本書では、基本的には、上述のようになることによって、企業は企業市民になると概念化する。つまり、企業市民は企業の立場ではなく市民の立場である。この場合、企業は利潤追求を目的とするのではなく、市場から相対的に遠い状況で本仕組みに参加している。そのことは、基本的に企業そのものが企業市民化していると定義する。

にもかかわらず、企業は基本的に利潤追求を目的とする主体であることに変わりはない。それは、例えば、本仕組みのなかで、県民債もしくは債券を発行する場合、一定の利益を上げなくてならないという仕組み自身が強制する有効性をもつが、確実に償還できているという市場的規律、つまり効率性を生み出すことになる。換言すれば、収奪本能的空間から、相対的に自立した市民参加型の仕組みは、収奪本能の体現主体である企業が、このように企業市民として、それでも利潤原理をベースにしていることによる効率性を伴って参加していることによって、これまでのいかなる製作本能と収奪本能がより高い次元で融合しているといえる。企業はこのような部分を一部にもちつつ、企業市民化していくのである。つまり、収奪本能と製作本能が融合して、これまで存在しなかったような新しい組織体を組成していることになる。それが大量生産の社会システムの時代ではなく、自己実現する社会において、いわゆる時間を消費するための自己実現をめざす空間を形成しているのである。

そこで、われわれが提起している重要な点は、人々の意識が、これまでの大量生産の体制、いわゆる物的な消費の豊かさから、「自己実現」に時間の消費をするあらたな豊かさへと転換しているなかで、基本的に新しい段階に入っているということである。そのことは今日の、かの定常状態における環境・社会活動に時間を消費する時代の新しい特徴を先取りしているといえる。その段階において、われわれに空間的に提供してくれているなかの一つが、いわゆる環境をベースにした市民参加型の仕組みである。その仕組みにおいて、企業市民を抱え込むことによって、上述の制度学派が明らかにしてきた収奪本能と製作本能がより高い次元で融合しているということである。にもかかわらず、市民参加型の取り組みとして製作本能が出現してきた。それは、市場原理の主体である企業が、上述の如く企業市民という組織体として現れたことによって、この取り組み自体に、市場的規律を持ち込み、取り組み活動を有効なものにしていると評価している。

換言すれば、収奪本能的空間から相対的に自立した市民参加型の仕組みは、収奪本能の体現主体である企業が、このように企業市民として、それでも利潤原理をベースにしていることによる効率性を伴って参加していることによって、過去のいかなる製作本能と収奪本能がより高い次元で融合しているといえる。企業はこのような部分を一部にもちつつ、企業市民化していくのである。つまり、収奪本能と製作本能が融合して、これまで存在しなかったような新しい組織体を組成していることになる。それが大量生産の社会システムの時代ではなく、自己実現する社会において、いわゆる時間を消費するための自己実現をめざす空間を形成しているのである。

他方で、この環境問題に関して、2009年に小宮山宏（元東大総長）は、景気対策（需要拡大）とCO_2排出削減を狙った太陽光発電普及策として、国債を発行し、戸建て住宅の屋根に太陽光発電設備を設置する方策を提言した。この環境問題に関する資金調達上の国債発行を通じた取り組み案（以下、小宮山案と表記する）は大いに期待されたが、国家プロジェクトにおいては、仕組みを作ることが困難ゆえに結実しなかった。しかし、以下で考察するように、小宮山案は国家レベルの政策ではなく、地域レベルで、いわば環境と金融の融合形態として、存続している。例えば、飯田市の取り組みとして、初期投資がゼロ円の「おひさまゼロ円システム」においては、「小宮山案」の課題であった事業体は、民間企業（発電事業者）が担っており、より現実的であると考えることができる。「小宮山案」の場合には、政府がリスクおよび負担をすべてもつという直接的なものであったが、当該システムでは、間接的な助成にとどまっている。さらに、民間金融機関との連携による低利融資で資金供給を促すことによって、官民協働（public private partnership）のシステムを実現している。

上述の環境問題への「市民参加型」の取り組みは、このように地域レベル・市民レベルの資金調達様式を内包しながら、展開していくことになるのである。そこで、本書の目的は、環境問題を解決するためのアプローチとして、すでに実施されている「市民参加型」の取り組みと制度上の仕組みについて考察する。環境意識の高まりを前提としつつ、環境問題に関わる主体的な「市民参加型」取り組みとして、地域レベルで実施されている主体的、かつ多様な取り組みの考え方や特徴・意義を吟味し、「市民参加型」制度のプロセスを考察する。

「参加」の形態として、国家レベルにおいては、パブリック・コメントや公聴会の程度が行われているだけである。これに対し、本書が示すように、環境計画において、地域レベルでは、市民・住民参加が数多く制度化されており、「参加」という行動は、かなりの程度実現している。つまり、「市民参加型」、「市民協働型」の取り組みは、今日の潮流であり、環境活動の取り組みの中心を成している。この市民参加型の取り組みに欠かせない仕組みが資金調達である。そのなかで、国家レベルでの資金調達をうまく活用したのが、小宮山案である。しかし、国家レベルにおいては、仕組みを作り上げることの困難さが生じる。それゆえ、上述の小宮山宏が提案した環境問題に関する資金調達上の国債発行を通じた小宮山案の意義と限界を提示することにより、国家的取り組みから地域的取り組みへのシフトの必然性を考察する。また、環境保全に関する市民参加型取り組みが、国家中央ではなく各地域での取り組みで結実した点、つまり小宮山案が国家プロジェクトではなくいわば市民参加型地域プロジェクトとしてこそ成立せざるを得ない要因およびそのグラスルーツ的領域にしか制度構築ができなかった本質が、市民参加型という点、さらにそれと共同参画する企業が市民化した点に求めている。以上のように、小宮山宏によって考案された国家的取り組み（資金調達は国債発行）の内容は、市民参加型の取り組みを内包する地域的な取り組みを通じて、実現されることになる。したがって、本書では、地方レベルでの資金調達（小宮山案は国債発行）をベースとした市民参加型取り組みの仕組みを考察する。

上述のように位置づけられた市民参加型取り組みに参加する市民あるいは参加しないまでもそれに賛同して協力する市民や企業市民は、この制度を、「あらたな豊かさ」の主体的条件として自らの「自己実現」に向けた「時間の消費」の条件、あるいは「自然」や「コミュニティ」の時間の発見の条件と見なしつつ、その態様の特質を実際に執り行われた取り組みから析出し、チャートを作成する。

さて、環境問題に関する経済社会の制度分析には、中・長期的にはすでに進化経済学「ミクロ・マクロ・ループ」として捉えた社会的進化の概念が存在する。まず塩沢（1997a 1997b 1999）は、制度を「方法論的個人主義」、あるいは「方法論的全体主義」という経済学における一元論を乗り越えるために「ミクロ・マクロ・ループ」を提案している。主体（個人・企業）の行動がミクロレベル、制度がマクロレベルにあると考え、構造、パターンのみならず制度をミクロ・マクロ・ループによって位置付ける、としている。

一方、制度を媒介としてミクロ主体とマクロ構造における円環的規定関係として考える、植村博恭ら（1988）の「制度論的」ミクロ・マクロ・ループがある。それは、制度を「人々の特定の思考習慣・行動に誘引する社会的『装置』として定義し、人々が「主体」として繰り返し行動することによって「制度が再生産される場」が創られている。「社会的装置」としての制度は、人々の行動を制約するとともに、人々に自律的な行動を保証するという両面の性質から主体を個人へと変換させる装置の役割を担っている。「制度論的」モデルにおけるミクロとマクロの円環的規定関係は、制度と主体との構造的関係と制度の補完性からマクロの成果が生み出され、逆に制度疲労とマクロの成果の変化からミクロと制度の構造変化が生み出される。諸制度は、諸制度からなるミクロ・マクロを媒介する連接領域であるメゾの部分である、と指摘している。

西部忠（2010）は、制度を相互作用子（主体）が広く社会的に共有している複製子（ルール）の束であると定義している。ミクロ・マクロ・ループの課題は、制度がミクロとマクロのどちらのレベルに存在するのかを明確にできない点にある。この問題を解決するために、制度はミクロとマクロの中間で両者を連接・媒介するメゾレベルとであり、メゾの制度がミクロとマクロの両レベルと相互作用する点に着目している。この場合、個人や企業などの主体はミクロレベルに、社会的ルールの束である制度はメゾレベルに、集計的な経済的成果、構造、秩序、パターンはマクロレベルにあると考える。そして、ミクロとメゾ、メゾとマクロの間にミクロ・マクロ・ループとしてこれまで見てきた循環的かつ相互規定的な論理を適用する。このように、ミクロ・メゾ・マクロ・ループの考え方は、ミクロ・マクロ・ループとして考察した動態的関係をミクロ・メゾ・マクロ・ループとして考察している。

野村良一（2001）は、塩沢（1999）モデルと植村ら（1988）の「制度論的」モデルを比較し両モデルの問題点を指摘するとともに、ホロン概念を用いて、より普遍的なミクロ・マクロ・ループを提示している。つまり、塩沢のミクロ・マクロ・ループは、ミクロとマクロの直接的相互規定関係を強調し、「双方向的の規定関係が相互に作り出したものとして、いわば両者の共進化」として捉えることを目指すものである。一方、「制度論的」モデルがメゾを制度と想定しているがゆえに、多層的主体による入れ子型構造として把握することの有効性を生かしきれない構図となっている。したがって、「制度論的」モデルの問題点をホロン（社会的ホロン：個人、一族、部族、国家など）による多層的な階層システムを捉え直すことで克服できる、としている。加えて、制度を各階層における広義のルールと規定することで、同モデルにおける制度の規定との整合性を図った。つまり、「制度論的」モデルにおけるメゾ領域をホロンと想定することで、任意の階層を自律的主体として捉えることが可能となる、と指摘している。

そこで、本書においては、「制度論的」アプローチにおけるミクロとマクロの相互規定関係という考え方を継承しつつ、制度を社会（マクロ）と個人（ミクロ）の間、すなわちメゾレベルに存在するものとする。換言すれば、制度は、諸制度からなるミクロ・マクロを媒介する連接領域に存在するメゾレベルであり、ミクロ・マクロ・ループとして考察した動態的関係をミクロ・メゾ・マクロ・ループと定義する。

メゾレベルには、制度・条令という外部ルール、および、内部ルールとして、人々の間で共有されている価値規範として環境意識を置く。例えば、人々の価値規範はミクロ主体が個々有するものである。しかし、制度とミクロ主体との相互作用が存在するならば、個人のもつ価値規範に対しても制度と相互影響があるのではないかと考えられる。例えば、ごみの分別やリサイクルを徹底している地域の住民は、それを実施していない地域の住民に比べて環境に対する意識や関心が高いということがあるかもしれない。この場合、住民の価値意識に対してごみの分別やリサイクルに関する様々な規制や法が生成される。そして、そのような環境問題に関する規制や法が住民の価値意識を規定することになる。

本書が主張したいことは、市民参加型の取り組みが、市民や企業の環境意識の高まりとそれに基づく行動が行政の政策の施行および法律制定に結びつき、また後者の動きが前者の意識の変化とそれに基づく行動の変化に結実するループが、その過程で両者の中間領域に形成された制度（市民参加型の取り組み）と相まって、ミクロ・メゾ・マクロ・ループを形成しているという点である。また、そのループ内には、ミクロからメゾへの上向きの過程とメゾからミクロへの下向きの過程が存在するという点である。そのような過程は、どのようなことを意味するのであろうか。

まず、市民個々人の環境意識、それが社会化して制度に結びつくミクロからメゾへの上向きの過程がある。例えば、政府の法整備、地方政府による条例の制定は、住民によるごみの分別やリサイクル活動を通じて、市民個々人の環境意識が社会化する。さらなる行政の条例制定によって、人々の環境意識を促すことで、高度化・進化する。上述のように、住民の価値意識に対してごみの分別やリサイクルに関する様々な規制や法が生成される。そして、そのような規制や法が住民の価値意識を規定することになる。

次に、マクロレベルの環境規制を受けた市民個々人、あるいは企業がそれに影響を受けてエコグッズのアイディアと商品化を実現するというメゾからミクロへの下向きの過程がある。例えば、政府による環境改善のための法整備、地方政府による関連法が施行されることによって、エコプロダクツを含むエコビジネスが創出される。その製品はグリーン・コンシューマーによって評価される。また次の人々に評価され、波及効果が生じて一般化する。そこでは、企業と消費者・企業市民との間の相互依存的なプロセスが存在する。このように、ミクロからメゾへの上向きの過程、および、メゾからミクロへの下向きの過程、その両者が、らせん状に変化していくことが重要である。そのような過程を基軸（進化経済理論枠）に据えて、環境政策に関する個人的・社会的意義の変化過程を導出することは意義がある。

本書の構成は、以下のようである、第1章においては、市民参加型制度の形成と環境意識の高まりの関係が双方ともに進化プロセスであると捉え、先行理論である「制度進化のプロセス」論をベースに議論する。つまり、社会化による制度形成への動き、およびマクロ的成果の変化の相互依存関係を、進化経済学の主要理論を制度学派に求め、「ミクロ・メゾ・マクロ・ループ」視角から、特に「製作本能」概念と「収奪本能」概念に基づき、そのループ内における市民および企業市民の不可避性と独創性を強調する。第2章においては、2-1において、環境容量の中での豊かさの追求が求められるなか、持続可能な経済社会への移行では、消費者や企業の環境配慮型行動および地域社会で創出されつつある新しいコミュニティについて概観し、環境問題に注目する。その背景にあるのは、人々の意識や行動が、「物の豊かさ」から

「心の豊かさ」を重視するように変化するなかで、「あらたな豊かさ」とともに、それを実現していく主体的な条件は何かということに問題意識をもち議論する。2-2において、環境問題を解決するためのアプローチとして、地域レベルで、すでに実施されている市民参加型の取り組みと制度上の仕組みについて考察する。具体的には、循環型社会形成推進基本法（以下、循環基本法と表記する）のもと、消費者（市民）、企業市民の視点から、市民参加型の取り組みと制度のプロセスについて考察する。そこでのコンセプトとして、環境意識の高まりと市民参加型の制度がその活動を通じて、好循環を創出していくというステップを明らかにする。

第3章においては、2009年、太陽光発電普及のために国家プロジェクトとして提言された資金調達上の国債発行を通じた小宮山宏（元東大総長）の案の意義と課題を提示することにより、国家的取り組みから地域的取り組みへのシフトの必然性を考察する。具体的に言えば、小宮山案は、国家レベルにおける環境問題に関する資金調達上の国債発行を通じた太陽光発電屋根貸し制度であるが、同案は制度として結実しなかった。国家プロジェクトは制度として組み込めなかったが、地域レベルにおける資金調達が可能である。そこで本章において、地域レベルの市民参加型制度を資金調達ベースにして、それぞれの資金運用主体・資金供給先などを類型化し、明らかにする。そして、それを特徴づけるために、地域レベル・市民レベルの資金調達をベースにした主体的かつ多様な取り組み事例を詳細に考察する。

第4章から第6章においては、上述の環境意識の高まりが、市民が主体的かつ具体的な環境行動の取り組み形成されてきたなかで、主として、官民協働による主体的な市民参加型の制度のメカニズムを考察する。まず、第4章は、第3章で考察した小宮山案の意思を継承し、地域レベルにおいて実現した「太陽光発電普及のための市民参加型“屋根貸し”制度における現状と課題」を明らかにする。第5章は、カーボン・オフセット制度のもと、市民、企業が相互依存的な役割を担う「消費者の環境配慮行動としてのカーボン・オフセット」、ここでは、対象区分（市場流通型・特定者間完結型）をベースにして、オフセット費用負担、クレジットの種類などに類型化し、明らかにする。第6章は、主体的な市民参加の環境保全活動として、「都市近郊における里山保全―市民による共同管理―」、ここでは、里山の全対象地の所有形態をベースに、維持・管理主体、資金調達（費用負担）などを類型化し明らかにする。それを踏まえて、それぞれの市民参加型制度の考え方や特徴・意義を吟味するとともに詳細な事例を考察する。第7章は、持続可能な地域社会モデルを目指す「あわじ環境未来島構想」のシンボル・プロジェクトとして実施された住民参加型太陽光発電事業に注目し、同事業を制度と住民の選好の共進化の過程と捉えつつ、同事業に資金供給する淡路島地域の住民の意識や行動がどのように政策や制度に影響を及ぼし、また行政による政策や制度によって、住民の意識や行動がどのように変化したのか、ミクロ・メゾ・マクロ・ループの理論枠組みを用いて、同地域の聞き取り・アンケート調査を踏まえ分析する。そのことによって、今日の「市民参加型」の取り組みを特徴づけるとともに、環境配慮行動を通じて、持続可能な経済社会の実現に向けた「価値観の転換」を具体的に解明するものである。

注

1） J. S. Mill, 末永茂樹訳（1971）『経済学原理』岩波書店　pp. 101-109。

2）「時間観の転換」は、2つの局面に分けられる。第1は「時間の消費」、第2は「根源的な時間の発見」の方法である。まず「時間の消費」については、「マテリアルな消費」が「情報の消費」へと進化してきた延長線上に、「時間の消費」とでも呼べる消費のあり方を見出すことができる、具体的には、「時間の消費」とは、文化、芸術、自然、園芸、旅行、スポーツなどの「余暇」ないし「レジャー（レクリエーション）」に関わる消費を含む。さらに生涯学習等を含めて、広義での「自己実現」に向けた学習・教育・趣味等の分野は、これらも「時間の消費」というべき性格をもつ。もう一つの位相である、「根源的な時間の発見」とは、「コミュニティ」と「自然」である。地域において福祉や自然保護などの活動に関して、個人が主体的に参加しネットワークを創り、互いに支え喜びを共有し合う様々なボランタリーな活動が急速に広がっている。そこで共有され、また参加した個人に充足してくれるのは、いわば「市場／経済」の時間とは別の流れ方をする「時間」であろう。今後、大きく拡大する分野として「自然との関わり（園芸・庭造り・農作業・森林浴・身体運動など）」を通じて、ふれあい、また発見しているのは、「自然の時間」とでもいうべき時間の層である。

3） ダニエル・ベル、内田忠夫訳（1975）『脱工業社会の到来（下）』ダイヤモンド社　pp. 364-371。

――、林雄二郎訳（1976）『資本主義の文化的矛盾（中）』講談社。
4） Giddens（1995）「Beyond Left And Right」。

第1章

制度と制度進化プロセス

序　文

環境問題における金融は市場的プロセスのみならず、中央政府による規制、地域レベルにおける自治体の実践や非政府組織による自主的取り組み、個人レベルにおける意識や認知の変化、個人の意識変化による世論の変化、世論の変化による政策変化、といった、複層的な制度とその進化のプロセスである。それゆえ、これから述べる環境政策における市民参加型取り組みの構造を導出し考察を加えるに当たり、その理論的枠組みを制度論に求めるものである。なぜなら、今日の環境政策における市民参加型の仕組みは、おおざっぱに言って市民意識から法令を核にもつマクロ的な取り組みへの動きと逆に後者から、前者への対応関係を、その中に制度として認識できる地域レベルの社会的な仕組みを位置づけるという作業に取りかかるからである。したがって、制度学派の社会的・歴史的概念を使用することによって、この取り組みのシステムを分析し、そこに生まれた新しい実体を導出し説明するものである。そこで、制度と制度進化を理論的に理解するために、本章では、ソースタイン・ヴェブレン、ジェフリー・ホジソン、青木昌彦等の代表的な制度論及び制度変化論を参照しつつ、(1)製度の基本概念、(2)ミクロ・メゾ・マクロ・ループとしての制度進化、(3)制度の歴史的進化と環境問題の3点に焦点を絞り、本書で扱う環境と金融問題への分析的枠組を提示したい。

1-1　制度の基本概念

制度を理解するにあたって、ミクロレベルにおける人間・企業の認識が必要である。制度をつくるのは、ミクロレベルの人間・企業である。ヴェブレンは、制度をどのように構成するのかという点と、さらに進化させる要素として、本能を原動力とする本能概念を中心においている。社会制度とは、当然ながら、人間が作り進化させるものであり、人間本性の分析は不可欠である。そのため、本書においても、ヴェブレンが指摘する制度を動かす原動力として、本能概念を中心に捉えることとする。

1-1-1　本能概念を踏まえた制度概念

本節では、ヴェブレンの本能概念、ここでは、製作本能を中心としたヴェブレンの制度概念を考察する。佐々野謙治（2003）によれば、ヴィブレンがいう人間とは、「何事かを行うことが人間の特徴をなす」と解された。「人間はその行動において自己を実現しようとしている」存在である。人間は、たえず行動する存在であり、その本質も行動それ自体のなかにある。この人間の行動を規定しているのが習慣である。それゆえ人間は、習慣の所産、つまり「習慣の首尾一貫した構成物」である。習慣は過去から受け継がれたものであり、現在の人間行動を方向づけている。この習慣は、物質的環境の変化——これは生産技術によってもたらされる——に対応して、累積的・連続的に変化するとともに変化していくものである。ここにいう習慣、つまり習慣化された人間行動が、制度に他ならない。それゆえ、制度は累積的・連続的に変化するものである。したがって、そこには、いかなる完成も終点もないのである。また、ヴェブレンの制度の変化を分析する際の観点は、精神的態度において言及されていると指摘している。

上述の制度の定義は、その時代に一般的な思考習慣であり、それを規定しているのが習慣・性向である。ヴェブレンがいう習慣と性向とは、社会的な生活プロセスのなかで、日常的かつ不可逆的に人間が身につけるようになった精神的態度であり、行為規範である（佐々野 2003 p. 56）。行為規範について、高哲男は、次のように述べている。「日常生活を通じて、獲得された気質は、習慣の地位から習性とか性向のそれへと転移し、選択的適応のプロセスを通じて、ますます強固に継承され、結果的に行為規範としての強制力を発揮するようになった。さらに、人間は生活プロセスの主人公であり、主体性・能動性をもち、自己実現を目指す存在である」(高 1991 p. 56) としている。しかし、その原動力は、非合理的な人間の本能に求められた。すなわち、人間は不変な本能を動因に行動するが、その人間行動は習慣によって規定されている、というのである。人間の行動を究極的に規定しているのも人間の本能である。それゆえ、ヴェブレンにとって、不変なもの・絶対的なものは、製作本能である。どのような体制であれ、それは本能 (製作本能) を発現させ、現実化する形態として相対化されている (佐々野 2003 p. 172)。

ヴェブレンは、人間が種として特有の本能を有しており、それが根本的には人間の行動を規定していると考えた。ヴェブレンのいう本能の機能とは、人間に目的を与えるものであり、本能が指し示す目的に向かってしか人間は行動しない。したがって、その目的を達成するための手段は様々な制度であるという。したがって制度は、すべて何らかの本能と関連づけられる。

ヴェブレンのいう本能とは、つまり、人間の行動の目的を指し示す性向であり、各本能が示しているのは、行動の目的の極や軸、総体として人間の行動の原動力となるものである。その本能の種類として、次の4つ挙げている。それは、製作本能 (instinct of workmanship)、収奪・略奪本能 (predatory animus, predatory instinct)、親性性向 (parental bent)、および好奇心 (idle curiosity) である。具体的には、製作本能とは、科学技術の進歩のための衝動である。収奪・略奪本能とは、非生産的で利己的な目的を追求するものである。親性性向とは、共同体の福利や、利他的な目的を追求するものである。最後に、好奇心とは、実用的な関心とは無関係に、諸事物の知識を追求する本能である。このように本能は矛盾しあったものを含んだ多様なものがあり、これらがからみ合うことで、行動の目的やその手段である制度が成立する。新井田智幸 (2014) によれば、こうした制度の構造から言えるのは、制度は常に何らかの本能が指し示す目的に合致しているということである。そして、制度変化とは、どのような本能を基盤にもった制度が支配的になるかという変化であるため、顕在する本能の変化であると言い換えることもできる。ヴェブレンが特に注目するのは、製作本能の浮沈であるが、これは原始未開時代では全面的に発揮されていたものの、野蛮時代に抑圧され、手工業時代になって再び発揮されるようになってきたものとされる。一方で、利己的な本能については、原始未開時代には弱かったものが、野蛮時代以降顕在するようになってきたという見方がされているとしている[1)]。

また、ヴェブレンは、制度とは製作本能の所産であるとされる。その制度がひとたび形成されるや、今度はそれが製作本能の発現を規定する。この制度は製作本能自らが展開する自己の発現の容器として生み出した形態といえる（佐々野 2003 p. 45)。そして、製作本能は、自己継続的・自己増殖的であり、制度の変化をもたらす基体であるとしている。一方、佐々木晃（1998）によれば、ヴィブレンの制度は、諸個人の精神的態度（習慣と性向に規定される）であり、組織された社会集団の文化のなかで永続的な要素として存在しているという。文化とは諸々の慣習（custom）の複合体である。そして、これらの慣習は諸個人の習慣（habit）の形成に一般的であるところの関連した生活様式の一つの事実である。人間は習慣の束である、それゆえ、文化は生来の原始的な人間性に絶え間なく作用し、それを変更することによって自らを永続させる力を有している。

1-1-2　慣習とルーティン

ヴェブレンは、制度も、そして制度のなかに置かれた諸個人も、ともに進化的プロセスのなかにあるという。社会の進化とは、諸制度の進化に他ならない。ここにおける制度について、ヴェブレンは、「個人と社会の特定の関係や特定の機能に関する一般的な思考習慣である」と定義している。それでは、主体の経済活動における慣習の役割とは何であろうか。それは、社会的に受け入れられ、社会の構成員によって、学習されるべきものと考えられる習慣が慣習となる。ここでの社会的という時間軸は、1つの国民全体を指すときもあれば、ある特定の社会集団のことでもあるというように様々でありうる。社会によって公式に採用された習慣が「制度」となる。しかしながら、公式化の度合いには様々な程度があり、インフォーマルな制度としての慣習・慣行とを区別することは、容易ではない。むしろ、ヴェブレンとその伝統を継承する制度経済学は、人間の習慣的な行動を、インフォーマルなものから、フォーマルなものまでも含めて制度として議論されてきた。

慣習とは、個々の主体に開示される行動型のレパートリーの一つであり、個人の行動を特定のやり方で実行可能にする、過去から受け継ぎ蓄積されてきた実践的な知識として機能する。ホジソンが指摘するように、習慣は、「大量の複雑な情報に関わる大域的な合理的計算を行うことなくある行動パターンを維持する手段を提供する」(Hodgson 1988 p.126) という機能をもつのである。そして、習慣は全体としての経済のなかで極めて多くのルーティン化された行動と関連している。習慣とルーティンは、他人のあるべき行動に関して多少なりとも信頼できる情報を提供することにより、他人の意識的意思決定を可能にする。

以上のように、複層的な制度を動かす重要な要素としてのミクロレベルの人間・企業の動機、あるいは本性としての本能概念を分析した。その過程では、そうしたミクロレベルの個人、あるいは企業がどのようにして、制度を構成し、その制度がどのように進化していくのであろうか。そのことを次節において、検討することにしよう。

1-2　ミクロ・メゾ・マクロ・ループとしての制度進化

本節では、制度の空間的な複層性の相互作用のプロセスをミクロ（個人・企業)、マクロ（政府・国家)、ミクロとマクロを媒介するメゾ（制度）の3者に分けつつ、それぞれの相互作用を分析する。制度は複層的なものであり、制度をミクロ・メゾ・マクロ・ループとして理解するとともに、かつ、それは進化を表している。これが、どのように螺旋状に進んでいくのかということを考えると、制度進化の議論が導出される。

1-2-1　社会的進化の概念

ヴェブレン（1898）は、経済学が現実的な問題を扱うためには、社会における累積的変化を対象としなければならないと説いた。人間の行動は本能だけでなく、多数の人々によって複製される思考習慣により支配されているとともに、「無駄な好奇心」を備えているがゆえに新奇性や変異を生み出す。彼は、人間の性質と社会経済的な環境、いわばミクロとマクロ双方を累積的・自己強化的な因果過程の結果として理解しようとしたのである。経済社会の制度分析では、ミクロ・マクロ・ループとして捉えた社会的進化の概念が存在する。その先行研究は、次のようなものがある。

今井賢一・金子郁容（1988）によって「ミクロ・マクロ・ループ」という語が初めて提示された。彼らはそれを「ミクロの情報をマクロの情報につなぎ、それをまたミクロレベルにフィードバックするという仮想上のサイクル」と定義している。彼らは、その情報の流れに循環的関係を見出し、それを「ミクロ・マクロ・ループ」と名付けたのである。しかしながら、彼らがミクロとマクロのやり取りで想定しているのは、「情報」、「意識」、「理解」といったものであり、主体の行動と社会的帰結との間にある円滑的な相互規定関係を捉えるとする解釈とは異なるものであった。

それに対して、塩沢由典（1997a、1997b、1999）は、新古典派経済学における「方法論的個人主義」か、マルクス経済学における「方法論的全体主義」か、どちらか一方の立場によるだけでは捉えきれないと主張し、そのような経済学における一元論を乗り越えるために「ミクロ・マクロ・ループ」を提案した。主体（個人・企業）の行動がミクロレベル、制度がマクロレベルにあると考え、構造、パターンのみならず制度をミクロ・マクロ・ループによって位置付けている。

一方、制度を媒介としてミクロ主体とマクロ構造における円環的規定関係として考えるものとして、植村博恭ら（1988）の「制度論的」ミクロ・マクロ・ループがある。それらは、制度を「人々の特定の思考習慣・行動に誘引する社会的『装置』」として定義し、人々が「主体」として繰り返し行動することによって「制度が再生産される場」が創られているという。「社会的装置」としての制度は、人々の行動を制約するとともに、人々に自律的な行動を保証するという両面の性質から主体を個人へと変換させる装置の役割を担っている。「制度論的」モデルにおけるミクロとマクロの円環的規定関係は、制度と主体との構造的関係と制度の補完性からマクロの成果が生み出され、逆に制度疲労とマクロの成果の変化からミクロと制度の構造変化が生み出されるのである。諸制度は、諸制度からなるミクロ・マクロを媒介する連接領域であるメゾの部分であると指摘している。

野村良一（2001）は、塩沢（1999）モデルと植村ら（1988）の「制度論的」

モデルを比較することから、両モデルの問題点を指摘するとともに、ホロン概念を用いて、より普遍的なミクロ・マクロ・ループを提示している。塩沢のミクロ・マクロ・ループは、ミクロとマクロの直接的相互規定関係を強調し、「双方向的の規定関係が相互に作り出したものとして、いわば両者の共進化」として捉えるものである。ただし、いかにしてミクロとマクロが規定しあうのかというメカニズムを明らかにしていないという。一方、「制度論的」モデルは、社会経済システムを多層的主体による入れ子構造と捉える。ミクロとマクロが相対的なものという認識によって、ミクロ・マクロ・ループの位置づけを可能にし、任意のミクロ・マクロ・ループの考察を可能にする分析枠組みである点において、有効性を持ちうることを明らかにしている。しかし、「制度論的」モデルがメゾを制度と想定しているがゆえに、多層的主体による入れ子型構造として把握することの有効性を活かしきれない構図となっている。このような「制度論的」モデルの問題点はホロン（社会的ホロン：個人、一族、部族、国家など）による多層的な階層システムを捉え直すことで克服できる。加えて、制度を各階層における広義のルールと規定することで、同モデルにおける制度の規定との整合性を図った。つまり「制度論的」モデルにおけるメゾ領域をホロンと想定することで、任意の階層を自律的主体として捉えることが可能となると指摘している。

西部忠（2010）は、制度を相互作用子（主体）が広く社会的に共有している複製子（ルール）の束であると定義している。制度とは、ミクロレベルの相互作用子（主体）が何らかの認識や行動を行うために依拠するルールであり、またマクロレベルの構造、秩序、パターンはそうした認識や行動の結果として創発するのだから、ミクロやマクロというレベルの成立の前提として存在すべきである。制度を「多くの相互作用子（主体）により共有される複製子（ルール）の束」と捉えるならば、単にミクロレベルにあるとみることはできないし、また単に制度を個人の行為の相互作用から創発したものとみなすならば、いっそうミクロレベルにあるとはいえないという。ミクロ・マクロ・ループの課題は、制度がミクロとマクロのどちらのレベルに存在するのかを明確にできない点にあるとしている。

この問題を解決するために、制度はミクロとマクロの中間で両者を連接・

媒介するメゾレベルと西部（2004）、磯谷（2004）、ドッファー（2008）の議論はいずれもメゾの制度がミクロとマクロの両レベルと相互作用する点に着目する点で共通している。この場合、個人や企業などの主体（相互作用子）はミクロレベルに、社会的ルールの束である制度（複製子）はメゾレベルに、集計的な経済的成果、構造、秩序、パターンはマクロレベルにあると考えられる。マクロとメゾ、メゾとミクロの間にミクロ・マクロ・ループとしてこれまで見てきた循環的かつ相互規定的な円環の論理を適用する。このように、ミクロ・メゾ・マクロ・ループの考え方は、ミクロ・マクロ・ループとして考察した動態的関係をミクロ・メゾ・マクロ・ループとして考察している。

青木昌彦（2003）は、制度が変化し進化するプロセスは、ミクロ（個人、企業）からマクロ（政府、国家）への圧力による進化、マクロからミクロへの圧力による進化、あるいはミクロとマクロを媒介するメゾ（制度）レベルとの相互作用によって説明されうるとしている。

そこで、本書においては、磯谷、西部、ドッファーと同じく、ミクロとマクロの相互規定関係という考え方を継承しつつ、制度を政府・国家（マクロ）と個人・企業（ミクロ）の間、すなわちメゾレベルに存在するものとする。換言すれば、制度は、諸制度からなるミクロ・マクロを媒介する連接領域に存在するメゾレベルであり、ミクロ・マクロ・ループとして考察した動態的関係をミクロ・メゾ・マクロ・ループと定義する。メゾレベルには、制度・条令という外部ルール、および、内部ルールとして、人々の間で共有されている価値規範として環境意識を置いている。例えば、人々の価値規範はミクロ主体が個々有するものである。しかし、制度とミクロ主体との相互作用が存在するならば、個人のもつ価値規範に対しても制度と相互影響があるのではないかと考えられる。例えば、ごみの分別やリサイクルを徹底している地域の住民は、それを実施していない地域の住民に比べて環境に対する意識や関心が高いということがあるかもしれない。この場合、住民の価値意識に対してごみの分別やリサイクルに関する様々な規制や法が生成される。そのような規制や法が住民の価値意識を規定することになる。

1-2-2　フィードバック・メカニズム

制度によって可能とされる行動とその主体、および諸主体間の相互行為によって可能とされる行動とその主体、および諸主体間の相互行為によって結ばれる諸関係が織りなす経済の諸過程のそれぞれがミクロとマクロに相当すると考える。制度によって媒介されたミクロ・マクロの連関、つまり「ミクロ・メゾ・マクロ・ループ」は、図1－1に示される。その過程は次のとおりである。

まず、①から④の矢印は、それぞれ次のような内容をもつ過程を意味している。①は制度による社会的な主体形成のプロセスを表し、②は諸主体間の相互行為によって制度が維持・生産されるプロセスを表している。ところで、矢印①と②に示されるグループの存在は、制度をどのように理解するかという問題に関わってくる。ミクロ・マクロレベルの個別主体は、諸制度の規定関係に先立って存在するわけではなく、諸制度による規定関係やルールによる制約を内面化しつつ、その制約のもとでの行動が導かれる。この意味で制度は、個々の主体の意識や動機づけに作用して、諸個人の行動に対して制約を課すことになる。これと同時に強調されなければならないのは、こうした主体の行動を通して諸制度が動態的に再生産されるということである。すなわち、個別主体にとってのルールや慣習、さらに主体相互間の社会関係は、諸制度の制約のもとで形成され、この制約のもとで繰り返される行動によって、そのつどルールや慣習が再生産され、一定の型と規則性が生み出される。このことを通じて制度が再生産されるのである。

続いて、③と④のプロセスである。④のプロセスは、プロセス②における制度の維持・再生産の結果として、一定のマクロ成果が得られることを意味する。但し、④における規定関係は、制度から直接向かうのではなく、制度から主体の行動を決める結果として、間接的に制度からマクロ成果を規定する必要がある。これに対して、③のプロセスは、一定のマクロ成果が制度の安定性や制度変化に影響を及ぼすことを示している。それは、さらに、プロセス①を経て、諸個別諸主体の意識づけや動機づけに影響を及ぼすことになる（磯谷 2001、野村 2001）。

以上のように、ループ全体は、①と②の相互規定関係と③と④の相互規定

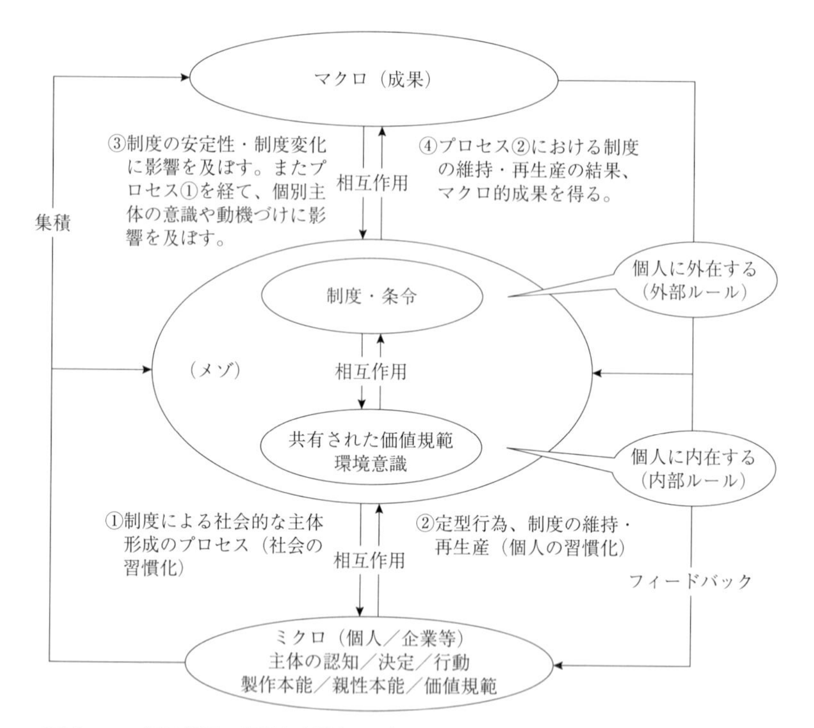

図１－１　価値規範（環境意識）を含めたミクロ・メゾ・マクロ・ループとしての制度進化

（注）　諸制度は①・②の相互規定関係、および③・④の相互規定関係の二重の構成をとる。
諸制度は、諸制度からなるミクロ・マクロを媒介する連接領域であるメゾの部分である。

関係という２つのループからなるという二重の構成をとっている。そして、制度・制度群は、これらの２つの結節点をなしている。もちろん、制度は、時間軸にも、空間軸にも多様な形で存在するから、それは、点というよりも諸制度からなる「ミクロ・マクロの連接領域」、いわゆるメゾであり、そこに存在する制度は、それぞれが相互に相対的に自律した関係にあり、それぞれに固有の調整作用を持つ。それゆえ、諸制度が有する調整作用の総体には、多段階的で複層的な調整の連関が内包されているということになる。ミクロ・メゾ・マクロ・ループとは、進化のことであると理解できる。

①　フィードバック・メカニズム

制度が変化し進化するプロセスは、ミクロ（個人、企業）からマクロ（政府、国家）への圧力による進化、マクロからミクロへの圧力による進化、あるいはミクロとマクロを媒介するメゾレベルとの相互作用によって説明されうる。制度は複層的なものであり、ミクロ・メゾ・マクロ・ループとして制度を理解する。ミクロ・メゾ・マクロ・ループとは、進化のことである。

② 文化の概念・製作本能を入れた制度進化プロセス（動態的な制度）

- 制度が、どのように螺旋状に進むのかを考えると、制度進化という議論がでてくる。
- 環境意識と制度へのアクティブな空間の人間行動パターンがある。
  →自己実現に向けた市民参加型環境活動につながる。
- 進化プロセスの基礎に製作本能という本質の運動があること、その本能に導かれた科学技術の発展があることを認識する。
- 文化の中に永続的要素として制度が存在する。
- 文化の両極には、一方で科学技術、他方で制度、すなわち思考習慣的な様式がある。
- 個々人は科学技術の発展によって、物的生活活動の方法を変える。
- 文化の発展時期に適応していた習慣と制度との間に軋轢を引き起こす傾向をもつ。この軋轢、つまり新旧制度間の矛盾・対立・相克を契機として制度の進化が生じる。

1-2-3　製作本能を入れた制度進化プロセス

個々人の意識と制度がどのようにらせん状に進むのかを考えると、時間軸と空間軸の議論がでてくる。そこには、環境意識と制度へのアクティブな空間の人間行動のパターンが存在する。それは、例えば、自己実現に向けた市民参加型の環境保全活動に繋がるであろう。

ヴェブレンの社会分析は、現実の諸制度の進化的プロセスの基礎に製作本能という本質の運動があること、さらに、この本能の運動に導かれた科学技術の発展があることを認識し、諸制度に文化の概念を取り入れたことは重要である。人間は習慣の束である、それゆえ、文化は生来の原始的な人間性に絶え間なく作用し、それを変更することによって自らを永続させる力を有し

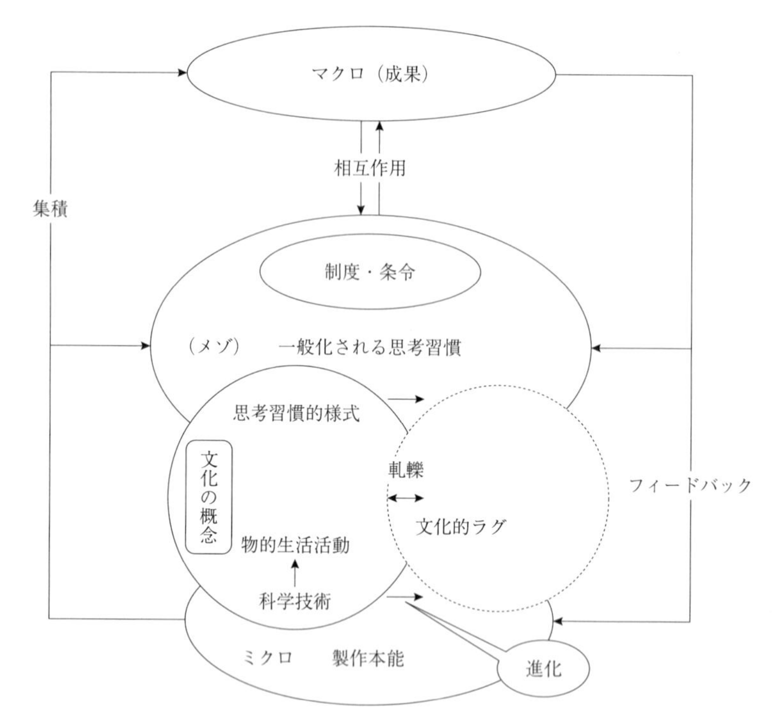

図1－2　文化の概念・製作本能を入れた制度進化のプロセス（動態的な制度）

ている。この文化の中に「永続的要素」として「制度」が存在する。文化の両極の一方に科学－技術を、そして他方に制度――すなわち思考習慣的な様式、あるいは人々の大多数に共通な思考の確立した習慣――を置いた。つまり、人間は、科学技術の発展によって社会の物的生活活動の実施方法を変えるが、このことは人間の内部にある思考習慣のあるものを時代遅れとなし、新しい習慣の形成に進むことである（佐々木晃 1998 p. 151）。

他方、H. S. エジェルは、ヴェブレンの社会の進化プロセスに関する見解を、次のように分析している。「制度は、一たび確立されるや、それ自体の自動性を保持し、発展できる。したがって、ある時代に現出した制度は後の時代にまで残存し、その結果として生じる文化的ラッグは、新しい物質的条件によって、一般化される思考習慣と、それ以前の文化発展の時期に適応していた習慣や制度との間に、〈軋轢〉を引き起こす傾向をもつ。この〈軋轢〉、つまり新旧の制度間の矛盾・対立・相克を契機として、経済社会の進化が生じる」（Edgell 1975 pp. 270-273、佐々野 2003 p. 153）。換言すれば、制度は、ひとたび形成されると、自動性をもち、累積的・連続的に変化するものである。人間は、社会的な文化のなかで、科学技術の発展によって物的生活活動の実施方法を変えるが、このことは人間の内部にある思考習慣のあるものを時代遅れとなし、新しい習慣の形成に進むのである。その新旧制度間の矛盾・対立・相克を契機として、進化プロセスが生じる。すなわち、諸制度の発展、すなわち経済社会が発展するのである（図１－２）。

1-3　制度の歴史的進化

1-3-1　T. ヴェブレンの進化論的変化の理論の基本構造

上述のように、製作本能は、自己継続的・自己増殖的であり、制度の変化をもたらす基体である。したがって、人間に内在するこの本能によってもたらされるという制度変化のプロセスが人間社会の歴史である。人類の歴史は過去の制度の蓄積も合わせ次世代に伝えることで、制度が複層化していくプロセスである。その変化・進化のプロセスはどのように描かれるのであろうか。T. ヴェブレンの進化論的変化の理論の基本構造に則して考察する。

ヴェブレンは、「西欧文明の生活史」という観点から、独自の発展段階説を樹立している。文化における人間行動のパターンとして、矛盾・相互に排除しあう対立した性格を有している。そこでは、「単純なものから複雑なものへと上向き」する文化の序列が存在する。同時にそこには、諸制度の進化プロセスが見受けられる。それは、次のように展開する。①平和的な原始的未開文化の段階（原始的共同体時代）、②初期の野蛮時代である掠奪文化の段階（奴隷制時代）、③野蛮文化の比較的高い段階である半平和的身分の段階（封建制時代）、④現代の平和的な金銭文化の段階（資本主義時代）である（佐々木 1998 p. 177）。

ヴェブレンによれば、制度がひとたび形成されるや、今度はそれが製作本能の発現を規定するとしている。例えば、未開文化社会とは、製作本能が純粋に発現させられる生産の制度からなる社会であり、したがって収奪や戦闘の見られない平和な社会であった。しかるに、この歴史社会の出発後、ある段階で、製作本能自らが、さらに自己の運動を展開する容器として生み出した形態が、封建制度（奴隷制度を含む）と呼ばれる、収奪による生産所有の体制であった。すなわち、製作本能は、自己継続的・自己増殖的な運動の帰結として、今や自己を製作本能と収奪本能という２つに分裂させ、生産制度の対極に収奪の制度を生み出し、後者による前者の支配体制を現出させた。こうして、収奪本能を支配原理とそうなる封建制度（体制）の社会になると、もはや製作本能の純粋な発現は望めなくなる。というのも、今やその制度による製作本能の汚染が生じるからである。かくして、生産に係る職業や活動が軽視される。こうして、ヴェブレンによれば、収奪本能を支配原理とする制度の社会は、およそ野蛮文化社会とみなされる（図１－３：資料１）。

資本主義の出発点は、生産の制度＝手工業であった。この制度の下では、何よりも製作技量が重視され、したがって、製作本能は汚染されることなく、今またその発現が促された。いわゆる製作本能の隔世復帰である。製作本能と対立・矛盾する本能は、収奪本能あるいは、金銭本能（広義の所有・支配の本能）である。このように、製作本能は、ここでまた自己継続的・自己増殖的な運動の帰結として、自己を製作本能と金銭本能（広義の所有・支配の本能）という２つに分裂させ、「生産＝産業の制度」の対極に「金銭＝企業の制度」を生じさせ、後者による前者の支配の「制度」（体制）を現出させることになる。かくして、金銭本能を支配原理とする資本主義体制が確立するや、「製作本能」の発現は、今またその制度によって汚染され、その純粋な発現は望めなくなる。とはいえ、ここでも、そのことが直ちに製作本能の発現の阻止を意味するものではい。否、金銭のための生産というこの汚染は当初、その背後で大いに製作本能の発現を促すものであった。というのも、生産を増大することによって、金銭の増大がなされる、という関係にあったからである（佐々野 2003 pp. 153-164）。

1-3-2　制度の歴史的進化と環境問題

図１－３（資料１）においては、ヴェブレンが19世紀的な問題意識の中で、進化論的な製作本能に基づき作成している。それに則して、20世紀の環境

問題を整理すると、図1－4（資料2）のように示される。

米国において、20世紀初頭、「フォーディズム」と呼ばれる大量生産のシステムが生まれ、大量流通のシステムが通信・交通のネットワークの広がりとともに確立した。同時に金融・信用システムが確立することによって、大量消費社会を生み出し、急速な経済成長を促してきた。そのために大量の資源・エネルギーを使い、大量に消費し、そして大量に廃棄するというシステムがつくられた。20世紀の米国における典型的なスタイルは急速にグローバルに広がり受容されていった。しかしながら、経済中心の社会経済システムにおいては、環境・社会への関心は非常に弱かった（佐伯啓思 1998）。

企業にとって、1920年代の需要飽和状態により、1930年代は供給過剰となった。1940年代は、戦争メカニズムによる価格破壊が起こり、一定生産能力を高めることができた。しかし、その調整ができずに利潤率を高めるために、環境に配慮しないコスト削減を図ることによって、経済・環境・社会に対して、負の外部性が生じることになった。その後、企業は利潤追求型による公害問題を発現させることになり、それに対する訴訟や法整備の要求が生じたため、その対応を余儀なくされた。ここで、企業における意識の変化とともに社会的責任を認識しはじめることになり[2)]、企業の社会的責任（Corporate Social Responsibility: CSR、以下CSRと表記する）、および社会的責任投資[3)]（Socially Responsible Investment: SRI、以下SRIと表記する）に取り組むようになった。

1980年代から1990年代になると、経済のグローバル化が急速に進展していくが、同時に地球環境問題や途上国における貧困問題や労働・人権問題などの社会問題が顕在化してくるようになった。こういった問題を監視し、批判する市民社会組織（NPO・NGO）が成熟し、そのネットワークも広がりを見せ、影響力を増してくる。企業は、こういった市民社会からの声を受け、CSRに対応せざるを得なくなったのである。

一方、製作本能の観点からみれば、それは、需給が安定している段階では、技術革新によって生産効率を上げようとするが、供給過剰になると、製作本能の対極にある収奪本能にとって代わることになる。その後、自由競争下、企業は利潤最大化の追求によって、収奪本能が優位となってくる。

以上のように、20 世紀においては、企業が巨大化し利潤を追求した結果、公害発生という環境問題が顕在化し、マイナスの結果が現れるようになった。まさに、ミクロ・メゾ・マクロ・ループが存在していることになる。ここにおいて重要なことは、企業が利潤を追求することによって、環境問題を生じさせていることである。経済社会が変化するとともに、個人の環境問題に対する意識も変化していくことになった。さらに、企業も変化して行き、社会性を帯びた企業市民が形成されていくことになる。

1-3-3 企業市民の概念化

企業は、利潤追求を目的とする主体であり、それは収奪本能である。この収奪本能であり利潤追求の主体が、実は企業市民になった場合にはどのようになるのであろうか。（製作本能の純粋な発現が望めなくなり）収奪本能が優位になっている企業は、企業市民になった場合、劣位に退いていた製作本能が優位となってくる。例えば、封建制度の時代には、製作本能の純粋な発現が望めなくなり、製作本能が汚染され収奪本能が優位になった。また資本主義制の初期、つまり生産の制度＝手工業の時代では、何よりも製作技量が重視されたので、製作本能が汚染されることなく製作本能の発現が促された。いわゆる製作本能の隔世回帰が起こり、製作本能が優位になった。続いて、資本制経済の発展とともに自己を製作本能と金銭本能（広義の所有・支配の本能）という 2 つに分裂させ、それが次第に収奪本能にとって代わるようになった。

企業市民という市民参加型の仕組み（例えば環境保全の取り組み）の場合、その仕組み自体が製作本能をベースとした取り組みである。一方で、それ自身が制度となる場合も考えられる。このことは、製作本能から、制度へと進んでいるので、ミクロ・マクロ・ループの一環を担うものとして考えることができる。つまり、製作本能がベースになって動いているなかで、企業がこの動きの中に参加することによって、これまでの収奪本能が劣位に退き、製作本能が前面に顕在化することになる。本書では、基本的には、上述のようになることによって、企業は企業市民になると概念化する。つまり、企業市民は企業の立場ではなく市民の立場である。この場合、企業は利潤追求を目的とするのではなく、市場から相対的に遠い状況で本仕組みに参加している。

そのことは、基本的に企業そのものが企業市民化していると定義する。

にもかかわらず、企業は基本的に利潤追求を目的とする主体であることに変わりはない。それは、例えば、本仕組みのなかで、県民債もしくは債券を発行する場合、一定の利益を上げなくてならないという仕組み自身が強制する有効性をもつが、確実に償還できているという市場的規律、つまり効率性を生み出すことになる。換言すれば、収奪本能的空間から、相対的に自立した市民参加型の仕組みは、収奪本能の体現主体である企業が、このように企業市民として、それでも利潤原理をベースにしていることによる効率性を伴って参加していることによって、これまでのいかなる製作本能と収奪本能がより高い次元で融合しているといえる。

企業はこのような部分を一部にもちつつ、企業市民化していくのである。つまり、収奪本能と製作本能が融合して、これまで存在しなかったような新しい組織体を組成していることになる。それが大量生産の社会システムの時代ではなく、自己実現する社会において、いわゆる時間を消費するための自己実現をめざす空間を形成しているのである。

そこで、われわれが提起している重要な点は、人々の意識が、これまでの大量生産の体制、いわゆる物的な消費の豊かさから、「自己実現」に時間の消費をするあらたな豊かさへと転換しているなかで、基本的に新しい段階に入っているということである。そのことは今日の、かの定常状態における環境・社会活動に時間を消費する時代の新しい特徴を先取りしているといえる。その段階において、われわれに空間的に提供してくれているなかの一つが、いわゆる環境をベースにした市民参加型の仕組みである。

そのことは、何を意味するのであろうか。それはその仕組みにおいて、上述の企業市民を抱え込むことによって、制度学派が明らかにしてきた収奪本能と製作本能がより高い次元で融合しているということである。にもかかわらず、市民参加型の取り組みとして製作本能が出現してきた。それは、市場原理の主体である企業が、上述の如く企業市民という組織体として現れたことによって、この取り組み自体に、市場的規律を持ち込み、取り組み活動を有効なものにしていると評価している。以下に展開するチャートは、そのような内容を包摂している。すなわち、提示している仕組み自体が実は、そのような新しい概念を内容にもった地域の取り組みの実際である。

小　括

制度進化の分析にあたっては、人間の本能概念をベースとして、２つの視点が求められる。それは、「ミクロ・マクロ・ループの視点」と「調整の複層性の視点」である。第１の「ミクロ・マクロ・ループ」の視点は、個人と制度（あるいは、個々の主体と構造）との相互規定的な関係、さらには部分と全体との相互規定的な関係に着目することである。第２の「調整の複層性の視点」は、ミクロ・マクロの相互規定的関係における諸制度の媒介的な位置とその機能を重視し、諸制度が織りなす多段階的で複層的な調整の連関を組み入れることを試みるというものである。この第２の視点における経済過程の調整は、空間軸や時間軸にも多段階的であり、複層的な構造をもつことが重要である。

注

1）新井田智幸（2014）「ヴェブレンの制度進化論　歴史と現実を捉える理論的枠組み」第18回進化経済学会金沢大会発表論文　2014年3月15・16日。

2）20世紀型の社会経済システムや産業文明を批判する運動が70年代前後から欧米社会において台頭してくる。反体制、反戦、反公害、といった社会運動が、政治や経済のあり方を問い直す動きとして広がり、新しいシステムのあり方を考える流れのなかで、70年代アメリカでは企業の社会的責任論が議論され産業界においても本格的にとり上げられるようになった。

3）R. Edward Freeman「READINDS 3.2 A Stakeholder Theory of the Modern Corporation」Sixth Edition『BUSINESS ETHICS Case Studies and Selected Readings』Marianne Moody. Jennings Arizona State University pp. 79-85。

第2章

環境問題を解決するための市民参加型制度の形成

2-1　環境容量の中でのあらたな豊かさの追求

2-1-1　持続可能な経済社会システムへの移行
―20世紀型社会から21世紀型社会へ―

地球上の資源は有限であるなかで、持続可能な経済社会を構築するためには、どのような経済システムを構築するべきであろうか。環境問題の変容は不可逆的で、われわれに20世紀型社会から21世紀型社会への転換を迫る。

20世紀型社会の「豊かさ」は環境負荷に直結した社会であったが、21世紀型社会は、生産から流通、消費、排気にいたるまでの物質の効率的利用（省エネ対策）や3R（廃棄物等の発生抑制：Reduce、使用済製品、部品等の適正な利用：Reuse、回収されたものを原材料として適正に利用する再生利用：Recycle）を進めることにより、資源の消費が抑制され、「豊かさ」が環境負荷を超越し、環境効率性[1)]（Eco Efficiency: 社会的効用／環境負荷）を向上させる社会、すなわち、自然の利用による環境への負荷を低減させると同時に、自然の利用から得られる社会的効用（便益）を増大させるという社会である（図2－1）。

政府は、環境基本法において、目指す社会は「21世紀型循環型社会」であるとしている。すなわち、大量生産・大量消費・大量廃棄の経済システムから脱却し、生産から流通、消費、排気にいたるまでの物質の効率的利用やリサイクルを進めることにより、資源の消費が抑制され、環境への負荷が少ない、環境効率性を向上させる循環型社会の形成が急務となっている。環境への影響を最小限にしつつ、より高い付加価値を達成できるという見通しが、企業が環境効率を高めるためのインセンティブになっている。新しい価値観（主体性・自主性、自らの判断で行動する）をもつ21世紀型の市民は、環境

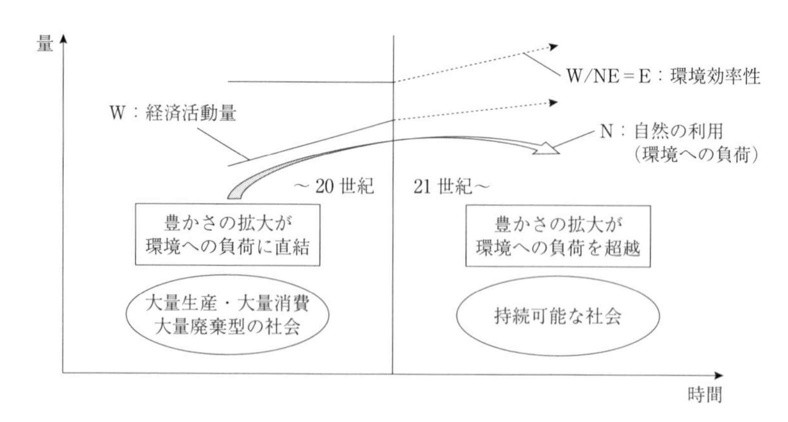

図２－１　環境効率性の概念

（資料）　EEA（欧州環境庁）資料より環境省作成。
（出所）　環境白書（2004）p. 15。

問題に対して、どのように取り組むのであろうか。われわれには、あらたな豊かさに向けて、循環型経済社会を構築することが求められている。

現在、われわれは、財やサービスの生産増加に価値を置いた大量生産・大量消費の経済システムやライフスタイルによって、豊かな生活を享受している。そのライフスタイルは、豊富で低価格の化石燃料や鉱物資源を利用すると同時に資源の枯渇や環境破壊を考慮していなかった。これまでそれが最適のライフスタイルであった。効用関数は、相対的に物的な量が中心のU＝U（フロー財の量と質）である。その結果、資源エネルギーの浪費や環境悪化を引き起こし、廃棄物の過剰や地下資源の大量消費が進行している。それゆえ、将来において資源の枯渇や環境問題、特に地球温暖化が危惧されている。今日のような資源の浪費や環境悪化が続くと将来世代は資源もなく、環境破壊しつくされた地球に生きることになる。それゆえ、枯渇性資源の消費とCO_2排出を現世代が可能な限り最小化することは、今、生きる人たちの責任である。資源の枯渇化が進むなかで、循環型経済社会（持続可能な社会）システムへの変革に迫られている。

効用水準を維持しつつ、枯渇性資源の消費とCO_2排出を可能な限り最小化するためには、社会システム全体を省資源・省エネルギーに変えていく必要がある。なぜなら、省エネルギー社会は、これらの問題解決と同時に、リサイクルなどの環境問題においてもエネルギー使用が不可欠であるからである。すなわち、21世紀型社会は、省資源・省エネルギーを消費者・生産者に動機づけるような仕組みを施した循環型経済社会を意味する。

その実現のために、消費者は価値観の転換を前提に、省資源・省エネ型およびストック財活用型のライフスタイルへの変革が求められる。すなわち、効用関数は、U＝(フロー財、ストック財、環境意識）に変化する。効用水準は低下させない。ただし、相対的にフロー財の価値が低下する。そして、自発的に環境配慮が要素に組み込まれる。財は、ストック財に重点を置きつつ、節約とリサイクルに取り組むことになる。可能なかぎり、フロー財の消費を最小化させ、予算制約下、効用最大化に向けて行動する。消費者の効用は、価格、質、環境意識と変化している。

このように消費者の価値観や行動が、ストック財重視や環境配慮に変わるならば、それは市場を通じて企業に影響を及ぼし、生産や投資の内容が変化し始める。例えば、長期間利用でき、しかも修理やリサイクルしやすい製品、および省エネ家電やエコカー等の環境配慮型製品を開発し販売するようになり、この方向での技術革新と企業間競争が進むことになる。とりわけ、財の生産におけるエネルギー供給においては、エネルギー効率を高める必要がある。ただしエネルギー効率の向上は、結果、消費総量を増加させる傾向があるので、ここでも可能な限りフロー財の消費を最小化することである。

以上を踏まえると、狭義には、消費者は省エネ、ごみの分別・リサイクルに主体的に取り組みつつ、エネルギー消費の最小化に努めることが重要である。広義には、消費者の側面において、積極的にエコプロダクツを購入し、またカーボンオフ・セット等の取り組みに参加することである。労働者の側面では、ワーク・ライフ・バランスを考え、ロハス的なライフスタイルを心がけるとともに、余暇の過ごし方の一つとして地域のボランティア活動に参加する。そのことによって、主体性を回復させて自己実現を図ることができるのである。さらに投資家の側面では、資産運用にあたっては、自らの預貯金は、どのような金融機関に預けるのか、どのような企業（CSR）を支援するのか、どのような市民ファンド（SRI）に資金供給するのかということが考えられる。そのチャートは、図2－2に示される。

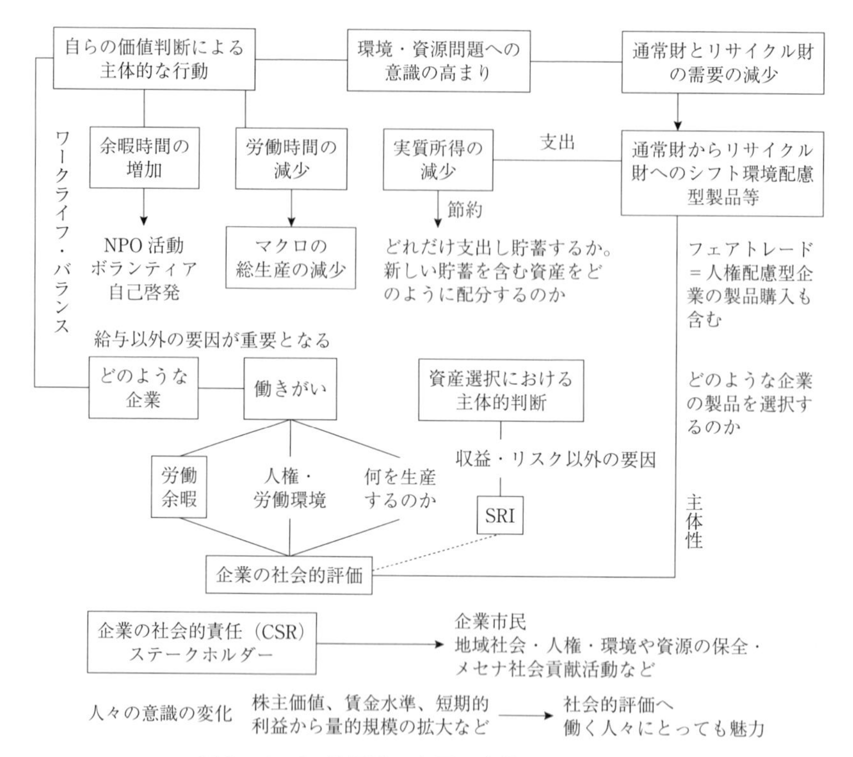

図 2 - 2　21 世紀型の市民の変化：チャート図

（出所）　筆者作成。

2-1-2　消費者の環境配慮型行動への変化

我が国は 1970 年代半ばに、第三次産業就業者の人口の割合が 50% を超え、この時点で日本経済はソフト化に突入したと言える。そのことによって、どのような変化が、もたらされたのであろうか。具体的には、国民の意識の変化と自由時間の増大である。経済成長による所得水準の向上とモノの充実に伴い、上述したように、国民の意識は「物の豊かさ」の追求から「心の豊かさ」を求める方向に変化している。2002 年 6 月内閣府「国民生活に関する世論調査」によれば、この 30 年間で「物の豊かさ」より「心の豊かさ」を求める人の割合が一貫して増加しており、「心の豊かさ」を求める人が初めて 6 割を超えたとしている。

また、環境問題に伴う価値観やライフスタイルの多様化を反映して、モノやサービスに対するニーズも多様化してきた。自由時間の増大に伴い、これまでの耐久消費財よりも今後の生活においては、自由時間をどのように活用するのかが重要になる。例えば、省エネ型余暇活動、自己啓発や能力向上等の自己実現に比重が置かれており、消費行動においては、環境配慮型製品を選択的に購入するようになり、また耐久消費財の買い換えまでの使用年数も長期化している。このような意識の変化は量的拡大から質を重視した生活への変化が生じている一つの現れであると同時に、環境への意識（以下、環境意識と表記する）の高まりを表していると言えるであろう。

さらに、貯蓄行動における環境意識の高まりを挙げることができる。これまでの貯蓄のポートフォーリオを何に向けるかの基準は収益率とリスクであり、株式でもその企業の活動（行動）よりも配当や capital gain であった。しかし、環境意識の高まりと共に、個人の預貯金は、収益率を優先するのではなく、環境面や社会面を考慮した企業や団体に進んで資金供給する投資行動へと変化している。換言すれば、エネルギー最小化の観点から、消費行動や投資行動における「環境意識の高まり」を、次のように捉えることができる。まず第1に、消費財の使用・無駄を抑制（節約）しつつ、長期使用を心がけること、第2に、消費財からリサイクル財へのシフト、第3に、既存の消費財から環境配慮型製品への選択的購入、第4に、省エネ型余暇活動を重視すること、最後に環境に配慮する企業や団体に資金供給する貯蓄行動へのシフトであると、定義することができる。

2-1-2-1　消費者の環境配慮行動―環境意識の高まり―

李志東（2001）は、「環境意識」を次のように定義している。「環境意識は問題意識、原因意識と保護意識に分類される。ここでは、問題意識は問題とする意識、また原因意識は問題の原因を自分自身の結果とする意識、さらに保護意識は自分自身の行動を変える意識であるとしている。環境意識が環境問題解決の十分条件ではないが、なくてはならない必要条件である。あらゆる主体が統一した環境意識を持たなければ、環境問題の解決が困難である」と指摘している。

環境問題に対する消費者意識の変化を分析している「電通グリーン・コンシューマー調査2013」によれば、「環境問題への配慮と生活を楽しむことは両立できると思うという意識は、2009年度の56%から、この5年間で着実に高まり66%となった」としている。また消費者の環境に配慮した意識調査について、環境省「環境にやさしいライフスタイル実態調査（2013年度調査）」によれば、「環境を守る上で最も重要な役割を担う主体」は誰かという問いに対して、「国民（市民・地域住民）」が47.4%と最も多くなり、次いで、「国」20.9%、「事業者」12.4%となった。「地方自治体」は11.7%と回答割合としては4番目となるが、時系列でみると、今年度は例年に比べ大きく増加した。このことは、まさに、人々の環境意識が高まっていることを意味する。一方、「日常生活における一人ひとりの行動が、環境に大きな影響を及ぼしている」の問いに対して、93.0%の人々が「そう思う」と答えており、以下、「環境に配慮した製品やサービスを選ぶことは重要である」は88.5%、「地域の人たちが協力して、その地域の環境保全にも繋がるので重要である」88.6%、および「環境保全の取り組みを進めることは、経済の発展につながる」は81.35%の人々が「そう思う」と回答している。以上のことから、人々が環境問題に対する重要性を十分に認識していると言える。

環境に配慮した行動（以下、環境配慮型行動と表記する）はどのように変化してきているのであろうか。環境省（2015）によれば、環境配慮型行動を実施している人の割合を見ると、環境問題に関する日本人の行動は、「ごみの分別90.5%」、「節水84.0%」、および「省エネ84.0%」等、日常生活の中で実施可能なものは多く取り組まれているとしている。環境意識の高まりを踏まえて驚くべき事実は、これまで環境問題の重要性が指摘され、かつては環境意識の高い人々が率先してきた環境配慮型行動を、現在この時点でみると人々がごく普通に行っていることである。一方、「物・サービスの消費行動を行うときは、環境への影響を考えてから選択する」は41.2%等であり十分とは言えない。この面でみるならば、環境配慮型の消費行動としての割合は少ない傾向であるが、しかしながら、年次推移を見ると、1997年度調査で24.4%であったものが、2003年度29.9%、そして2010年度には34.9%であり、その割合は増加傾向にある。このように、2000年代以降、環境意識の高まりだけでなく、消費行動においても環境配慮が確実に前進していることがわかる。それゆえ、環境意識の高まりは、心の豊かさや生活の質に反映しているとみることができる。

2-1-2-2　グリーン・コンシューマー（Green Consumer）活動の社会的意義

人々の環境意識の高まりを受けて、商品やサービスを購入や消費に際して、環境への影響を配慮した意思決定を行うグリーン・コンシューマーが注目されるようになった。グリーン・コンシューマーとは、これまでの使い捨てのライフスタイルを見直し、生活者の意識改革を通して、より環境負荷の少ない商品を積極的に購買しようとする環境意識の高い消費者である。また、企業行動に関する環境情報をガイドブック・エコラベル等から学び、商品選択を通じて、企業に環境配慮を求める運動等を展開している。その行動指針として、グリーン・コンシューマー全国ネットワークが、例えば、必要なものを必要な量だけ買う、使い捨て商品ではなく、長く使えるものを選ぶ等を示した「グリーン・コンシューマー10原則」を規定している。これまで環境負荷は外部不経済として経済システムに積極的に取り込まれることがなかったが、このような消費者が増えることで環境保全の社会的コストを消費のプロセスに内部化することが可能となる。生産と消費という二分法をこえて、このような、より創造的な消費者が生まれることが、今後の展開の中で期待される。

片岡良範（2011）によれば、グリーン・コンシューマー活動を環境NPOの具体的な活動の事例として注目し、それに取り組む人々やその活動には次のような特徴があると指摘している。まず第1に、環境問題は全ての人々が取り組む課題であり誰でも日常的にできることに意義がある。第2に、例えば商品選択において、環境を重要視する消費者が増加すれば、企業は環境に配慮した品揃え、包装、販売方法を選択するようになり、消費者側から環境重視のニーズを作り出すようになる。第3に、一人ひとりが環境問題への取り組みのきっかけになり、その活動を通じて日々の消費行動を変えることで環境改善が可能となる。

実際、アメリカで注目されているLOHAS（Lifestyles of Health and Sustainability、以下、ロハスと表記する）と呼ばれる生活スタイルがある[2)]。ロハスとは、「健康を重視し持続可能な社会を志向する生活スタイル」であり、米国成人人口の30％、5千万人がそれを重視する消費者となっている。そのような人たちが経営者、また消費者として行動する結果として、環境と健康を重視した商品やサービスを提供するロハス企業が台頭してきた。その企業の代表格はガイアム（コロラド州）であり、そこがLOHASというコンセプトをはじめて提唱したのである。そして関連商品で起業、家庭用品や医療品、クリーンエネルギー商品などを独自に作ってweb sightを通じて販売し、その後、ロハス市場[3)]に参入する大小の企業が増加し始めロハスが一般化したのである。因みに、2000年米国の市場規模は2268億ドル、全世界では約5400億ドルであった。彼らは消費者として製品を購入する場合、製品づくりをする企業が社会正義に反していないか等、利益と社会的責任を両立させるビジネスを優先選択することに誇りを感じている人々なのである。一方、企業はロハスの登場によって、企業の社会的責任（Corporate Social Responsibility: CSR、以下CSRと表記する）が問われるようになってきたのである。

2-1-3　企業を取り巻く状況の変化

2-1-3-1　企業の社会的責任（Corporate Social Responsibility: CSR）

1970年代頃から、市場社会において、企業は経済的視点からだけでなく、社会的・環境的な視点からも企業を評価することの重要性が指摘されるようになった。企業の活動は地域社会（コミュニティ）において、社会の構成員や社会構造や自然環境に与える影響がますます増加した。また、企業は株主のみならず、従業員、顧客、環境、さらにコミュニティと利害関係者（Stakeholder: 以下、ステークホールダーと表記する）から構成され、異なる利害関係から相互的に関係している。重要なことは、これらのステークホールダーから、企業活動のアカウンタビリティが厳しく問われるようになった。環境に関しては、国際規格ISO14001: 環境マネジメントシステム[4)]やリサイクルシステムの確立などが厳しく見られている。具体的には、市場のグリーン化（環境に対する企業の取り組みが、消費者、投資家、行政などが企業を評価する上で重要な要素となり、企業の競争条件となりつつあること）を受けて、グリーン購入、グリーン投資、環境会計[5)]、ライフサイクルアセスメント[6)]（Life Cycle Assessment: LCA）が普及しつつある。これらの普及は、ISO14001の取得を促進することになる。またフィランソロピー活動にとどまらず、事業活動を通したコミュニティの再活性化等について、企業の取り組みが問われている。

これまでの経済システムは、物的豊かさを求めるものであったが、今後はそのような価値観からの転換を迫られている。これからの技術革新とはどのようなものであろうか。それは、あらかじめ設計の段階から、廃棄することを考慮に入れたモノ作りである。そうした、モノの流通には、レンタルやリースの型式がふさわしく、その延長上には、モノの保有形態が「買って所有する」ことよりも「借りて利用する」ことを重視する社会がある[7)]。循環型経済社会への転換とは、所有社会から使用社会への転換を意味する。このような型式の増加にみられる、物の所有からサービスの利用への転換の現れは、企業の経営戦略とも符合するとともに、上述の国民の意識の変化に対応したものだといえる。

このような変化は、資源生産性を改善するという意味で経済の脱物質化であり、個別製品の効率改善では達し得ないような抜本的な改善が実現される可能性があり得る。このように企業をとりまく状況は、個別的な利益追求のみの経営姿勢だけでなく、環境に配慮した企業行動によって地球環境との共生を図り、自らの企業の持続可能な発展を目指すことがその経営姿勢に変化している。この背景には、従来、環境問題は、公害問題のような個別的・地域的な問題であったが、現在、地球温暖化といった地球規模に変化しているという現実がある。それゆえ、よりグローバルな視点に立った積極的な環境配慮が求められている。

そのようななか、近年、企業の社会的責任が厳しく問われるようになり、企業に求められる役割が変化しつつある。ローカル・レベルであれ、環境的・社会的課題に直面する中で、社会的に責任ある企業とは何かが議論されるようになった。谷本寛治（2003）によれば、CSRとは、「経営活動のプロセスに社会的公正性や環境などを組み込み、アカウンタビリティをはたしていくこと」と定義している。CSRが本格的に問われ始めたのは、1970年代の米国においてである。1960年代後半からの新しい社会運動を受けて、企業の環境問題、商品の安全性の問題、および人権問題などを問われるようになった。その結果、企業は社会的責任を果すべきか否かという議論が急速に拡がり、1990年代には、企業はグローバル・レベルで環境的・社会的問題への積極的な取り組みが問われるようになった。つまり、グローバルな市場社会からの要請を受けて、企業がいかにCSRを果たしていくかが議論されるようになり、具体的な経営戦略・情報開示のあり方や評価システムについて検討されるようになった。持続可能な経済社会システムを構築するために、企業の果すべき役割や機能が根本的に問い直される流れの中、社会的責任投資（Socially Responsible Investment: SRI、以下SRIと表記する）が欧米で急速に成長し、注目されるようになった。

2-1-3-2 社会的責任投資（Socially Responsible Investment: SRI）

企業への投資行動において、グリーン・コンシューマーと同様に、収益性や安全性といった財務情報だけを重視するのではなく、企業の環境活動情報も考慮にいれる投資家が現れるようになった。このような投資家はグリーン・インベスターと呼ばれ、彼らの投資行動において企業の環境的・倫理的側面を考慮に入れる社会的責任投資の一領域として登場してきた。

谷本寛治（2003）は、SRIとは、「経済的パフォーマンスがよく社会的に責任を果たしている企業に投資する、あるいは金融機関やファンドが社会的な課題の解決にかかわっている事業体に出資する」と定義している。アメリカの社会的責任投資フォーラムによれば、その形態は、①社会スクリーン、②株主行動、③コミュニティ投資に区分される。このシステムを支持する投資家が増え、市場に定着していけば、社会的責任を果たす企業が積極的に評価される新しい規範が市場に形成されていくことになる。したがって、環境的・社会的パフォーマンスの低い企業は、中長期的な経済的パフォーマンスを高めることができず、評価されなくなるのである。

SRI型投資信託では、上述のように企業の財務状況だけでなく、環境・社会問題の取り組みを考慮して投資先が決まるので、企業側からみるとSRIが導入されると環境・社会問題への自社での取り組みが評価され、有利な条件で資金を調達することができるというメリットがある。そのためSRIには、企業の環境問題や社会活動を促進する効果があると考えられる。一方、個人投資家からみると、環境・社会問題に取り組んでいる企業に自らの資金を投資したいという要望に応えることができるのである。

SRIの中で、企業の環境配慮を評価する個人向け公募型投資信託の代表的なものが、エコファンドである。それは、投資行動を通じて、株式投資における企業の選択基準に単なる収益性だけでなく、環境指標を用いて企業の環境負荷を低減させることを目指すものである。エコファンドは、日本初の「日興エコファンド」に始まり、6カ月で500億円超の資金を集め、急速に当市場が拡がったのである。2002年9月末時点の資産残高総額は、約890億円であった（細田・室田編 2003）。とりわけ企業の環境情報開示（環境報告書、環境会計、環境パフォーマンス指標等）の重要性が強く認識されるようになり、資本の再配分という金融機能を用いて、環境配慮型社会を実現するために開発されたのがエコファンドであると言えよう。

SRIのような企業評価のシステムが市場に定着するようになれば、環境的・社会的基準をクリアしない企業は融資、投資、取引の条件をクリアできなくなる恐れが生じ、環境的・社会的パフォーマンスを低下させることに繋がる。このような視点からトリプルボトムライン[8)]（経済的・環境的・社会的側面）をクリアする企業が、持続的な成長を達成し、21世紀における健全な企業であると考えられる。それゆえ、企業はフィランソロピー活動のみならず、社会的な事業活動として新しい可能性を模索し始め、政府・行政およびNPOと協働することを通じて、そのことに関与する方法が増加しつつある。

2-1-4　地域社会における「新しいコミュニティ」の創造
―個人・コミュニティ・公共―

広井良典（2001）は、近年、個人による主体的な（ボランタリーな）コミュニティ、つまり「新しいコミュニティ」形成に向けたさまざまな活動や試みが活発化している、としている。これまでは、どのような地域コミュニティが形成されていたのであろうか。伝統的な社会において存在していた農村社会の相互扶助に象徴されるような「（伝統的な）共同体」は、近代以降において、一方における「市場／個人」と一方においてそれを補完する「政府」、つまり公共部門に二極化し、それぞれが「私」と「公」という領域に対応するものであったが、現在こうした枠組みに収まらない様々な形の新しい試みが生まれており、それが様々な個人やNPO等の主体的な活動である。このような活動ないし領域は、図2－3のような枠組みで示される。ここでの

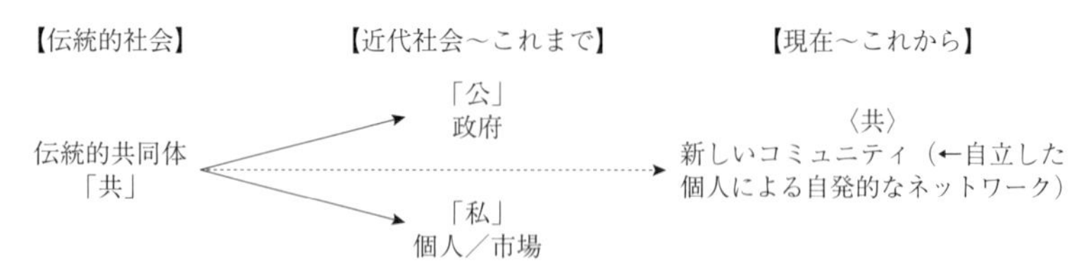

図2－3 「新しいコミュニティ」個人・コミュニティ・公共性
（出所） 広井（2001）p. 167。

「伝統的共同体」とは基本的に自然発生的なもので、その帰属は個人の自発的な意思によるものではないのである。

これに対して「新しいコミュニティ」は、自立的な個人が主体的に参加していくものであり、それぞれ共通の関心や連帯の意識が結びついている。では、こうした動きは、循環型経済社会における個人のあり方とどう関わってくるのだろうか。とりわけ重要な点は、「新しいコミュニティ」と政府、もしくは公的部門との関係、そして、（営利）企業、あるいは市場経済との関係が挙げられる。今後、NPOを始めとして、個人の自発的な参加による「新しいコミュニティ」の領域が拡大し、それらが公共性、例えば、環境保全や福祉など、これまで政府が担っていた役割の一部を担うのであれば、政府の役割ないし活動規模は小さくなるであろう。

ここで、「新しいコミュニティ」と呼びうる領域までも視野に入れた、「公（政府）—共—私（個人／市場）の役割分担の在り方について考えてみよう。それは、第1に、人々の基礎的ニーズに対応する、いわばベーシックなサービスないし保障については、あくまで公的な財政の枠組みで対応する。第2に、そうしたベーシックなニーズを超える部分は、「新しいコミュニティ」が担っていく。具体的には、各地で増加している住民参加型の有償ボランティア等の相互扶助型組織、各種のNPOなどが該当する。今後、この領域は飛躍的に拡大していくことになると期待される。このように「新しいコミュニティ」は、個人のベーシックなニーズから派生的なニーズに対し、「公—共—私」の領域がこの順に重層的に存在するような社会システムの姿であると言えるであろう。

広井の「個人・コミュニティ・公共性」に関する理念的な枠組みは、そもそも伝統的共同体から私と公という二領域に対応するものに変化し、現在はこうした枠組みに収まらない様々なかたちの新しい試み、すなわち、個人による自発的（ボランタリー）な「新しいコミュニティ」という活動や試みに変化しつつあるというものであった。換言すれば、近年、「公」の領域は、NPOなどの存在によって、また「私」の領域は企業の社会的責任の観点から、「企業市民」[9)]という考え方を踏まえると、それぞれが「新しいコミュニティ」の方向に接近していると考えられる。

以上のように、環境容量の中での豊かさの追求に向けて、消費者や企業およびコミュニティにおける主体的な環境配慮型行動について考察した。そのうえで、「あらたな豊かさ」とともに、それを実現していく主体的な条件として、グリーン・コンシューマーの活躍とともにエコビジネスが発展し、さらにグリーン・インベスターが登場している点に注目した。実際、「企業の社会的責任」の形成とともに、わが国でも「社会的責任投資」が登場している。また、個人による主体的な「新しいコミュニティ」によるさまざまな市民参加型の活動にも注目した。具体的には、市民やNPO等がボランタリーに活動する自然環境保全等の取り組みである。近年、人々の意識や行動が、「物的の豊かさ」のみを追求することから、「あらたな豊かさ」を重視するように変化しているなかで、われわれは、環境問題に注目した。実際、人々の環境意識の高まりを受けて、環境問題の解決のために、主体的かつ多様な「市民参加型」の制度が形成されてきている。

2-2 「市民参加型」制度の形成
—循環型社会形成推進基本法の観点から—

近年、地域社会における新しいコミュニティのもと、ごみの減量やごみの分別など市民参加型の主体的な取り組みが行われている。廃棄物問題の取り組みの契機になったのが、廃棄物の最終処分場の不足である。それは早急に解決しなければならない環境問題の最重要課題の一つである。このような廃棄物問題が、身近な生活環境から地球環境の大きな視点からの解決を迫られている。1999年、廃棄物問題を解決するために、循環型経済社会の形成に向けた法的制度が施行された。同年の「廃棄物処理法」の改正によって、廃棄物の排出抑制および再生が法目的に規定されるとともに、リサイクル促進のための対策として「再生資源利用促進法」が制定された。1996年には「容器リサイクル法」および1998年には「家電リサイクル法」が制定された[10)]。また政府が率先して再生品などの調達を推進するという「グリーン購入法」が施行され、2000年5月、これまでの経済活動の仕組みを根本から見直し循環型経済社会を構築するため、「循環型社会形成推進法（以下、循環基本法と表記する）」、が制定された。

このことによって、循環型経済社会へ向けた法制度はかなり体系的に整備されたと言える。それに呼応して、各経済主体・各地域で循環型経済社会の構築に向けた取り組みが進められてきた。具体的な対策として、循環基本法においては、廃棄物・リサイクル対策として、省エネ対策や3R対策を適切に実施し、その優先順位を念頭に置くとしている（環境省 2003 p. 154）。また同法に基づく「循環型社会形成基本計画」において、循環型社会の具体的イメージ、数値目標、各経済主体が果たすべき役割について定められており、同計画にもとづいて廃棄物・リサイクル対策を総合的かつ計画的に推進するとしている[11)]。

上述の最終処分場の不足が契機となって、主体的な市民の環境活動は、行政との協働によるごみの減量・ごみ分別に努力し、そこからリサイクル活動へと変化した。このことによって、主体的、かつ具体的な活動を行うなかで、人々の環境意識の高まりが形成されてきた。これが、環境意識を高める一つの契機となったのである。今や、上述のごみの減量やごみの分別、そしてリサイクル等の市民参加型の取り組みは、環境問題を解決する手段として、今日の潮流であり環境活動の中心を成している。その活動において、行政との協働による市民参加型の取り組みを形成する核となる主体は、消費者および企業市民である。

環境問題の解決に向けて、何よりもまず、環境意識が高まるということが、最大の根幹である。言い換えれば、環境意識の高まりがなければ、環境問題を解決することは期待できない。したがって、人々が主体的、かつ多様な「市民参加型」の活動に積極的に参加することが重要である。なぜなら、環境意識の高まりこそが、「市民参加型」の制度を支えているからである。そこでの基本的な考え方として、人々の環境意識の高まりと「市民参加型」の制度がその活動を通じて、好循環を創り出していくというステップである。換言すれば、環境意識が高まることによって、市民参加型制度が形成され、一方で政府が、法制度の施策、地方自治体による条例を講じることによって、同取り組みが充実し、さらに制度上の仕組みが進化するとともに、そのステップが高度化することになる。

2-2-1　市民参加の概念と意義

2-2-1-1　市民参加の概念

市民と住民の一般的な用語について整理しよう。石崎忠司（2013）によれば、市民とは、個人の責任において、権利と義務を果たす自立した住民である。我が国では、このような市民を基礎とする「市民社会」が十分に形成されておらず、地域社会等のコミュニティでは慣習や人間関係がガバナンス機能を果たしていた、としている。また、牧田義輝（2007）は、市民とは、自立的人格をもち、政策過程にも積極的に参加すべきであるという、「規範」としての市民である。一方、「住民」とは、通常の人間を言うとしている。さらに、佐藤あつし（1975）は、市民運動と住民運動の差異から、市民運動は地域性を越えたものに求めて、住民運動と区別する論理から「住民」の方が、地域性が高いと指摘している。他方、地方自治法（10条）では、市町村の区域内に住所を有する者は、当該市町村及びこれを包括する都道府県の住民とする。住民は、法律の定めるところにより、その属する地方公共団体の役務の提供を等しく受ける権利を有し、その負担を分任する義務を負う、としている。現代の地方行政においては、「住所を有する者」だけではなく、通勤者、通学者、利害関係者、また、その地域に関心を持っている有識者などの幅広い参加が求められる傾向があるため、「住民」ではなく、「市民」という表現を使うのが適切であるという主張もある。

近年、参加だけでなく、参画または協働が注目されている。ここで、参加、参画、協働のそれぞれの定義を見てみよう。まず第1に、参加とは、広義においては、主体的な行動を指し、政治参加については、主体性と決定への関与として、以下2つの契機が重要である。最初の契機は、主体性が重視されない参加は動員のままである。次に、決定に実質的影響を与えることが重視されない参加は包摂として捉えられる場合が多くなる。実際の参加には、動員と包摂が混在している場合が多い。第2に参画とは、決定段階に形式的に参加するだけではなく、政策等の立案及び決定段階へ主体的に参加し意思決定に関わることである（男女共同参画社会基本法 第5条2）。第3に協働とは、ある課題について関係する各主体が、共通の目標に向かって対等の立場で協力し合うことである。協働活動の実現において求められるのは、対等性、自主性の尊重、自律性の確保、相互理解、目的の共有、情報の公開などの徹底、および、パートナーシップといった表現も互換的に用いられることである。アメリカの社会学者 Arnstein（1969）は、「市民参加の梯子」を提唱しており、市民参加を「住民に目標を達成することのできる権力を与えること」と定義している。市民の力（権力）の程度に応じて8段梯子を想定し、そのなかで、Partnership を6段階目に取り挙げている。

実際、日本で最初に制定された（大阪府）箕面市の市民参加条例では第2条の定義規定において、市民参加とは、「市の意思形成の段階から市民の意思が反映されること及び市が事業を実施する段階で市と市民が協働すること」で、協働とは、「市と市民がそれぞれに果たすべき責任と役割を目指し、相互に補完しつつ、協力すること」であると定義している。また、（東京都）狛江市の市民参加と市民協働の推進に関する基本条例（2003年3月31日条例第1号）第2条の定義規定において、市民参加とは、行政活動に市民の意見を反映するため、行政活動の企画立案から実施、評価に至るまで、市民が様々な形で参加すること、協働とは、市に実施期間と市民公益活動を行う団体が行政活動等について共同して取り組むこととしている。さらに、東京都の杉並区自治基本条例では、協働を「地域社会の課題の解決を図るため、それぞれの自覚と責任の下に、その立場や特性を尊重し、協力して取り組むこと」、参画を「政策の立案から実施及び評価に至るまでの過程に主体的に参加し、意思決定に関わること」と定義している。

上記の定義、実施例等から、市民参加を次のように捉えることができる。これまでの参加が、アンケートへの回答や公聴会・説明会等への出席などについて行われたことに対して、参画は上述の会合等で意見を述べるだけでなく、意思形成プロセスへの積極的・実質的な参加を求めていることである。また、行政主導による住民への呼びかけによって受動的に行われてきたことと区別し、協働は、行政と住民の対等な主体間関係と相互に共同する協働活動という二つの要素を強調している。したがって、参加が「何かに関わる、関与する」との広義の意味であると捉えれば、参画と協働は、参加の中でのある部分もしくは、ある段階を強調した概念と考えられる。したがって、本書では、対等な協力関係の「協働」の意味を含む広義の意味での「参加」と捉えることとする。

以上の考察を踏まえて、本書においては、市民参加とは、住所を有する住民だけでなく、通勤者、通学者、利害関係者、その地域に関心を持っている有識者など、個人の責任において権利と義務を果たす自立した幅広い市民が、行政との協働活動においてプランニング等を行い、主体的に関わっていく取り組みであると定義する。例えば、狭義には、市民が主体的に参加するごみの減量、ごみの分別、リサイクル活動、および自然保護などのボランティア活動と捉え、広義には、人々がエコプロダクツを選択的に購入する消費行動や環境配慮した企業や団体に資金供給する投資行動であると定義する。そのタイプとして、市民参加型および市民協働型がある。

2-2-1-2　新しい公共の概念

西尾勝（2001）は、市民参加を行政統制の手段として認識するとしている。それに対して、寄本勝美（2001）は、市民参加の意味を広げ、「公共を支える民」と位置付けている。具体的には、「公共には、官が担う公共と民が担う公共とがある。後者は、公共ではあっても官の関与をできるだけ排除しようとする点で、私的公共性と表現できる」と公共の意味を再定義している。また、「公共は官のみならず民によっても担われるべきものであり、公共政策は民の主体的な参加と官との協力によってつくられるべきものである」としている。狭義には、これを「新しい公共」と呼び、広義には、このような公共性のパラダイムの転換を「新しい公共」と定義できる。

また、奥原信宏・栗田卓也（2010）によれば、「新しい公共」とは、各種の地域コミュニティやNPO法人、企業の社会貢献活動等、主体的に活動する人々の連携した取り組みを指している。それらの活動は、一人ひとり公共の志をもち、個々人の顔が見える「人びとの繋がり」に支えられていて、行政とともに市場経済を支える役割をもっている。その目的は、市場経済でも行政でも実現されない人々の効用を高め、同時にそれによって、活動に参加する人々の自己実現を図ることである。それは4つの機能があるという。その機能と活動内容を列挙すれば、まず第1に、行政機能の代替、第2に、公共領域の補完、第3に、民間領域での公共性発揮、第4に、中間支援機能である。何れにしても現在では、「新しい公共」の活動がなければ、十分な公共的サービスが供給されない状況にあると指摘している。以上の分類からみれば、ごみの分別や自然環境などは第2に該当するであろう。

原科幸彦（2005）は、近年、行政主導による管理から新しい公共性のもとに自律的で協働的な市民社会への転換を指向し始めているという。とりわけ、市民参加の場として、「情報交流の場」、「意思形成の場」、checkによる計画策定・実行のチェックとしての「異議申立の場」によって説明し、参加の場を捉える視点が提供されている[12)]。さらに、行政（権力）と市民（参加）とのコミュニケーション・プロセスの視点から、市民参加のレベルを上述のアーンスタインの8段梯子のモデルを前提に、参加の5段階を、①情報提供、②意見聴取、③形だけの応答、④意味ある応答、⑤パートナーシップ、としている。とりわけ、公開の場での十分な協議である「意味ある応答」の重要性を指摘している。そのなかで、参加の場が情報交流の場で終わるのか、意思形成の場まで行くのかが問題の核心であると指摘している。

最後に政府は、「新しい公共」の育成をこれからの基本課題と位置付けている。2008年に発表された「骨太の方針」でも新たな「公」の育成を国全体の基本課題と位置付けている。また民主党政権下（当時）における「新しい公共」とは、人々の支え合いと活気のある社会を作ることに向け、「国民、市民団体や地域組織」、「企業やその他の事業体」、「政府」等が、一定のルールとそれぞれの役割をもって一市民として参加し、協働する場であると定義している（内閣府『「新しい公共」宣言』より抜粋　2010年6月4日第8回「新しい公共」円卓会議資料）。神奈川県大和市においては、2002年6月に「大和市新しい公共を創造する市民活動推進条例」が制定された（2008年9月29日施行）。

この条例は、市民が考えた素案を基本に策定されたことが大きな特徴であり、また「新しい公共」という新たな公共の理念や、「市民事業」、「協働事業」、「提案制度」といった理念を実現するための仕組みが盛り込まれた。そのなかで、新しい公共を「市民、市民団体、事業者及び市が協働して創出し、共に担う公共をいう」（第２条）と定義している。

以上のように、「新しい公共」が注目されているのは、市民の意識変化の観点から、まず地方圏と都市圏を問わず、住民の社会貢献活動への参加の意識が高まっていることである。次に、自らがより良く生活するために、地域における生活者としての環境づくりに参加して取り組む意識が生じてきたことである。一方、行政側の必要性から出てきたこととして行政だけでは、多様化、高度化する住民ニーズを把握し、行政サービスを効率的に供給することが困難になっていることである。次に官と民の役割分担の必要性が問われ、官民協働の取り組みが求められているなかで、「新しい公共」にその主体や触媒としての役割が期待されることが挙げられる。

2-2-1-3　市民参加の意義と位置づけの変化

西尾勝（2001）は、市民参加、住民参加、コミュニティ参加について、次のように指摘している。「市民参加とは、政治行政を役所に任せることなく、市民が自治の重荷を日常的に担っていくような市民自治の仕組みを確立するために、市民間の討議を拡大していくことである。民主政治の担い手である市民一般が政治行政に能動的に参加して、公共の福祉ないし市民的理性を発見し形成していくことを課題とするものである」。次に、「住民参加とは、特定事業によって直接間接に影響を受ける利害関係者たる市民、その事業の計画実施過程に参加することであり、住民参加が課題とすることは、いかなる手続のもとでいかなる方法で、全体の利益と部分の利益、多数者の利益と少数者の利益との調和をはかるかという点にある」。さらに、この両者の媒介となりうるものにコミュニティ参加がある。「コミュニティ参加とは市町村の区域より狭い地域にいわば自治の下層単位を設け、このレベルで住民の参加を促す方策である。これは市民参加の底辺を拡大する方策であると同時に、住民参加では解決のつかない問題を日常的に解決しようとする方策でもある」。そして、近年においては、ボランティア活動の活発化、NPO の制度化から、そこでの多様な活動の下で、上述のように「新しい公共」の形成、地域住民の「協働」という論調が高まっている、としている。

田村悦一（2006）によれば、住民参加とは「地方公共団体の行政運営の諸過程において、住民の発言権が確保される組織と構造」のことであるとしている。これを敷衍すれば、住民参加とは、その社会の構成員が支配者の選択を行い、直接的・間接的に政策形成に関与する制度と活動のことである。それをデモクラシーの形態からみれば、前者の支配者選択の住民参加は「代表制デモクラシー」であり、後者の政治過程への住民参加は「参加デモクラシー」と換言できる。この両者の関係は、しばしば対比されて論じられてきた。「伝統的な議会制民主主義の理解のもとでは、政策の決定は住民の代表たる議会がこれを行い、その施策の実行が議会のコントロール下にある以上、住民意思は、このメカニズムを通して表明され、同時に行政運営に対する間接的なコントロールの機能をも果たし得る」ことから、参加デモクラシーは、「議会制の補充的・二次的機能を有するに過ぎないと考えられていた」。それが今日においては、より積極的に市民参加・住民参加の重要性が論じられるようになったとしている。それゆえ、参加デモクラシーは、一人一人の意識の向上、身近な生活問題に対する関心、他者意識の醸成などを当然に要求するものであるが、同時に制度面からみれば、小さな社会を必然的に求めることになる。

ここにおいては、個人が身近な生活問題について直接的に意識する環境（社会問題の中で他者を意識できる環境）が必要であり、小さな社会や中間団体などの各種共同体の重層造における有機的結合を目指す制度面の整備が求められる。換言すれば、それは集権的国家統治から地方分権統治への移行であり、さらに地方公共団体内の分権、より狭い地域への権限委譲、そして住民自治の内実化という統一的な制度構築のことを意味する。このような中央から地方への権限委譲は、別の視点からみれば代表制デモクラシーから参加デモクラシーの時代に変化していると指摘することができる。

行政法における展開の方向性は、近代行政法モデルである官僚統治型・中央集権型・議会統制型などから、市民参加型（協働型）・地方分権型・市民監視型へと移行しているものと考えられる。これらの指摘のように、市民参加型が地方行政に向かっているとすれば、現在は、代表制デモクラシーから参加デモクラシーへの転換期であると見ることも可能である。このような背景から、行政手続法の改正以降、参加デモクラシーを担保する多くの法律が制定され、行政システムは変化している（高乗智之 2016 pp. 80-82）。

2-2-2　消費者（市民）の行動―ごみの減量―

消費者の環境問題に対する環境意識の高まりを受けて、消費者は主として、ごみの発生抑制（減量）とリサイクル等に主体的に取り組んでいる。すなわち、ごみの排出量を極力少なくして、生ごみ等はコンポスト化し堆肥にして有効活用する。また資源ごみは、リサイクルするために自治体との協働になって分別収集に努力している。では、ごみ減量に直面した自治体では、どのような取り組みが行われてきたのであろうか。

第1に、静岡県沼津市においては、「混ぜればごみ、分ければ資源」を合言葉にごみの減量化に成功した。1975年当初、当市において、地域によっては分別収集の導入に反対する住民運動があったが、今やごみの分別数は増やすべきだと要望が出るほどに住民のごみに対する認識が高まっている。第2に、徳島県勝浦郡上勝町においては、山間の資源回収車が来ない場所でありながら、ごみゼロ（ゼロ・ウェイスト）を宣言し、町民が主体的に取り組み資源化率85%を達成している[13)]。具体的には、リサイクル品を指定の場所にそれぞれが持ち込み、ごみゼロへの挑戦「ごみは資源」という合言葉で34種類の分別収集を行っている。これは全国最多である。また、「リサイクルされてまた建築資材に、リサイクル品でつくると65%のエネルギー節約、大気汚染物質85%減少」など、資源の行先とリサイクルによる効果を数値で表示することによって、町民の分別への理解度を深めている。第3に、京都市においては、2015年10月より、「しまつのこころ条例」をスタートさせた[14)]。京都市のごみ量は、ごみ袋の有料制を踏まえて、環境負荷低減と年間106億円の大幅なコスト減を実現しているが、ごみ処理には261億円もの巨額の費用がかかっている現状である。そこで、ピーク時からの「ごみ半減」39万トン以下、を成し遂げるために、さらなる2R（Reduce: 発生抑制と再使用、Recycle: リサイクル）の促進による、取り組みが実施されている。このように市民の段階で厳格な分別が行われていると、当然ながら、業者の分別費用が低下し、収集されたものが有価物になりやすいという効果がある。

「ごみの有料制」を実施している自治体も多く見受けられる。それを採用した自治体は、多かれ少なかれ、ごみ減量効果を上げている。そこで、「ごみの有料制」とごみの減量効果が住民の意識にどのように影響し、どのように評価されているのかを見てみよう。例えば、北海道伊達市（人口3万5千人の小都市）は、1989年7月、家庭ごみの収集に有料制を採用した。その目的は、ごみの処理費の一部負担を直接市民に求めるとともに、ごみの減量を促すことであったが、当初は市民の間で反対の動きがあった。しかし、翌年には、市のごみの量は従前に比べて実に32%減になったのである[15]。東京都日野市において、2000年の「ごみ改革」によって、資源物の収集量を倍増させる一方、「ごみ半減」という目覚ましい減量効果をもたらしたことは注目すべきことである。このような「ごみ改革」のもとで、何が市民の行動を変える要因になったのであろうか。同市が行ったアンケート調査によると、第1の要因として市民はごみ有料制を挙げている「日野市ごみゼロプラン（市民の行動変化の要因）2002年3月 p. 12」。有料制の導入後、それを支持する市民が増えている要因として、以下の点が挙げられる。まず第1に、有料とはいえ、その額はそれほど多くはないことである。第2に、指定ごみ袋の大きさによって料金が異なり、ごみを減らせば小さい袋で済むため、無料収集と比べると多量のごみを出してもかえって公平で、減量努力のしがいがあることである。第3に、ごみ減量という市民的課題への取り組みに対する参加感、有力感をもつことができること等である。

山川肇・植田和弘（2001）は、有料制とゴミ減量の関係は、「ごみ有料制によりお金がかかるようになったので、ゴミを減らした」という単純なものではなく、有料制度がごみ問題・環境問題への関心を高める契機となり、これらも動機としてゴミ減量行動が促されたと指摘している。また、田中信寿ら（1996）は、住民への質問紙調査に基づき、有料化は実施後により多くの市民に受け入れられ、また現在は市民の半数以上に受け入れられている。その賛成理由は、主として、費用負担の公平性、ごみ減量、モラル向上等であった。その回答のなかで、家計の支出増加は、有料制度後大きく減少した。ごみ減量の結果、当初予定していた額よりも支出額を減らせたことが、同制度の実施後に賛成理由が増加した要因であろうと、評価している[16)]。

2-2-3　企業市民の行動―エコプロダクツ・リサイクル市場―

2-2-3-1　企業市民の概念

石崎忠司（2013）によれば、企業市民の概念は、1960年代のアメリカの企業社会責任論で提唱され、企業も社会の一員として行動すべきことを含意とするものである。CSRに関心が向けられている今、CSRを企業の視点ではなく、市民の視点から考察し、企業市民としてのCSRを求めていくことが重要であると指摘している。丹下博文（2003）は、地域社会（コミュニティ）で企業が経済活動の自由を保証される代償として、地域社会に対して義務または責任を負っていると考え、企業も一個人、一市民と同じように社会に対し責任を負っているとする「企業市民（Corporate Citizenship）」の概念が世界的な企業の間に広まっているとしている。鈴木幸毅（1995）によれば、このような概念の台頭は、社会経済システムの複雑化、多様化あるいは地球環境問題の顕在化、拡大により、企業の理念的側面が経営上大きな意味を持ってきていることへの認識の高まりであると同時に社会的背景として、社会が企業に対し、責任ある活動や地球環境問題への取り組みを強く求め、持続可能な経済社会の発展への貢献を求めていることが挙げられる、としている。

企業価値評価の観点からは、従来、企業の利潤追求が社会全体の利益になると考え、市場メカニズムの中での利潤最大化が企業評価の指標であった。しかし、企業は利潤追求を目的とするが、自らの経営行動を通じて社会の抱える様々な問題に貢献すべく自立的、主体的に行動し、ステークホルダーの要求する様々な非財務的要素を含めた社会的責任を企業目的として取り入れていく責務があるという考え方に企業価値評価の軸が変化してきている。この非財務的要素が企業の市民性を意味する「企業市民」の概念であり、企業活動の社会的責任（CSR）の一翼を担うものである。とりわけ、近年、地球環境問題が問われるなか、企業価値評価として、経済的責任及び企業市民としての責任の両方の視点から評価を行う評価が持続可能な経営評価として、注目されている。すなわち、トリプルボトムラインという企業評価の流れは、企業に投資を行う投資機関から社会的責任投資（SRI）という流れとして現れたのである。上述のように、企業が企業市民としての責任を遂行することは、社会的責任、環境的責任の遂行である、言い換えれば、企業活動が社会のためと考える公益へ深く関わりをもち、かつ公益に果たす役割を担っていることに他ならない。

2-2-3-2　エコプロダクツ・リサイクル市場

循環基本法の施行により、企業の行動はどのように変化したのであろうか。特徴の1つとして、循環型社会形成における生産者責任が重くなったことである。それは、2001年に経済開発協力機構（OECD）から各国政府へのガイダンス・マニュアルとして公表された拡大生産者責任[17]（EPR: Extended Producer Responsibility）の考え方である。そのEPRを導入する根拠については、製品設計や素材選択に関する技術情報を生産者が占有していること、また循環利用へのインセンティブが生産段階から働く仕組みを作るという観点からの合意が得られている。いわゆる、環境配慮型設計[18]（Design for Environment）の遂行である。この方法で廃棄物の処理費用が内部化されることによって、廃棄物の発生抑制が可能になる。もし、廃棄物が排出されたとしても、より小さな費用で再資源化されるようなメカニズムが期待できる。

例えば、環境配慮型製品の場合を考えてみよう。政府が環境改善のための方策を採る。それに呼応して、企業は技術革新を行い、エコプロダクツ（例えば、電気自動車・ハイブリッドカー）を製造し販売する。その製品は廃棄物の発生・排出抑制を施されているゆえ、相対的に価格が高い。まず、環境意識の高い人々が選択的にその製品を購入する。グリーン・コンシューマーの購買意欲を促すために、政府がグリーン税制を施行する。同製品をそれらが購入し鼓舞することによって、次の人々が製品を購入し始める。多くの人々に支持されることで販売数が増加し、量産効果によって価格が低下する。さらに次の人々が購入し、その製品が一般化する。このことは、企業によってエコプロダクツが生み出され、それが市民の評価を得ることによって、波及効果が生じている。換言すれば、グリーンコンシューマーの選択的購買行動は、次の人々の行動を刺激する。一方で、政府によるグリーン税制の導入が、その取り組みを支援することによって同取り組みが充実するとともに制度上の仕組みが進化する。

次に、使用済み家電リサイクル法の場合を見てみよう。同法のもと、それは、各主体の責任分担と再商品化等に要する費用を排出時に負担する仕組みになっている。具体的には、消費者が使用済み家電製品の排出時の応分の負担を的確に行い、家電メーカーが再資源化の責任を果たせば、費用は市場を通じて主体に分散される[19)]。こうした付加的な費用と新たな利潤機会の発生が、効率的な廃棄物の削減に繋がる可能性が高く、同時に静脈ビジネスが創られる効果がある。家電メーカーは使用済み家電製品の適正処理、再資源化の技術開発を行い、業界と協力しつつ（水平的協調）、かつ産業廃棄物処理業者や素材メーカーとも協力しつつ（垂直的協調）、新しいシステムを立ち上げネットワーク化を実現した。

一方で、上述の再生品の普及を阻害する要因として、新品と同水準の品質が維持できるとすれば、一つは、それぞれの価格が相対的に高いことである。当然ながら、上述のグリーン・コンシューマーが多くなれば普及するのであるが、再生品の場合、消費者の合理的行動の観点からすると、既存の製品と機能的に変わらないにもかかわらず、価格的に高い再生品を消費者が買い求める場合には、それに見合う別の価値――例えば環境付加価値――を消費者が認識・評価しなければならない。また、消費者が評価の源泉になる情報を得る方法――例えばエコラベル――は情報開示の方法として十分であるか検討の余地がある。他方、廃棄物の発生抑制が進んだ経済においては、有価物をそれとして使い回すという特徴がある。例えば、アップグレイド（用益の質の向上）、メンテナンス（用益の質の維持）、リペア（修理によって用益の質を取り戻すこと）などによって、付加価値が市場で実現すれば、廃棄物の発生を抑制しつつ、経済性を高めることができるであろう。そのためには、使い回す知識、知恵（ノウハウあるいはソフトウエア）が必要になる。財を消費する際、われわれは物理的な意味で量や容積から効用を得ているのではなく、むしろ財を使い回すということは、この用益の質を保ち、そうすることによって自らの効用水準を維持するということである。このように、経済の発展とともに、経済のサービス化が進展する。例えば、モノは小さくとも、そこに蓄積された知識が大きいと付加価値は大きくなるのと同様に、モノに知識・

技術を再充填することによって、用益の質の水準を維持し、また向上させることも期待できる。実際、環境関連ビジネス、いわゆるエコビジネスといわれる産業の市場規模は2010年に47兆円、2020年には60兆円近くになると予測されている[20)]。

以上のように、循環型社会を構築するためには、われわれは、基本的な枠組み法たる循環基本法を道標としつつ、個別の関連法に従い、廃棄物・リサイクル対策を展開することにより、対象物品の特性等を踏まえつつ、実効性のある同対策を展開することが期待できる。環境意識の高まりを踏まえて、政府による環境改善のための法整備が施行されることによって、エコプロダクツを含むエコビジネスが創出される。その製品はグリーン・コンシューマーによって評価される。また次の人々に評価され、波及効果が生じて一般化する。このように消費者と企業市民との間の相互依存的なプロセスが発生する点が重要である。

これまで考察してきたように、「あらたな豊かさ」のもと、消費者、企業市民の行動がそれぞれ環境配慮型行動にシフトしている。官と民の役割分担の必要性が問われ官民協働の取り組みが求められているなかで、地域社会における新しいコミュニティのもと、市民参加型制度を形成する主体として消費者（市民）、企業市民の役割が期待されている。その取り組みを促すためには、資金調達等を成す仕組みが必要である。それは、環境配慮型金融スキームを構築することによって、はじめて動き始めることになる。

小　括

2-1において述べたように、「あらたな豊かさ」とともに、それを実現していく主体的な条件として、地球環境時代の今日、グリーン・コンシューマーの活躍とともにエコビジネスが発展し、さらにグリーン・インベスターが登場していることに注目した。実際、「企業の社会的責任」の形成とともに、近年わが国でも「社会的責任投資」が登場している。また個人による主体的な「新しいコミュニティ」の形成に向けたさまざまな活動にも注目した。具体的には、市民やNPO等がボランタリーに活動する自然環境の保全等の取り組みである。これらは「あらたな豊かさ」の主体的条件の形成を示すものであると言えるであろう。さらに人々の意識や行動が、「物的の豊かさ」のみを追求することから、「心の豊かさ」を重視するように変化しているなかで、われわれは、とりわけ環境問題に注目した。実際、人々の環境意識の高まりを受けて、環境問題の解決のために、さまざまな「市民参加型」の制度が創出されている。

2-2においては、環境問題を解決するための必要不可欠な手段として、われわれは、既に実施されている「市民参加型」の制度に焦点を絞り議論してきた。なぜなら「市民参加型」の制度を支えたものが、環境意識の高まりであるからである。2-1-2-1において述べたように、今や人々は環境問題に対する重要性を十分に認識し、日常生活でのごみの分別など、環境改善に努力をしなければならないという自覚が市民の間で形成されてきている。このことが、まさに環境意識の高まりを示しており、一方で、それを支え促す制度が創出されている。具体的には、循環基本法による理念のもと、ごみ等の廃棄物の適正処理のための廃棄物処理法、リサイクルの推進のための再生資源有効利用促進法によって、一般的な仕組みが確立された。

さらに、環境問題として重要である種々の制度、いわゆる物品個別の特性に応じた制度として、例えば、容器リサイクル法、家電リサイクル法、および自動車リサイクル法が策定され、また政府が率先して再生品のなどの調達を推進するというグリーン購入法が施行された。それに呼応して、各経済主体・各地域においては、循環型経済社会の構築に向けた取り組みが進められている。とりわけ市民は、ごみの発生抑制・減量等に努力しつつ、一方で資源ごみ等は、上述の物品個別のリサイクル法制度に則してリサイクルによる廃棄物の排出抑制を図り、自治体と一体となり分別収集に努力している。注目すべきことは、具体的な個別の制度が普及することによって、多くの人々の環境意識を高める効果を発揮することになるのである。実際、ごみの減量やリサイクル等の具体的な取り組みの成果も上がってきている。

他方、我が国においては、グリーン・コンシューマーによる環境配慮型製品（例えば、電気自動車・ハイブリッドカー）の選択的購入を促すための制度として、政府によるグリーン税制が施行されている。このような政府の支援によるグリーン税制は、ごみの減量・リサイクルと同様に市民の環境意識のなかで創出され、グリーン・コンシューマーがそれを活用して、その取り組みに参加することができるようになる。これを契機に、上述のエコプロダクツ以外の環境配慮型製品の購買行動も着実に増加している。以上のように、今や環境意識の高まりが着実になり、さまざまな市民の環境配慮型行動が広範囲に拡がっているなかで、これまでの成果として、政府によるグリーン・コンシューマーに対応する制度が創出され、市民のごみの減量・リサイクルの仕組みによって、市民の環境意識が高まり、またその制度を進化させることにも繋がったのである。それらは、「市民参加型」制度のモデルの一つであると言えるであろう。

注

1） 環境白書（平成10年度版）』第1章3節 ⑴環境効率性の考え方。
環境効率性とは、財やサービスの生産に伴って発生する環境への負荷に関わる概念であり、同じ機能・役割を果たす財やサービスの生産を比べた場合に、それに伴って発生する環境への負荷が小さければ、それだけ環境効率性が高い。これは、持続可能な社会を実現するためには経済効率に偏重する現在の経済社会システムから、環境への配慮を織り込んだシステム、すなわち、財・サービスを生産・消費する際に環境への負荷を最大限削減するようにするというシステムへの変革が必要であるとの考え方から生まれたのである。

2） 1998年米国の社会学者のポール・レイと心理学者のシェリー・アンダーサンが新しい人々とした生活創造「Culture Creative」という概念を提唱した。具体的には、単に環境に配慮するだけでなく、家族や地球環境、社会の未来像といった個人生活の分野以外にも総合的に深い関心を示す人々のことで、グリーン・コンシューマーの概念を拡大し、社会への能動性を付与した姿といえる。

3） LOHAS市場は、5分野から成り立っている。①持続可能経済への貢献（再生可能エネルギーや社会的責任投資など）、②健康的ライフスタイル（有機食品やサプリメントなど）、③代替医療（予防法、補助薬品）、④自己啓発（ヨガ、様々なワークショップ）、⑤エコロジカル・ライフスタイル（環境配慮型の家族・オフィス用品、エコツーリズムなど）である。2000年米国の市場規模は、2268億ドル（約30兆円）、全世界では、5400億ドル余りに上るとみられている。

4） 企業の環境活動の評価基準として国際標準化機構（International Organization for standardization）の定めた環境管理・監査の国際規格「ISO14000シリーズ」である。ISOとは、世界共通の規格・基準などを定める民間組織であり、このISOによって、一部の先進国企業が中心となって進めてきた環境保全活動の規格化が実行され、ISO14000シリーズとして1996年に企業の環境管理システムに関する規格が定められた。これは、企業が環境に関する目標を決定し、実行していく上での目標を与える指針となっている。環境管理システムの構築についてのISO14001認証登録件数は1999年１月１日現在7966件であり、環境に関する国際規格としては企業が最も注目している。このうち1524件は、我が国が取得しており、企業のISO14001への対応は国際的にも進んでいる。

武内和彦・住明正・植田和弘編（2002）pp. 199‒201。

5）「環境会計ガイドライン2005年版」2005年２月、「環境会計とは、企業等が、持続可能な発展を目指して、社会との良好な関係を保ちつつ、環境保全への取組を効率的かつ効果的に推進していくことを目的として、事業活動における環境保全のためのコストとその活動により得られた効果を認識し、可能な限り定量的（貨幣単位又は物量単位）に測定し伝達する仕組みである」と定義している。

環境省webサイト〈https://www.env.go.jp/policy/kaikei/guide2005.html〉

6）『環境白書（平成10年度版）』第１章３節２「Life Cycle Assessment」。

LCA（ライフサイクルアセスメント）とは、その製品に関わる資源の採取から製造、使用、廃棄、輸送などすべての段階を通して、投入資源或いは排出環境負荷及びそれらによる地球や生態系への環境影響を定量的、客観的に評価する手法である。

7）大野剛義（1996）『「所有」から「利用」へ―日本経済新世紀―』日本経済新聞社。

8）1997年英国の環境コンサルタントのサステイナビリティ社のジョン・エルキングトンが「トリプルボトムライン」の概念を提起した。「トリプルボトムライン」とは、企業を財務パフォーマンスのみで評価するのでなく、企業活動の「環境的側面」「経済的側面」「社会的側面」の３つの側面から評価することである。企業の環境配慮への取り組みは、国際的に普及していく。今日、環境報告書の作成は、多くの企業で浸透している（大塚 2011 p. 31）。

9）企業市民とは、企業は個人と同様に社会を構成する主体＝市民であり、社会における良き市民として法的責任や経済的責任を越えて教育や福祉、文化等、さまざまな社会問題の解決のために、積極的に貢献すべきであるという企業観である。80年代のアメリカにおいて発達し、90年代に入り日本でも注目されるようになった。金森久雄・荒憲治郎・守山親司編（2013）『経済辞典（第５版）』有斐閣　p. 204。

10）江口隆裕（2001）「循環型社会形成推進基本法について」『廃棄物学会誌』No. 5 pp. 281‒285。

11）大塚直（2001）p. 291。

12）「情報交流の場とは、フォーラム（説明会、公聴会、ワークショップ）」、「意思形成の場：アリーナ（アドホックな代表者会議）」、checkによる計画策定・実行のチェックとしての「異議申立の場：コート（第三者的審査・監査）」によって説明し、参加の場をとらえる視点である。

13）上勝町は、人口 1,964 人（内 65 歳以上 49.54%）／面積 109.68 平方 km（2010 年 3 月 31 日付）の小さな山間の町である。日本の棚田百選に選ばれた樫原の棚田があり、日本の原風景ともいえる豊かな自然に恵まれている場所である。

14）京都市のごみ量は、ごみ袋の有料制を踏まえて、ピークの年間 82 万トンから 4 割以上減の 46 万トンまで削減でき、また清掃工場の 5 工場から 3 工場まで縮小させた。2R の促進とは、ごみになるものを作らない、買わない「リデュース（発生抑制）とリサイクル（再使用）」による取り組みである。

15）環境省（2007）pp. 176-177。

16）田中信寿・吉田英樹・亀田正人・安田八十五（1996）「一般家庭における資源消費節約型生活に対するごみ有料化の効果に関する研究」平成 7 年度科学研究費補助金（重点領域「人間環境系」研究成果報告書）。

17）EPR は、生産―流通―消費―廃棄―再生というプロダクトをめぐる一連の循環運動の中でその製品適正である否かという社会的評価が問われるプロダクト・チェーン・マネジメントの考え方による。

18）廃棄後の段階まで含めて、製品の全生涯にわたって生じる環境負荷の低減を考えて製品設計をしようという概念である。

19）再商品化等に要する費用負担は消費者が負担する額より企業の方が大きいといわれており、取引数の増加が企業負担の増加に結び付くことになる。それゆえ生産段階における長寿命化等の企業努力に期待される。

20）細田衛士（2012）p. 21。

第3章

市民参加型資金調達による太陽光発電・風力発電等設備設置

—環境と金融の融合の一形態—

序　文

近年、地球環境問題を解決するために、とりわけ金融の機能を活用して環境配慮行動を促す手法（金融スキーム）が世界的に注目されている。国連環境計画（UNEP）において、1992年に環境問題解決のために金融の力を活用する金融イニシアティブ（FI）をスタートさせた。その具体的な活動は、金融が担う環境リスクへの対応力、環境改善を見極める力などを、地球環境問題の解決に活用しようという試みである[1)]。UNEP・FIにおいて、世界の主要な金融機関が企業・個人に対する投融資活動を通じて、環境配慮型行動を宣言したことは重要である。それに呼応して、我が国においても金融機関が投融資活動に際して、環境面へ影響を審査・評価に加える環境金融システムが広がりを見せている。その背景にあるのは、金融機関としての社会的責任（金融CSR）への関心が高まっていることである。なぜ、金融に環境問題の解決が期待されるのだろうか。それは、政府の規制とは異なり、金融には即応性と柔軟性があるからである[2)]。例えば、金融市場の柔軟性を活用することで、財政制約などの硬直化しがちな従来の環境政策を補完することが期待できる[3)]。本章では、環境金融をミクロ—マクロにおける複数の行為主体からなる制度、及び歴史的に生成させられた制度進化の過程として捉えつつ、主として、環境と金融の一形態としての市民参加型資金調達の構造を明らかにする。

3-1　環境に配慮した金融（環境金融）の概念

環境に配慮した金融（以下、環境金融と表記する）について、藤井良広（2005）は、金融機能を環境対策に活用する試みを環境金融と位置づけ、金融の「価格付け機能」に注目している。環境対策に活用される金融機能は、銀行による預貸業務のほか、金融市場を通じて、環境配慮型企業の株・社債に投資する社会的責任投資（SRI）、環境リスクに備える保障業務、環境負荷を軽減するリースなども含まれる。そのいずれもが、本来の機能のまま金融機関の取引先の環境配慮行動を促すことが期待できると指摘している。

環境省（2010）は、あらゆる経済活動はお金を媒介として行われており、お金の流れが社会の仕組みに与える影響は大きいといえる。したがって、社会の仕組みを持続可能なものに変えていくためには、お金の流れを持続可能な社会に適合したものに変えていくことが重要である。中央環境審議会の専門委員会報告のなかで、「環境金融とは、金融市場を通じて環境への配慮に適切な誘因を与えることで、企業や個人の行動を環境配慮型に変えていくメカニズムと定義できる」としている。それに対して、藤井良広（2013）は、環境リスク・オポチュニティの両方を金融的に評価すること（金融的対応）に加え、金融機関が環境分野に資金供給するインセンティブを整備すること（政策的対応）が必要であり、この2つの対応の組み合わせを最適化することによって、金融市場の資金が、一部だけでなく大規模に環境市場へと誘導されると指摘し、政策的対応の必要性を強調している。

水口剛（2011）は、資金の余剰部門から不足部門へと資金を移転させる金融、また投資の機能は、元来、通常の部門と比べて公共性が高い。どのような企業やどのような分野に資金が集まるかによって、その後の経済や社会の姿が左右されるからである。したがって、資金の流れとガバナンスの在り方を変えることで、金融機関や投資家は企業活動や経済の発展の方向に影響を与え、環境問題の解決に貢献することができる。特に巨額の資金を擁する金融機関は、社会的な影響力も大きく、その資金の使い方について、社会的責任が生じる。金融機関が環境問題への配慮を自らの行動に組み込むことによって、環境問題の改善に繋がり、長期的にみれば、銀行自身のリスク軽減や利益率の向上に繋がると指摘している。

金融手法の多様さは環境への取り組み方の多様さを支えるものであり、それを可能にするための政策的対応が重要である。実際、オランダにおいては、環境保全型プロジェクトに対して、個人の預金・投資信託の資金供給を促進する税制優遇措置が講じられている。それは、グリーンファンドスキームと称され、政府と民間金融セクターとの協力事例である。1995年の導入以降2003年までに、同制度によって29億6000万ユーロ（約4,055億円）が環境保全型プロジェクトに融資され、一定の成果を上げている。次節では、それぞれの取り組みを資金調達ベースに、資金運用主体、資金供給先に環境配慮型金融スキームを類型化する。それに基づき、主体的かつ多様な取り組みの特徴や意義を考察する。

3-2　環境配慮型金融スキームの類型化

近年、家計（や企業）は、自らの価値観にあう形で積極的に資産運用するようになり、環境・社会問題を考慮した社会的責任投資（SRI）が増加している。とりわけ、環境意識の高い人々は、それに関心を示し、環境面を考慮した環境配慮投融資に取り組むだけでなく、それを超えて寄附という支援も行っている。

ところで、金融機関の機能は、融資・投資・保険・保証の業務があるが、本節では融資と投資を中心に考える。融資は、大きく3つの分野に分けられる。まず第1に、企業向けに低利優遇金利で融資されるコーポレート・ファイナンスである。第2に、特定の大規模事業向けのプロジェクト・ファイナンスの分野である。例えば、金融機関は対象プロジェクトが及ぼす環境・社会への影響について、金融の視点で評価を加える。第3に、多くの貸し付け債券を束ね、各債券に含まれる環境リスクを証券化の手法を使って切り離す手法である。それはストラクチャード・ファイナンスの一つでもある。次に、投資は、主として債券と株式である。それらは、一般に多数の投資家を対象に、少額の資金を集めて大口資金にし、専門家が有価証券などに投資して、その結果、得られた収益を投資家に還元するというものである。個々人が株式などの有価証券に投資するのに比べて、資金を大口化することで、①共同投資による規模の経済性、②専門家による運用・管理、③分散投資の実現、などのメリットがある。つまり、そうした優れた投資手法によって得られた成果に応じて、収益分配金が受け取れる一方で、預貯金と異なって元本保証がないという点に、投資信託の資産面での特徴がある。

環境配慮型行動を支える家計の資産運用を実現させるために、現在どのような支援スキームがあるのだろうか。本書では、それらを資金調達面から以下のように分類する。

A グループは、融資型である。①家計の預金が銀行を通じて、環境格付けなどに基づき、環境配慮した評価の高い企業に低利優遇金利で融資される場合、②企業向けの融資ではなく、SPC[4)]を設立した大規模環境プロジェクトへの融資形態である。

B グループは、投資型である。①証券会社を通じて、環境配慮型企業の株式や社債などを直接、市場から選択して支援する場合、②環境意識の高い個人投資家の資金がエコファンドを通じて、金融市場から直接に支援する場合、③クリーン開発メカニズム[5)]（CDM: Clean Development Mechanism）事業に融資する場合である。

C グループは、寄付型である。①企業が CSR の一環として、環境保護活動を行っている団体に助成を行うために、資金を信託する場合、②信託収益を環境保護団体に寄付するために環境保護ファンドを購入する場合、③企業・団体がグリーン電力の環境付加価値を証書購入することによって寄付する場合、④企業・団体・個人が、それぞれの CO_2 排出分の費用を負担し寄付する場合である。

D グループは、市民出資型である。市民から公募債券によって直接に資金調達する手段である。具体的には、環境配慮型の個別プロジェクトに対して、匿名組合方式[6)]で市民からの出資を募り、その収益を地域や市民に還元させる場合である。

E グループは、公債発行型である。国や地方自治体が発行目的を環境プロジェクトに限定して、環境対策型国債、もしくは、環境保全住民参加型ミニ

表3－1　環境配慮型金融スキームの分類

区　分		資金調達	資金運用主体		資金供給先	
A		融　資 （預金）	Ⅰ	金融機関	(1)	企　業
					(2)	個　人
B	B_1	投資信託	Ⅱ	銀行や証券会社が設立するSPCやファンド	(3)	プロジェクト
	B_2	債券発行			(4)	自然保護団体
C		寄付型	Ⅲ	信託銀行		
D		市民出資	Ⅳ	SPC		
			Ⅴ	NPO法人		
E	E_1	国債発行	Ⅵ	政　府		
	E_2	地方債発行	Ⅶ	地方自治体		
F		地域通貨発行				
G		リースの活用				

表3－2　環境配慮型金融の取り組み事例

	類　型	取り組み事例
1	A－Ⅰ－(1)	環境配慮型融資や環境定期預金
2	A－Ⅱ－(3)	環境プロジェクトファイナンス「苫前風力発電事業」
3	B_1－Ⅱ－(1)	エコファンドやSRIファンド
4	B_2－ⅡとA－Ⅰ＋C－Ⅴ－(3)	国際協力銀行による「環境支援ボンド」
5	C－Ⅳ－(1)	グリーン電力証書システムの活用
6	C－Ⅲ－(4)	自然環境保護活動への信託機能の活用
7	C－(2)	「緑の贈与」による家計部門での低炭素機器普及策
8	D－Ⅴ－(3)	市民風車「わんず」
9	D－ⅣにC－Ⅳが加わる型－(3)	「石狩ファンド」や「おひさまファンド」
10	E_1－Ⅵ－(2)	環境対策型国債発行による家計の太陽光発電設備設置案
11	E_2－Ⅶ－(3)	環境保全住民参加型ミニ市場公募債「オオバンあびこ市民債」
12	F－Ⅴ－(3)	地域通貨を活用した太陽光共同発電所の設置
13	G－ⅠにC－Ⅳが加わる型－(1)	グリーン・リース（使用電気を自然エネルギーの活用）
14	G－ⅡとA－Ⅱ＋C－Ⅱ－(1)	CO_2削減ファンド「エナジーバンク）
15	G－ⅣとA－Ⅰ－(2)	「おひさまゼロ円システム」（官民協働事業）

市場公募債などを発行する場合などである。また、Ｆグループは地域通貨発行型であり、Ｇグループは、リース活用型である。

上述の資金調達をベースにして、それぞれの資金運用主体・資金供給先などを分類すれば、表３－１に示される。表３－１をベースにして、環境配慮型金融スキームの組み合わせと取り組み事例を列挙すれば、表３－２のように類型化できる。そのなかで市民参加型の取り組みの前提として、2009年に資金調達形態の国家主導型が試みられている。それは、表３－２の10で示した「環境対策型国債発行による家計の太陽光発電設備設置案」である。同普及策は、国家レベルにおける環境問題に関する資金調達上の国債発行を通じた太陽光発電屋根貸し制度である。しかし、それは制度として結実しなかった。当該国家プロジェクトは、制度として組み込めなかったが、地域において資金調達が可能である。次節において、国家レベルにおける環境問題に関する資金調達上の国債発行を通じた同普及策の意義と課題を提示する。

3-3　環境対策型国債（小宮山宏の言う「自立国債」）発行による太陽光発電設備設置案

今後、政府が国際公約したCO_2排出量を2030年度に2013年比26％削減することが求められている。その目標達成のための方法として注目されるのが、自立的に償還できる国債を発行し、太陽光発電設備の設置や家庭での省エネルギー化を通じて、景気対策と低炭素社会の実現を目指した案である。それは、小宮山宏・東大総長（当時）が2009年３月21日開催された政府の“経済危機克服のための「有識者会合」”において提言されたものである。本提言を「小宮山案」として、その仕組みと意義を以下に説明しよう。

3-3-1　「小宮山案」の仕組み

(1)　政府が太陽光発電の普及のための環境対策型国債を発行する（債券発行年額２兆円：日本の住宅着工数である100万戸、一戸当たりの設置費用の200万円を乗じた金額）、償還期間は、設備費用の予想回収期間を考慮して、10年程度に限定したものにする。それを原資に事業者が太陽光発電設備を

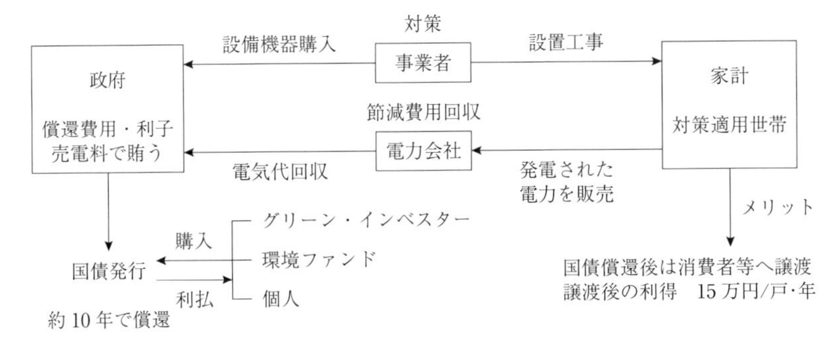

図3－3－1　環境対策型国債の仕組み図

（出所）　http://www.kantei.go.jp/jp/keizai_kaigou/090321/09032 25.pdf
「低炭素社会のための自立国債」を参照、一部加筆し作成。

購入・保有する。

(2)　設備を設置するための住宅の屋根を貸す家計を公募し、採用された各家計の住宅の屋根に太陽光発電設備を設置する。屋根を貸す家計は、原資となる太陽光発電設備から得られた売電収入（余剰電力買取制度を通じて）を国が得るので、償還に要する10年程度は、電気代収入はないが特別な負担もない。しかし償還後は、屋根を貸した各家計に太陽光発電設備自体の所有権が国から移り、電気代収入は各家計に支払われる。

(3)　国は、各家計の屋根に設置された設備より発電した電力を電力会社に売電することで、国債の利払いと償還費用を賄う。すなわち、各電力会社が政府に対して売電料金を支払い、政府が受け取ることで、自立的に国債の償還がなされる。

(4)　国債は、太陽光発電設備の設置を普及推進する個人をはじめ、環境ファンド、グリーン・インベスターなどによっても購入される。その仕組みは、図3－3－1に示される。

小宮山宏の提言は、低炭素社会の実現と国債を発行するという景気拡大を兼ねたものであるが、本書では、主として、低炭素社会の実現に向けての側面について検討し、「小宮山案」のねらいを明らかにしよう。

3-3-2 「小宮山案」の意義と課題

市民参加型の前提として、「小宮山案」の仕組みが十分に機能するならば、まず、家計の太陽光発電設備の設置需要を急速に増加させることが可能である。一方、この仕組みが導入されるならば、太陽光発電の関連産業において、相対的に毎年確実に一定数以上の需要が保証される。そのことは、規模の利益が生まれ、研究開発を促すとともに大規模投資が可能となる。その結果、太陽光発電設備の発電効率が向上し、同設備価格の低下も期待できる。そして、我が国の CO_2 排出量の2％（10年）が削減されることになる。このように、「小宮山案」は、太陽光発電の普及という目的を達成するためには一つの理想的な手段であるが、国が「小宮山案」に基づいて新しい仕組みを立ち上げようとするならば、以下のような実行上の課題や解決すべき問題を伴うことが予想される。

まず第1に、最も重要なことは、どのような主体がその組織を担うかである。まず、従来型の公的組織が考えられるが、その場合は、これまでの経験から、官の肥大化や非効率などの問題が懸念される。したがって、民間のノウハウを活用したPFI方式[7)]も視野に入れなければならないであろう。またより現実的な問題として、どのメーカーの機器をどのような基準で選定するのか、入札方式はどのようにするのか、などが挙げられる。

第2に、政府がリスクを含む負担をすべてもつことで、かなりの設置希望者が予測されるので、需要を調整するための手段が必要になる[8)]。実際に、どのような基準で、どのような家計に設置するのか、どの程度の規模にするのかなどが検討課題となる。

上述のように、小宮山案は仕組みが十分に機能するならば、急速に太陽光発電の発電量を増加させることができるが、上述の実行上の課題があるので、家庭の屋根に設置することには問題がある。したがって、小宮山案を活かすならば、太陽光発電設備を家庭の屋根に設置する方策よりも、公共施設に適用する方が現実的であろう。その場合は、例えば自治体において、同様の地方債を発行することによって、太陽光発電設備の初期費用を賄い、地方債によって購入したその設備を学校・官公庁舎・図書館・保育園などの屋根に設置する施策を講じていく方が効果的であると考えられる。そこに設置した設備から生じる電気代収入は、償還後、地域住民に対して還元されることが望ましい。しかし同案は、多面的な効果があり極めて有効な方法であるので、小宮山案を継承する形で、屋根貸しという考え方はできないだろうか。そのようななか、各自治体において創意工夫された取り組みとして、太陽光発電「屋根貸し」制度が動き始めている。同制度は、第４章にて考察する。

以上、考察してきたように、この環境問題に関する資金調達上の国債発行を通じた小宮山案は期待されたが、ついに結実しなかった。しかし、以下で考察するように、小宮山案は国家レベルの政策ではなく、地域レベルでの資金調達の形態として存続している。そして、上述の環境問題への「市民参加型」の取り組みは、地域レベル・市民レベルの資金調達様式を内包しながら、展開していくことになるのである。次節では、市民参加型の資金調達様式を内包し、表３－１の分類に則して、表３－２に示した類型に基づく取り組み事例を考察する。

3-4　類型に基づく市民参加型の取り組み事例
—地域・市民レベルの資金調達—

3-4-1　環境配慮型融資や環境定期預金

3-4-1-1　環境配慮型融資

金融機関の環境配慮行動として、本来の機能である融資に反映させることが考えられる。環境配慮型融資は、金融機関が企業に融資する際に、企業の環境に対する取り組みを考慮に入れて金利や融資額を優遇させるという取り組みである。金融機関が収益率の低い低金利融資などの環境配慮型融資に取り組む理由は以下のとおりである。①低利融資によって、１件あたりの収益率は低くても、新規顧客数を増やせば収益の絶対量は拡大し、その新規顧客に対して、環境対策融資以外の他の資金需要を見込める可能性もある。②短期的には低金利によって収益率は低下するかもしれないが、長期的には、環境投資を積極的に取り組む企業や個人は、一般的に財務内容が健全で、返済能力は高いと考えられることから、融資のデフォルト率が低下することが期待される。それゆえ、個々の融資収益は低くても、環境プレミアムの減少に

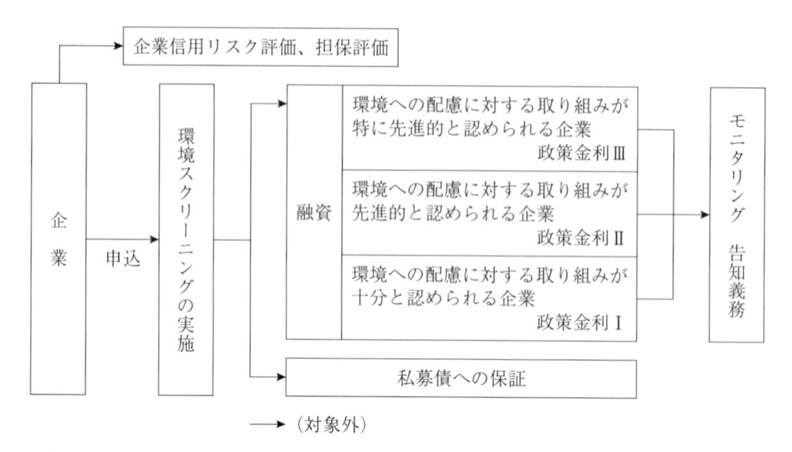

図３－１　環境配慮型経営促進事業「環境格付け融資制度」の仕組み図

（出所）　金融機関の環境戦略研究会編（2005）p. 41を参照し作成。

よって、環境融資全体の収益性は高まることになる[9)]。最も注目すべき理由として、本業の融資活動を通じて、企業や地域の環境配慮に積極的に取り組む金融機関の行動は、社会的評価を受けることに繋がるからである。そこで、以下に主要な事例として、日本政策投資銀行の「環境格付け融資」、滋賀銀行の「エコ・クリーン資金」や「しがぎん琵琶湖原則支援資金（PLB資金）」、びわこ銀行（当時）「コベナンツ契約」融資の取り組みを考察する。なお、その他、民間金融機関の主な企業向け環境配慮型融資一覧は、表３－１（資料３）に示しておく。

⑴　日本政策投資銀行―環境配慮型経営促進事業「環境格付け融資制度」

環境格付け融資制度とは、企業経営の環境配慮度を格付けし、融資金利設定に活用するものである。融資対象は上場企業だけでなく、非上場企業、中堅企業など、より広範な企業に環境への取り組みを促すことができることに意義がある。当該制度の仕組みは、図３－１に示される。

同制度を利用する企業は、まず融資または保証を申し込み、スクリーニングシステムにより環境配慮した経営の度合いについて評価を受ける。同時に財務面での審査結果と合わせて融資の可否と具体的条件が決まる。融資の対象となった企業は３段階に区分され、適用金利は、最も高評価のグループに対し最も優遇する金利（政策金利Ⅲ）を適用する。金利は、評価点の高いグループの順に政策金利Ⅲ、政策金利Ⅱ、政策金利Ⅰとなり、金利優遇は最大0.6％である。このように環境への取り組み度合いによって金利に差をつけることで、企業に環境配慮行動をいっそう促す仕組みである。なお、融資後に企業の環境経営に及ぼす大きな変化があった場合（例えば、環境汚染事故などが発生した場合）には、その状況を告知するよう契約上の義務を企業に課しているので、通知された内容に応じて必要な対応（金利変更など）を講じることになる[10)]。

⑵　滋賀銀行―「エコ・クリーン資金」／「しがぎん琵琶湖原則支援資金（PLB資金）」―

滋賀銀行のエコ・クリーン資金は、1998年から始められた企業の環境保全対策のための低利融資制度である。具体的に、土壌汚染、省エネ、温暖化ガス削減、リサイクル促進、ISO14001認証取得、水質汚濁防止を目的とした環境保全対策に対し、通常融資より0.2～0.3％前後の金利優遇を提供した。2004年までに、融資件数470件、総額65億円以上に達した。また、既存担保の汚染が発覚し、指定区域とされた土地は評価ゼロ円とする方針をとり、そのほか、環境被害を起こした企業の行内信用格付けの降格、担保土地のダイオキシン類対応など環境融資・評価制度を行内で構築している。一方、2005年から独自のリスク管理手法で策定した「しがぎん琵琶湖原則支援資金（PLB資金）」に賛同する事業者を対象に同行がPLB格付けを実施し、融資に際しては格付けに応じて最大0.5％の金利優遇融資を提供した[11)]。従来からのエコ・クリーン資金とPLB格付け融資と合わせて958件123億円（2007年3月時点）の環境融資実績のうち、デフォルト債権がごく僅かであることは、注目に値する[12)]。

⑶　びわこ銀行―「コベナンツ契約」融資―

びわこ銀行（当時）は2003年から行内に「環境銀行」を創設し、様々な環境保全活動を環境関連融資と環境関連預金で支援するとともに、「環境銀行」損益計算書（環境関連事業活動のみの報告書）を公表し始めた。2000年から開始した同行の「環境サポートローン」は、「土壌汚染改良プラン」、「クリーン設備プラン」、「環境産業支援プラン」からなっているが、同報告書によれば、2006年9月期に環境関連融資実績は195億円、環境関連預金は538億円に達し、環境関連の利益は47百万円を計上している。さらに、同行は2004年1月、大津板紙(株)との間で締結した「環境コベナンツ(特約条項付)」契約を行った。同社は、古紙を段ボールに再生する製紙業者であるが、熱源として新たにコージェネ設備を導入し、天然ガスに転換することとした。この融資契約には、環境貢献の度合いによって融資利率を変更する特約が付いており、二酸化炭素換算の排出量(原単位あたり)を35%削減し、15%の省エネ効果を上げれば、優遇金利が適用される[13)]。

3-4-1-2　環境定期預金

環境定期預金は、特に地域金融機関において、地域の特色を生かしたさまざまな工夫が凝らされており、これらもまた、金融機関の融資と同様に環境配慮行動として重要なものである。その種類として、3つ挙げられる。まず第1に、金利または残高の一部に相当する金額を、環境に関連する活動を行う団体への寄付や企業に対する貸出に充当するタイプ(寄付型)であり、例えば、びわこ銀行の「CO_2ダイエット・チャレンジ定期預金」である。第2に、金利が環境指標に連動するタイプ(連動型)である。例えば、近隣市町可燃性ゴミの減少に応じて金利を上乗せする敦賀信用金庫の「エコ定期預金」、大和川の水質浄化が進めば最高1%の金利を上乗せする大和信用金庫の「大和川水質改善応援定期預金」である。第3に、温室効果ガスの排出量購入を組み込んだタイプ(カーボンオフセット型)である。例えば、預入額の0.1%相当の排出権を購入する伊予銀行の「いよの美環(みかん)」などである。そのなかで、最も先進的な取り組みとして注目したいのが、滋賀銀行のカーボン・オフセット定期預金「未来の種」である。それは、環境保全を目的とした資金をその活動に賛同する環境意識の高い預金者から集め、これを同じ目的とする企業活動への投融資の原資とする資金循環を作り出すというものである。具体的に、同銀行では、カーボン・オフセット定期預金「未来の種」を通じて、預金者から預かった資金60億円[14)]を事業者向け環境配慮型融資「未来の芽」の原資としている。預金者は自分の預金の使途を環境保全向けに選択することができ、集められた資金は環境保全に取り組む企業に供給されている[15)]。このような試みは、預金者の環境配慮を促す要因になるので、多くの金融機関から注目されている。今後、「環境定期預金」が増加することによって、預金者のさらなる環境配慮行動への貢献度が高まることになる[16)]。なお、その他、同様の地域金融機関での環境定期預金の取り組みは、表3－2（資料4）に示しておく。

3-4-2　環境プロジェクトファイナンス―苫前風力発電事業[17)]―

企業の投資に対する融資ではなく、事業に対して融資するのがプロジェクトファイナンスである。それは、事業性を見極めたうえで、プロジェクト会社が生みだすキャッシュフローを返済原資とし、出資者の保証を前提としない有担保の融資方式である。したがって、事業収益から確実に返済可能な枠組みを組成・維持を目指しており、そのためには、事業に対する責任体制を明確にすることが重要である。その事例として、苫前風力発電事業を考察する。苫前風力発電事業は、風というリスクをクリアした、日本発の商業用大型風力発電事業であり、北海道留萌支庁・苫前町の町営牧場敷地内に1,000 kWの風力発電機20基の建設にプロジェクトファイナンスとして融資された事例である。その仕組みは、図3－2に示される。

トーメン（当時）がスポンサーとなり、特定の事業目的のためにSPC（トーメンパワー苫前）を設立した。資金調達は、総事業費45億円のうち、約20億円を日本政策投資銀行（以下DBJと表記する）と旧東海銀行がプロジェクトファイナンスとして融資、NEDO（新エネルギー・産業技術総合開発機構）の補助金などで賄い、金融機関はその事業が生みだす収益に注目して融資する仕組みである。とりわけ、事業期間が15～20年などと長期に及ぶので事業運営の継続性、リスク分散などの評価が重要になる。それゆえ、ファイナンスの構築にあたっては、「風」という高いリスクをクリアすべく風況について精査を行い、風向・風速などの統計的な把握とそれを前提にした確実な資金計画を組んでいる。日本の風力発電事業は、クリーンエネルギーとして期待されながらも、高コストゆえ事業化が遅れていたが、電力会社による長期電力購入メニューの導入、上述のNEDOの補助金やDBJの環境融資制度をはじめとする国・自治体の支援強化、風力発電設備の大型化に伴うコストの低下が追い風となって、北海道、東北を中心に商業用大型風力発電所の計画

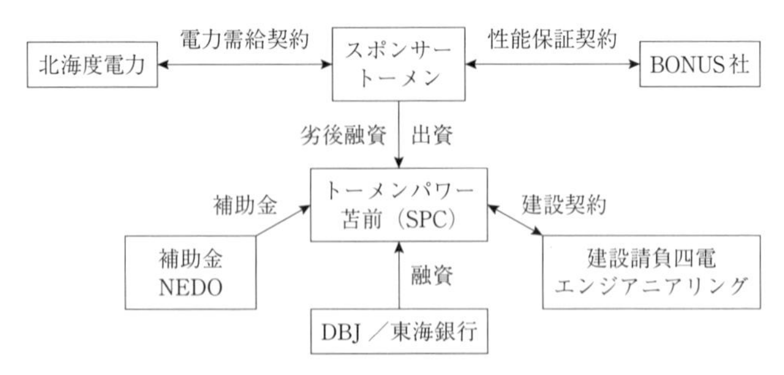

図３－２　苫前風力発電事業の仕組み図

（出所）　日本政策投資銀行〈http://www.dbj.jp/service/finance/profai/index.html〉を参照し作成。

が進んでいる。本プロジェクトは、クリーンエネルギーである風力発電の普及を新たな金融手法で支援し、風力発電を契機に地域振興に活用する自治体の動きも広がりつつある。

3-4-3　エコファンドやSRIファンド

企業の収益性など財務的観点に加えて、環境、倫理、地域といった企業の社会的評価を考慮して投資する社会的責任投資（SRI）が欧米中心に拡大している。SRIの中で、企業の環境配慮を評価する個人向け公募型投資信託が、エコファンドである。それは、投資行動を通じて、株式投資における企業の選択基準に単なる収益性だけでなく、環境指標を用いて企業の環境負荷を低減させることを目指している。エコファンドは、日本初の「日興エコファンド」に始まり、６カ月で500億円超の資金を集め、急速に当該市場が広がった。特に環境情報開示（環境報告書、環境会計、環境パフォーマンス指標等）の重要性が強く認識されるようになり、資本の再配分という金融機能を使い、環境配慮型社会を実現するために開発されたのがエコファンドであると言えよう。

SRI型投資信託では、上述のように企業の財務状況だけでなく、環境・社会問題の取り組みを考慮して投資先が決まるので、企業側からみるとSRIが導入されると環境・社会問題への自社での取り組みが評価され、有利な条件で資金を調達することができるというメリットが発生する。そのため、

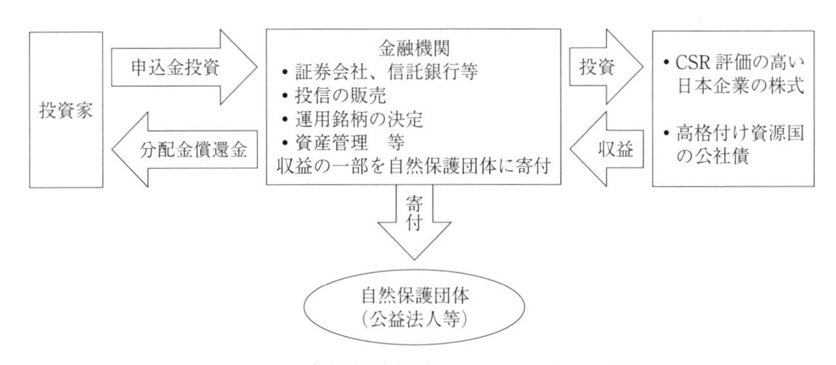

図3－3　自然環境保護ファンドスキーム図

（出所）DIAM SRI マザーファンド『尾瀬紀行』〈www.diam.co.jp/pdf/moku/313843_ozekiko_moku.pdf〉を参照し作成。

SRI に企業の環境問題や社会活動を促進する効果があると考えられる。一方、個人投資家からみると、環境・社会問題に取り組んでいる企業に自分の資金を投資したいという要望に応えることができる。ここでは、自然環境保護ファンド「尾瀬紀行」の事例を取り挙げる。「尾瀬紀行」は、自然環境保護をコンセプトにおいた SRI ファンドであり、その仕組みは、図3－3に示される。なお、2012 年3月末現在、日本で運用されている公募型 SRI 投資信託一覧〈国内株式型〉は、表3－3（資料5）に示しておく。

3-4-4　国際協力銀行[18]による環境支援ボンド[19]

環境支援ボンドは、国際協力銀行が三菱 UFJ 証券（当時）を主幹事として排出権取引の仕組みを組み込んだ財投機関債である。債券発行主体、投資家、証券会社が、それぞれ、資金調達、債券投資、債券引受を通じて、地球環境問題に貢献できるようにすることによって社会的責任投資の拡大に繋げることを目的とする。環境支援ボンドの仕組みは、図3－4に示される。

国際協力銀行は、環境の保全や改善を行う環境関連事業やクリーン開発メカニズム（CDM）事業に融資する。そのための資金を債券（環境支援ボンド）発行して調達する（5年債を最大 200 億円発行）。債券発行を引き受ける三菱 UFJ 証券は、引き受け手数料の一部を新たに設立される非営利中間法人（NPO）に寄付することになっている。

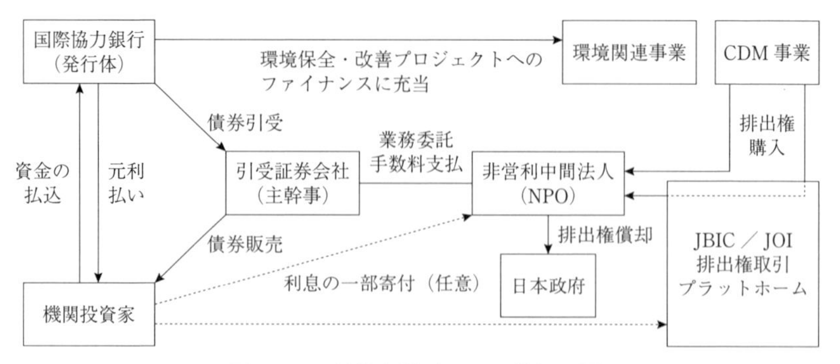

図３－４　環境支援ボンドの仕組み図

（出所）　国際協力銀行「地球環境問題への貢献」をコンセプトとした財投機関債」（2008 年 6 月 9 日）資料を参照し作成。

一方、債券を購入する投資家も年２回の利払い期に受取利息の一部を NPO に寄付することができるので、その資金を受けた NPO が排出権を購入する。排出権は、三菱 UFJ 証券が関与する CDM 事業を始めとして、国際協力銀行と海外投融資情報財団（JOI）が運営する「排出権取引プラットホーム」から調達する。投資家は希望に応じて、三菱 UFJ 証券経由で同プラットホームを利用して排出権購入に参加することができる。

3-4-5　グリーン電力証書システムの活用[20]

民間企業の自主的な取り組みとして実施されているグリーン電力証書制度は、発電コストが割高な再生可能エネルギーの導入促進を進める支援制度として重要である。グリーン電力証書システムとは、既存の発電が、自然エネルギーに転換されることによって生まれる環境付加価値（化石燃料の節約・二酸化炭素削減）を分離し、証明書にて取引するものである。代表的な仕組みは、図３－５に示される。

グリーン電力を購入するメリットの一つとして、購入したグリーン電力の環境付加価値を社会的に PR に利用できることが挙げられる。例えば、法人企業や自治体などであれば、グリーン電力を使用していることを商品・サービスにマークを付与することで、環境保全に貢献すると PR でき、社会的な評価を高めると共に企業の社会的責任を果たすことに繋がる。

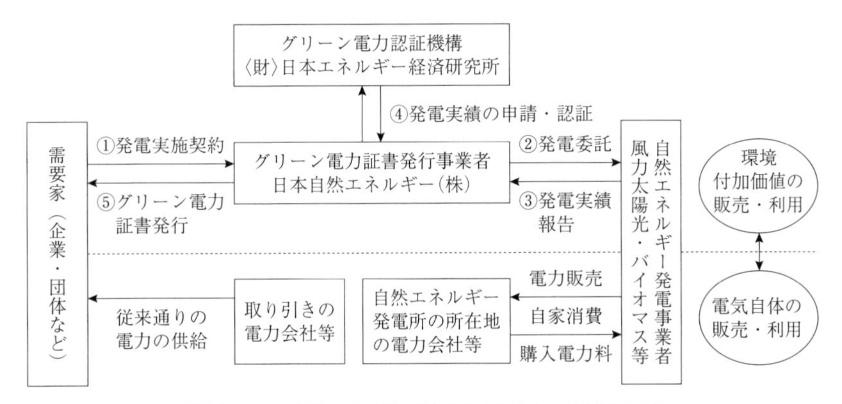

図3－5　グリーン電力証書システムの仕組み図

（出所）　東京電力プレスリリース（2000年10月12日付）を参照し作成。

これまで企業がグリーン電力証書を購入する際に、税法上、寄付金として扱われ、同証書を大量購入している企業にとっては税負担が課題であったが、2009年3月グリーン電力の利用を示す「グリーン・エネルギー・マーク使用料」として、グリーン電力証書の購入費用の一部（製品にマークを添付する場合に限る）を企業の所得計算において損金の額に算入することが可能になった[21]。現在、環境付加価値を取引する制度として、グリーン電力証書システムをはじめ、オフセット・クレジット制度[22]、国内クレジット制度[23]などがある。以下、そのような制度を活用したさまざまな取り組み事例を考察する。

3-4-5-1　グリーン証書システムを活用した風力発電事業向け環境プロジェクトファイナンス

みずほコーポレート銀行（当時）は、日本風力開発が国内初となるグリーン電力証書システムを用いた銚子屏風ヶ浦風力発電所の建設事業に対して、返済原資を事業からの収益に限定したプロジェクトファイナンスを行った[24]。そこで生じた電気自体は東京電力に売電し、一方、環境付加価値は日本自然エネルギー(株)（証書発行会社）を通じて、2001年より、ソニーが国内の様々なグループ会社でグリーン電力を利用するためにグリーン電力証書という形で購入する、という仕組みである。それは、図3－6に示される。

2010年3月現在、日本におけるソニーグループのグリーン電力証書契約量は年間7,104万kWhとなり、これは国内のグループ会社による全電力使

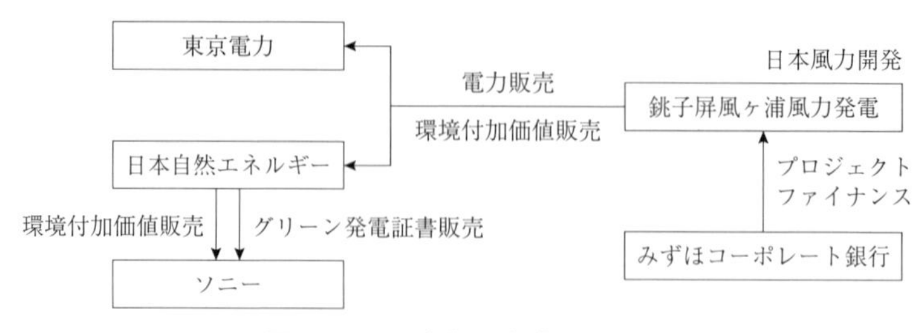

図3－6　風力発電事業仕組み図

（出所）　みずほコーポレート銀行〈http://www.mizuho-fg.co.jp/investors/financial/disclosure/data0203d/pdf〉を参照し作成。

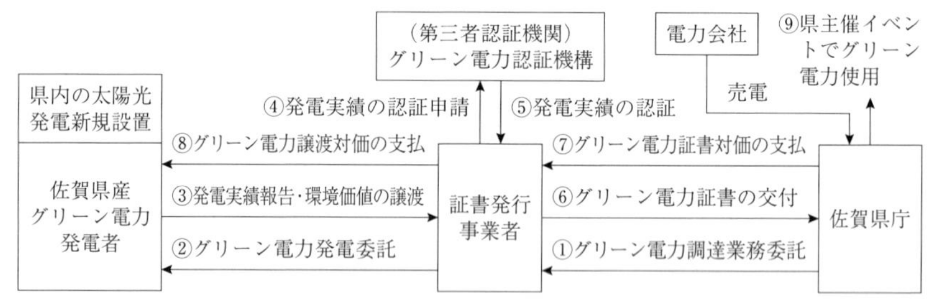

図3－7　「太陽光発電トップランナー推進事業」の仕組み図

（出所）〈http://www.pref.saga.lg.jp/web/kensei/_1363/sougoukeikaku2011.html〉／佐賀県政策カタログ2011を参照し作成。

用量の約4％に相当する。ソニーは、2015年までグループ全体の事業所から排出されるCO_2を2000年との比較で30％削減することを目指し、温暖化対策を進めた。目標達成のためにグリーン電力証書を購入（2011年4月時点の年間契約量は合計6,080万kWhで日本最大の使用量）し、所有ビルの使用電力にグリーン電力を活用している[25]。

3-4-5-2　自治体のグリーン電力活用事業「佐賀県太陽光発電トップランナー推進事業」[26]

2006年度から2007年度に行われた「佐賀県太陽光発電トップランナー推進事業」は、グリーン電力証書を活用した太陽光発電普及制度を国内初に実施された画期的な取り組みである。その仕組みは、図3－7に示される。

太陽光発電設備の導入を図るため、太陽光発電のもつ自然エネルギーの「環境負付加価値」を「グリーン電力証書」として佐賀県が購入することにより、太陽光発電の新規設置者への経済的支援を実施した。佐賀県の購入金

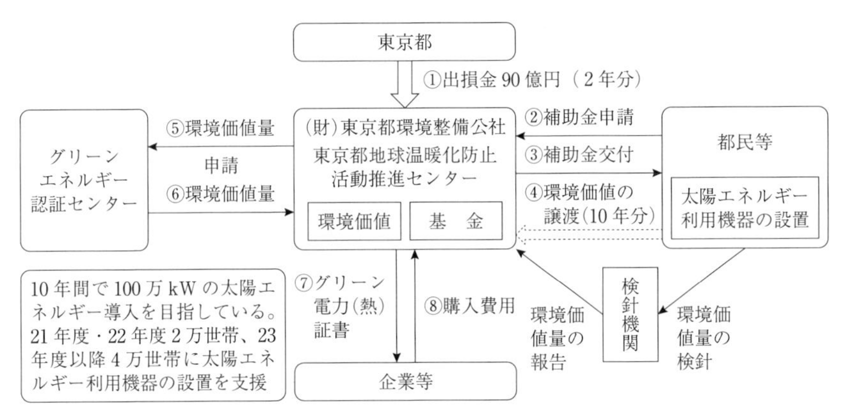

図3－8　グリーン電力証書を活用した太陽光発電普及事業仕組み図

（出所）東京都環境局〈http://www.kankyo.metro.tokyo.jp/climate/renewable_energy/solar_energy/support_measures.html〉を参照し作成。

額は、自家消費電力 1 kWh あたり 40 円で最高限度額は 73,600 円、購入期間は 1 年とした。そのグリーン電力は、2007 年度に開催された全国高校総体などのイベントや、佐賀城本丸歴史館の使用電力（2008 年 12 月から 2009 年 11 月の間）などに活用された。今後、各自治体における太陽光発電設備導入の参考事例になるであろう。

3-4-5-3　グリーン電力証書を活用した太陽光発電普及事業[27)]—東京都—

太陽光発電の普及に向けて、2009 年度から 2010 年度に実施した東京都の支援策（東京都住宅用太陽エネルギー利用機器導入対策事業）では、都内に新規に設置された住宅用太陽光発電システム（戸建・集合、個人・法人等を含む）を設置した都民に対して、設備費用 1 kW 当たり 100,000 円の補助金を支給した。都民はその対価として、自家発電により生じた CO_2 排出削減分（環境付加価値）を 10 年間東京都に譲渡する[28)]。それを東京都環境整備公社（グリーン電力申請事業者であり、証書発行会社でもある）が企業等にグリーン電力証書として販売する。グリーン電力証書・グリーン熱証書からの収入を資金とし、さらなる太陽光発電・太陽熱温水器の普及に繋げた。

なお、2010 年度 4 月より、東京都は一定基準以上の CO_2 を排出している大規模事業者に対して排出量総量規制を開始した（東京都環境確保条例、2008 年改正）。また、都が同時に進める排出量取引制度の中で、自社で CO_2 の削減が難しい場合には、グリーン電力証書とグリーン熱証書を目標達成のために活用できる。以上のように、都の太陽エネルギー補助金制度は、グリーン電力証書を活用することで、追加的な費用負担が少なく、再生可能エネルギーへの助成が可能となる事例である。その仕組みは図3－8に示される。

3-4-5-4　出光興産のグリーン電力小売事業[29]—出光興産が三菱地所・新丸ビルに供給—

東京都の2010年4月から開始された排出量取引制度において、都内の企業・団体は、CO_2削減義務の達成にグリーン電力証書を自社の排出削減に充当できるため、グリーン電力の需給が逼迫しつつある。近年、当該電力の価格の高騰も予想されるため、CO_2排出量ゼロのグリーン電力に活路を見出す企業が現れて注目された。出光興産は、東京都が大型ビルに対して、2010年4月から5年間の平均で、CO_2排出量を6～8％削減義務を設けることを背景に、排出量規制の強化からCO_2排出ゼロの電力需要が拡大するとみて電力小売市場に参入した。それは風力発電などの自然エネルギー100％で創られたグリーン電力に特化した電力小売事業であり、その電力を直接需要家が受電する日本初の取り組みである。

具体的には、三菱地所が所有する大型オフィス・店舗ビル「新丸の内ビルディング」で使用される全ての電気に供給する。「新丸ビル」はグリーン電力への転換によって、年間2万tのCO_2排出量を削減できるので、東京都が進めるCO_2排出量削減義務を達成できるというメリットが生じる。実際、自然エネルギーを使用しているのと同じとみなされ、他の場所で使用された自然エネルギー由来の電力から環境付加価値だけを切り離したグリーン電力証書との違いがここにある。その仕組みは、出光興産が出資する日本風力開発が、青森県で運転する蓄電池付風力発電所からの自然エネルギーの電気を中心に東北電力や東京電力の既存の送配電網を使って託送し、新丸ビルに供給される（生グリーン電力供給）。このほか、民間事業者が運営する出力1万kW以下の水力発電所やバイオマス発電所とも電力引き取り契約を結び、その供給電力の内訳は、風力発電が5割強（1500kW風車〈34基〉5万kWの発電規模）、水力が4割、バイオマスが1割程度の見込みである。小売価格は東京電力の販売価格より割高になるが、上述のように新丸ビルの年間CO_2排出量は削減されるというメリットがある。その仕組みは、図3－9に示される。

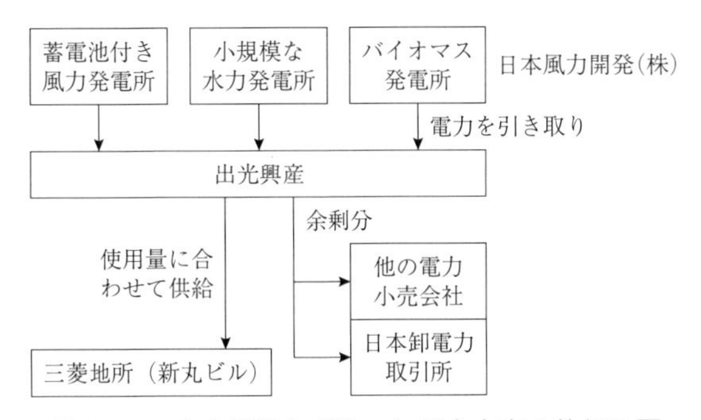

図3－9　出光興産のグリーン電力小売の仕組み図

（出所）　出光興産〈http://www.idemitsu.co.jp/igp/value_environmental/saiene/raw_green_power.html〉を参照し作成。

そこで注目する点は、これまでの風力発電は発電量が天候に左右され、需要量に合わせた制御が課題であったが、それを解決するために蓄電池の調節機能を用いて、新丸ビルが使う電力量にあわせた電力供給を可能にしたことである。機器の故障などに備えて、出光興産は新丸ビルの最大利用時の4倍近い能力の電源を確保した。一方、新丸ビルが使用しない電力は、他の電力小売会社に売電されるほか、一部は日本卸電力取引所を通じて販売される。なお、同社は子会社を設立し経済産業省に電力小売事業者として登録した。

3-4-6　自然環境保護活動への信託機能の活用

自然環境保護の取り組みの一つに、信託機能を利用することが挙げられる。例えば、(1)公益信託を設定し活用する、(2)金銭信託スキームを活用する、(3)遺言信託制度を活用する、(4)行政主導型の公益信託を設定する[30]、などがある。本項では、(1)、(2)、(3)の事例を取り挙げる。

3-4-6-1　公益信託の活用―「日本経団連自然保護基金」―

企業が自らの環境問題への取り組みとして、環境保全活動等への助成を目的とした公益信託を設定する場合がある[31]。そのなかで、公益信託として2000年に発足した「日本経団連自然保護基金」[32]の取り組みを考察する。

当該基金は、募金活動、人材育成、国際機関との政策対話を担っている日本経団連自然保護協議会（社団法人日本経済団体連合会の特別委員会の一つ）が委

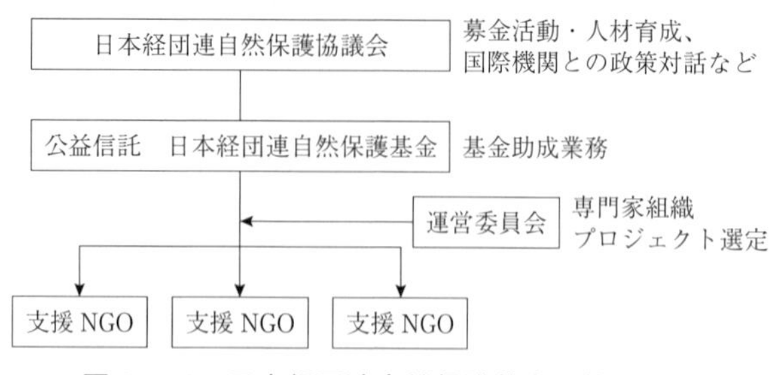

図３－10　日本経団連自然保護基金の仕組み図

（出所）日本経団連自然保護基金〈http://www.keidanren.or.jp/kncf〉を参照し作成。

託者となり、自然保護に取り組むアジア太平洋地域 NGO に助成金を交付することにより活動を支援する。受託している信託銀行は、資金の運用管理や助成金交付等の業務を担当するが、どのようなプロジェクトや NGO が助成対象として適格であるかの判断は、当該分野の有識者によって構成される「運営委員会」が審査をしたうえで、助成するプロジェクトを選定する仕組みである。自然保護活動支援が国内だけでなく国際的な広がりを持つ点でユニークなものと評価できる。同基金の仕組みは、図３－10 に示される。

既存の公益目的を実現する方法には、公益法人である財団法人を設立する方法が有力であった。最近では NPO 法人の設立も多くなっているが、これらの方法と比較すると、法人・個人に対して税制優遇措置などを含めいくつかのメリットがある[33]。しかし、公益信託の設定においては、主務官庁の許可を得るまでに相当の時間と労力を要するという問題点がある。その解決策として、現在の許可制による公益信託の設定を準則主義に変更できるのではないかという指摘もある[34]。なお、その他、自然環境保護を目的とする公益信託は、表３－４（資料６）に示しておく。

3-4-6-2　自然保護信託[35]―「シンフォニー」―

上述の公益信託は許可制ゆえ、投資家の要請に柔軟に対応するためには、同じ信託でも金銭信託スキームを活用することが考えられる。その事例として、自然保護信託「シンフォニー」がある。その仕組みは、①個人・法人より預託を受けた資金を金銭信託（一般口）で運用する。②収益金を（財団法人）日本自然保護協会（受益者）に交付し、その活動を助成する。③運用で元本

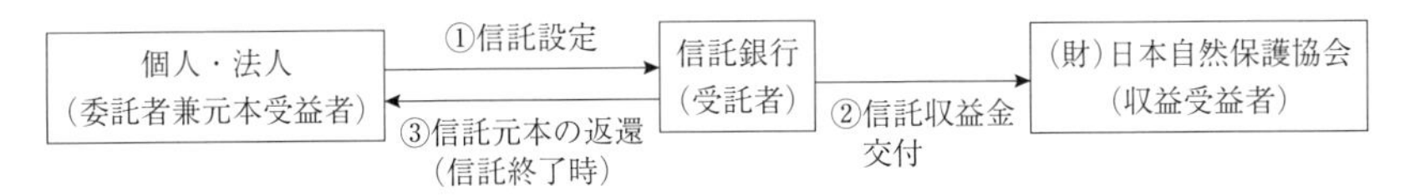

図３－11　自然保護信託の仕組み図

（出所）　中央三井信託銀行「信託の仕組みを用いた社会貢献～環境への取り組み～　自然保護信託「シンフォニー」〈www.smth.jp/ir/disclosure/cmth/archive/pdf/2002/05.pdf〉を参照し作成。

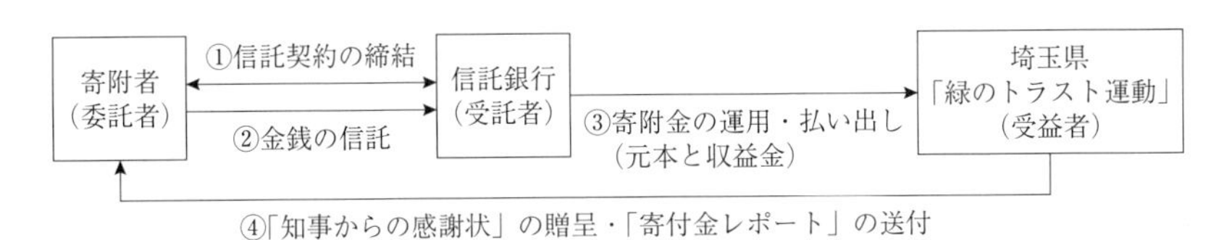

図３－12　環境保全信託「さいたま緑のトラスト」の仕組み図

（出所）　三菱 UFJ 信託銀行　プレスリリース（2000 年５月 15 日付）を参照し作成。

が下回った場合でも、元本は保証される。特徴としては、元本を下回る場合でも元本保証契約にて補填されることである。当該ファンド「シンフォニー」の仕組みは、図３－11 に示される。

3-4-6-3　環境保全信託「さいたま緑のトラスト」[36]

環境保全信託「さいたま緑のトラスト」の特徴は、相続発生後に寄附指定ができることである。その対象者は、次世代に贈る目的の「緑のトラスト運動」への寄附者であり、通常の寄附とは異なり、超長期（20 年以内）に渡って寄附を続けることができ、拠出した元本と収益金の寄附を行うことができる。寄附者には、埼玉県知事からの感謝状贈呈、埼玉県県政ニュース等で紹介されるほか、寄附金の使途等が分かるレポートの提供、そして、信託銀行での遺言信託手数料が優遇される。その仕組みは図３－12 に示される。

3-4-6-4　遺言信託を用いた自然保護活動支援

遺言信託制度を活用した仕組みである。具体的に自然保護活動の支援を目的として、財団法人世界自然保護基金ジャパンなど自然環境の保護に取り組む団体と「遺贈による寄付制度」の協定を結び、遺言信託を活用した制度により遺贈された金銭・土地などを将来の自然保護に役立てることができるという仕組みである。それは、図３－13 に示される。

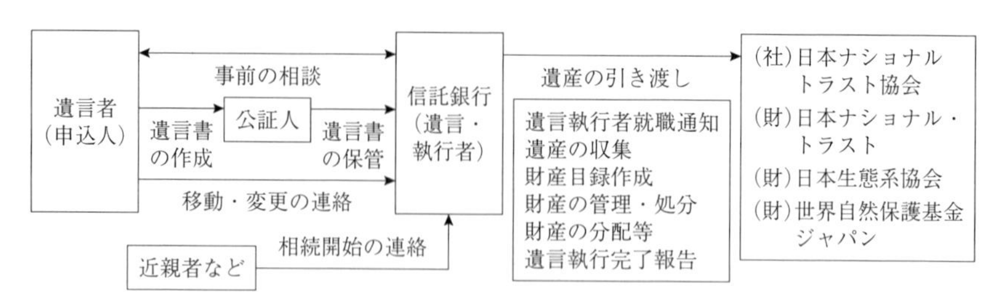

図3－13　遺言信託を用いた自然保護活動支援の仕組み図

（出所）　平康一（2007）p. 28を参照し作成。

3-4-7　「緑の贈与」による家計部門での低炭素機器普及策[37)]

「緑の贈与」とは、我が国の国内金融資産の7割以上を保有する高齢世代から、その子・孫へと資産を贈与することにより、家計部門における太陽光発電や高効率給湯器（以下、低炭素機器と表記する）の大量普及を効果的に後押しするとともに、政府の掲げるCO_2排出量25％削減目標に寄与するという提案である。その内容は、高額な低炭素機器の初期投資を賄うために、比較的潤沢な資産を有する60代以上の高齢世代から、保有資産が少なく十分な余裕があるとは言えない現役世代に対して、相続財産の贈与という方法で資金調達するというものである。その仕組みは、図3－14に示される。

本提案によれば、「緑の贈与」を促すためには、特に政府と機器・住宅メーカーが、包括的PR戦略の検討を支援するとともに、贈与側へのインセンティブの付与が必要かつ効果的である。現在、例えば、贈与側の環境貢献の観点から、「緑の贈与」による機器売上の一部を用いた植林活動による「贈与の森」の創生や記念碑屁の碑銘など、また贈与した太陽光発電から得られる売電収入の半分を贈与側に渡す仕組みや、年金課税減税措置等も検討されている。一方、「緑の贈与」の実施により期待される効果についてみると、「緑の贈与」の潜在マーケットの定義を戸建居住の核家族・3世代同居家族で祖父母に経済的余裕がある層と定義すれば、緑の贈与の潜在マーケットは、おおよそ約400万世帯である。もし、上記潜在マーケットの50％（200万世帯）が緑の贈与に参加した場合、環境効果は約200万世帯で低炭素機器導入（政府目標の約2～3割を達成）し、また、経済効果は約200万世帯×@100～300万円＝約2～6兆円と考えられる。太陽光発電協会によれば、

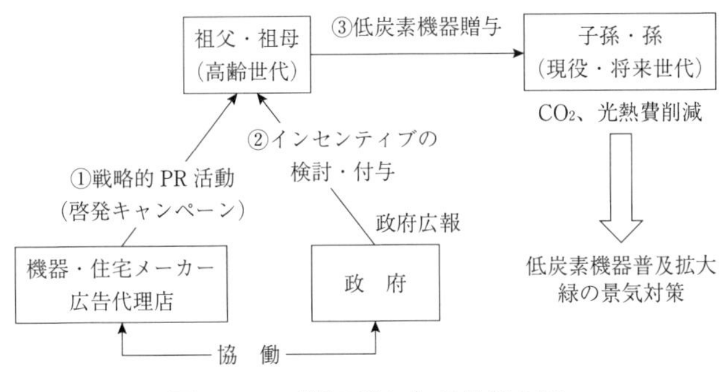

図3－14　「緑の贈与」の仕組み図

（出所）（財）地球環境戦略研究機関（IGES）を参照し作成。〈http://www.iges.or.jp/jp/news/press/10_04_07.html〉

2012年4月に国内の住宅用太陽光発電システムの設置件数が、2012年4月末までに100万件を突破している[38]。太陽光発電等の機器は、累積出荷数が倍になる毎に価格が半減する可能性が高いので、2012年7月1日から政府による再生可能エネルギー固定価格買取制度[39]が開始されたのを機に、緑の贈与による市場拡大は、太陽光発電の価格低下が期待できる。

3-4-8　市民風車「わんず」[40]

市民出資型スキームとは、「自分でも地球環境保全のための事業に参加したい」という想いを持つ市民の出資で発電所等を建設し、売電収入などから出資金を返済していく仕組みである。一方、地域の環境エネルギー事業にとっては、市民から直接に資金を調達する手段である。日本における市民出資は、商法に規定された匿名組合出資を利用して、2001年に北海道浜頓別町で「市民風車」（市民出資による風力発電所）を実現したことに始まり、青森県鯵ヶ沢町、秋田県天王町、北海道石狩市の市民風車、長野県飯田市のおひさま発電所（太陽光発電）、2005年末に募集した関東・東北5基の市民風車ファンド、そして岡山県備前市における「太陽と森のエネルギー事業」（バイオマス発電）へと続いている。以下、市民出資型スキームとして、市民風車「わんず」および「石狩ファンド」、太陽光発電「おひさまファンド」の取り組みを考察する。

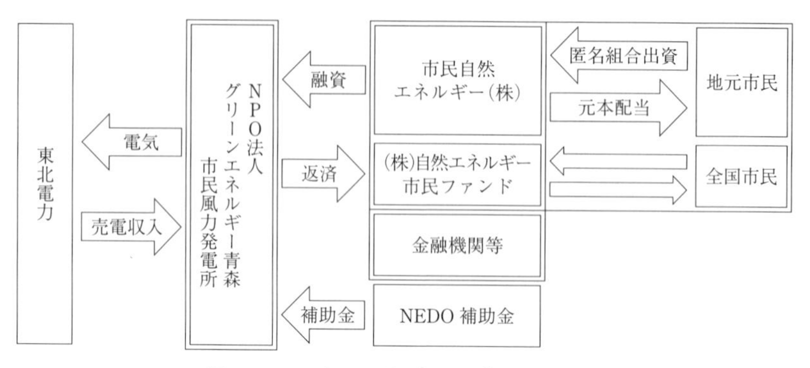

図3－15　市民風車「わんず」仕組み図

（出所）　グリーンエネルギー青森〈http://www.ge-aomori.or.jp〉を参照し作成。

まず、青森県鰺ヶ沢町の市民風車「わんず」であるが、その仕組みは、図3－15に示される。具体的に、事業主体はNPO法人グリーンエネルギー青森（以下、GEAと表記する）であり、GEAが東北電力と17年間の電力供給の契約を締結し市民風車を建設する。その原資は市民出資、NEDO（行政法人新エネルギー・産業技術総合開発機構）からの補助金、金融機関からの借入金によって賄う。市民は、市民自然エネルギー(株)や自然エネルギー市民ファンド[41]（それぞれ受け皿会社）に対して匿名組合出資を行う。前者は、町内・県民枠を担当し、本事業への出資のみを対象とする。後者は、域外の市民（例えば東京都民）からの本事業への出資（全国枠）を担当する。それらは、市民からの出資金を管理し、事業主体であるGEAに対して融資を行う。GEAは売電収入を返済原資として、受け皿会社および金融機関に借入金の返済を行い、前者は受領した返済額をもとに市民に対して配当の支払いと出資元本の返済を行う。なお、出資単位は、1口10万～50万円、風力発電からの売電収益の分配は、地域優先ゆえに、市民出資の町内枠3％、県内枠2％、全国枠1.5％である。

この仕組みは、事業によって利益を受ける主体を拡大させ、分配の課題を一定程度解決する仕組みである。さらなる意義として、この仕組みによって参加や共感といった新しい価値が導入されていることが重要である。具体的には、出資者に対する証明書の発行、希望者に対する風車への記名、公募による風車への愛称の付与、風車見学ツアーといった取り組みである。これらは出資に対する付加価値でもあるが、環境行動的な動機づけなどを意図しているといえる。本事業において、特筆すべきことは、出資者たちが一定の帰属意識を持つように働きかけを継続し、これを活用した特産品の販売に着手している。また、出資者に対して利益分配金からの寄付を募り、その実績に対して GEA が同額、地元行政が倍額を拠出するまちづくり基金も実施されている。これまで、毎年約100万円が植林活動やグリーンツーリズムなどの活動に助成されている。さらに、地域バイオマス資源を利用する事業が立ち上がるなど、エネルギー問題における事業展開の契機にもなっている（丸山康司 2009）。

3-4-9 「石狩ファンド」や「おひさまファンド」

3-4-9-1 市民風車「石狩ファンド」[42)]

事業主体であるグリーンファンド石狩は、北海道電力と17年間の電力供給の契約を締結し市民風車を建設した。資金調達は、主として、自然エネルギー市民ファンドが匿名組合方式によって市民出資を募る。同ファンドは、その資金を事業主体のグリーンファンド石狩に融資を行い、同時に NEDO の補助金と一部金融機関の融資も受けた。収入は、そこでの風力発電事業で得た電力を北海道電力に売電するだけでなく、2003年4月に施行された「電気事業者による新エネルギー等の利用に関する特別措置法（RPS 法：Renewables Portfolio Standard）」に基づく新エネ相当分を販売するグリーン電力取引によって収益を上げる[43)]。それらを返済原資として自然エネルギー市民ファンドおよび金融機関に借入金の返済を行う。自然エネルギー市民ファンドは、それを受領し返済額をもとに市民に対して配当の支払いと出資元本の返済を行うという仕組みである。なお、石狩ファンドの場合は、北海道電力の売電契約は17年固定で3.3円/kWh である。市民風車「石狩ファンド」の仕組みは図3-16に示される。

配当については、出資者が、利益配当（15年契約）目標年間分配利回り2.4%、契約期間中、毎年元本と利益分配金を分割して受け取る予定である[44)]。しかし、主要リスクが、風況リスクであるため配当は確定できない。

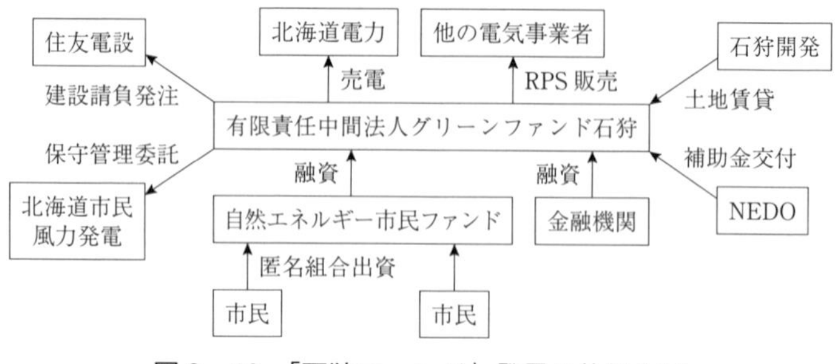

図3－16 「石狩ファンド」発電の仕組み図

（出所） 自然エネルギー市民ファンド「市民風力発電所・石狩匿名組合契約」資料を参照し作成。

以上のことから明らかなように、「石狩ファンド」の事業主体は、市民風車「わんず」とは異なり、設立準備に要する期間や組織運営の自由度の観点から有限責任中間法人を採用したことであり、収入においては、風力発電事業で得た電力を電力会社に売電するとともに、上述のRPS法に基づく新エネ相当分を証書として販売することでも収益を上げている。なお、現在、国内での市民風力発電所は12基が稼働中である。その一覧は、表3－5（資料7）に示しておく。

3-4-9-2 南信州「おひさまファンド」[45]—太陽光発電市民出資施設支援事業—

南信州「おひさまファンド」は、飯田市内の幼稚園や公民館など38カ所の施設の屋根に20年の契約で太陽光発電を設置すると同時に、近隣の約150軒の商店街で使われる電力を年間200万kW削減する省エネルギー事業[46]（ESCO: Energy Service Company）を12年の契約で行うファンドである。太陽光発電と省エネルギーを組み合わせた市民出資事業は、世界的にも珍しく、日本初の取り組みである。南信州「おひさまファンド」の出資金は、太陽光市民共同発電所と省エネルギー発電所建設に使用され、また事業に伴い生じた利益は、配当として還元される。

太陽光発電市民出資施設支援事業の概要は、以下のとおりである。事業主体であるおひさま進歩エネルギーが、飯田市内の保育園、幼稚園、公民館などの屋根に太陽光発電を設置する。そこで発電された電力の環境付加価値をグリーン電力証書として全国に販売するとともに、余剰電力を中部電力に売

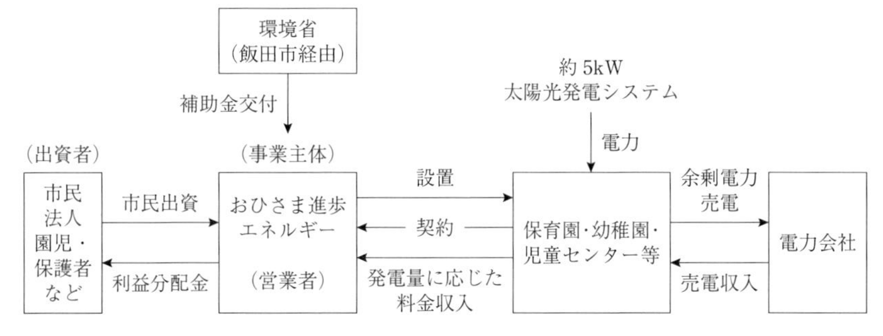

図3－17　南信州「おひさまファンド」の仕組み図

（出所）　環境省（2006）参考資料13を参照し作成。

電する。同時に飯田市の商店街において、ESCO事業を行う。各商店の消費電力を削減することによる省エネルギー発電所は、太陽光市民共同発電所と並んで「おひさま発電所」の両翼を担う。おひさま発電所は、自然エネルギー発電所の建設という公益的な環境事業を市民の出資を募り、その資金を加えて建設し、そこから生じる売電収益が地域や市民に還元される。

本事業は、市民から2億150万円の投資と環境省の補助金によって行われ、出資した市民には出資額に応じて、売電収入とグリーン電力証書販売の利益から配当を行うが、日照リスクを伴うゆえに配当は確定的ではなく、2～3.3%の予定である。2005年4月より稼動を開始、全発電設備の最大出力の合計は約208kWで、予想発電量は年間約23万kWhになる。パネルの総面積は約1000畳弱に相当し、市民共同の太陽光発電設備としては日本最大の規模である。その仕組みは、図3－17に示される。

3-4-10　環境対策型国債発行による家計の太陽光発電設備設置案

小宮山宏・東大総長（当時）が、2009年3月12日開催された政府の“経済危機克服のための「有識者会合」”において、自立的に償還できる国債を発行し、主として太陽光発電システムの設置により、低炭素社会の実現を目指すことを提言した国レベルでの政策案である。本普及策については、3-3にて考察している。

3-4-11　環境保全住民参加型ミニ市場公募債―「オオバンあびこ市民債」[47)]―

住民参加型市場公募債（ミニ公募債）は、個人投資家向けに発行する公募地方債の一種である[48)]。地方自治体において、個人投資家向けに発行する「環境保全住民参加型市場公募地方債」（ミニ公募債）が、環境対策として全国市町で積極的に活用されている。ここでは、千葉県我孫子市のミニ市場公募債「オオバンあびこ市民債」事例を考察する。

我孫子、取手両市にまたがる「古利根沼」の周辺は、1988年以降、3度にわたり民間の開発計画が持ち上がったが、市民による自然保護、開発反対運動やバブル経済の崩壊により計画は頓挫していた。2003年9月、同沼の大半の所有権が開発業者から銀行系列へ移ったことや、バブル期には50億円ともいわれた資産価値が今では十分の一程度に落ち着いてきたことなどから、同市では沼の面積の9割以上にあたる約16.2ヘクタールを約4億3千万円で取得する古利根沼用地取得事業を決めたのである。具体的に我孫子市は、昔の利根川の風情を今にとどめる「古利根沼」、同沼の乱開発を防ぎ自然環境を保全するため、民間企業が所有分を買収した。その財源の74%は市債で賄い、うち2億円をミニ市場公募債「オオバンあびこ市民債」として資金使途を限定し資金調達された。住民に対して出資を通じて行政への参加意欲を高めてもらう狙いがあった。その仕組みは、図3-18に示される。

一般に「環境保全住民参加型市場公募債」の発行には、支払い利息・取扱金融機関へ支払う手数料・債券の作成費用・ポスターなどの発行経費がかかる。一方、銀行等からの借入の場合には、支払い利息のみが発行経費となる。通常、住民参加型市場公募債の利率は、利息決定時における同条件の国債を参考にして、それよりも高めに設定されるが、当該市民債においては、利息や手数料などを含めた発行経費が我孫子市における他の地方債の経費と同程度にした。また、ミニ公募債の最低購入価格は10万円、10万円単位で100万円までの購入が可能である。償還期間は5年間で、満期一括償還、利払いは5月と11月の年2回、利率は0.58%、利率は国債より高めなのが通例であるが、今回は、国債の0.8%（2004年9月時点）を下回る0.58%に設定した。このようなミニ市場公募債の場合には、利回りは収益性がないのが一般的である。にもかかわらず、発行額の5.2倍の10億3,150万円に上る応

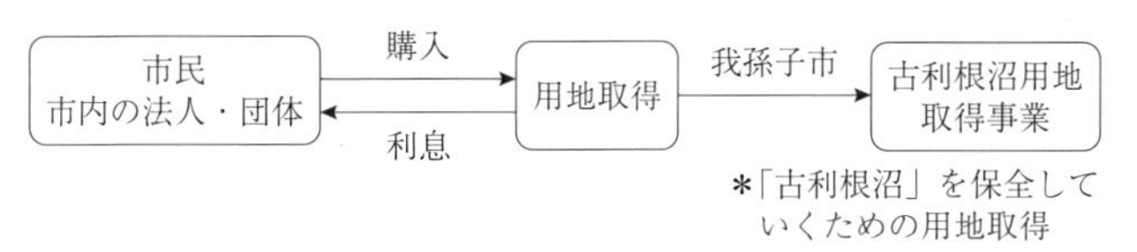

発行者	我孫子市
発行総額	2億円
対象事業	古利根沼用地取得事業
発行日	平成16年11月25日
利　率	年0.58%
利払日	年2回
償還条件	5年満期一括償還

図3－18 「オオバンあびこ市民債」仕組み図

（出所） 環境省（2006）参考資料9を参照し作成。

募が殺到した。その内訳は、応募総数260件のうち市内からの購入希望者が9割以上、50代以上の個人が8割近く、特に60代が4割弱を占めた。とりわけ、高齢者が、環境保全に賛同したと考えることができる。

同様のミニ市場公募債として、神奈川県横浜市が取り組む環境保全「ハマ債風車」は、風力発電施設の費用に充当され、債券の利率は国債を0.05%下回る。なお、ミニ公募債による方式は、それぞれの地域で環境保全以外の取り組みにも活用されている。その他、特色ある住民参加型市場公募地方債（ミニ公募債）は表3－6（資料8）に示しておく。

3-4-12　地域通貨を活用した太陽光共同発電所の設置―野洲市―

滋賀県野洲市は、太陽光発電の設置に必要な資金を、地域通貨「すまいる」を発行することによって調達し、同時に地域内での経済的な循環を促すという、地産地消による地域内経済循環のモデル「すまいる市プロジェクト」を構築した。再生可能エネルギー設置の資金調達と地域の活性化のために地域通貨を活用した地域密着型の事例である[49)]。その概要は、太陽光発電の設置を目的として、実施主体であるNPO法人 エコロカル ヤス ドットコムが個人向けに地域通貨を発行する。個人はNPOが取り組む太陽光発電設置事業を支援するため、地域通貨「すまいる」1,100円相当分を1,000円

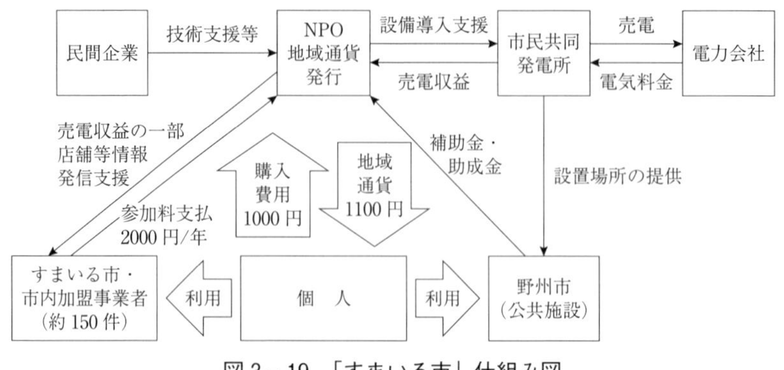

図3－19 「すまいる市」仕組み図

（出所） 経済産業省 web サイト「関西における新エネルギーに関する先進的な市民取組　事例集」CASE3“市・NPO が連携し市域通貨を用いたモデルを構築”を参照し作成。

で購入する。一方、「すまいる」は野洲市内の加盟店（すまいる市：約150加盟店）において、6カ月以内に個人が購入金額の一部（5～10%程度）として利用できる。なお、地域通貨「すまいる」は、未使用のまま6カ月経過すると消滅するようになっているので、市内の消費を促す効果がある。「すまいる」の販売代金は、「すまいる市」の運営や公共施設の屋根に提供される太陽光発電システムの設置費用に使われる。一方、市民共同発電所で発電された電気は電力会社に売電され、売電により得た収益のうち、約2割は市民共同発電所の維持経費に、約8割は地域通貨加盟事業者に還元される仕組みである。それは、図3－19に示される。

この取り組みの特徴は、スキームに関わる全ての人々にメリットがあることである。まず、太陽光発電設置を支援する個人は、1割増しの地域通貨「すまいる」が戻ってくる。また、「すまいる」を引き受ける加盟店にとっては、事実上、割引にはなるものの、少なくともスマイル発行分を含め売上高の増加になり、商店街の活性化にも繋がる。さらに、上述のように売電収入から一定額が還元される。以上のように、本プロジェクトは、地域住民と商店と自治体との協働による成功事例であり、今後の展開が期待できる。

その取り組み経緯を説明しよう。2001年から始まった太陽光発電の設置を目的とした取り組みは、市民の発案によるもので、「エコ SUN 山プロジェクト」と称された。そのプロジェクトは、NPO エコロカル ヤス ドットコムが実施主体になり、当初は1口10,000円の市民からの支援金に対し、11,000円の地域通貨を発行していた。2001年12月に始まったプロジェクトは、翌年4月までで発行総額が150万円に達したので、その資金を元に最初の太陽光発電設備が市民共同発電所として公共施設に設置された。その後、「エコSUN山プロジェクト」を発展させる形で、2004年5月から「すまいる市」プロジェクトが開始された。今回、より重点が置かれたのは、「すまいる」を購入する市民、地域通貨を受け入れる加盟事業者など、再生可能エネルギーの普及への参加者を拡大し、太陽光発電の導入と地域活性化をより進めるための仕組みをつくるという点である[50)]。そのことによって、地域通貨の発行単位もより多くの市民参加を得るために、10,000円から1,000円に引き下げられた。一方、地域通貨の利用加盟者は、現在約150件と飛躍的に増加している。その後、2005年5月には、地域通貨の発行総額100万円を元に2基目の太陽光発電設備が設置され、これまでに3基設置されている。具体的には、野洲市の市営駐車場の屋根や船着場の屋根、公民館の屋根などに設置、市民共同発電所が建設された[51)]。今後、他の自治体においても市民参加型の参考になる事例であろう。

3-4-13　グリーン・リース[52)]

リースとは、リース会社が、企業・団体などが選択した設備・機器等を購入し、その企業に対してそれを比較的長期にわたり賃貸する取引をいう。貸し出された設備の所有権はリース会社にあり、企業・団体は自社で購入した場合とほぼ同様にして設備を利用することができるので、設備投資の手段として広く普及している。さらに、上述のリース契約において、機器・設備の消費電力の一部を、風力発電や太陽光発電など環境への負荷の少ない自然エネルギーで発電したグリーン電力で賄うというのが、グリーン・リースの取り組みである。具体的に、三菱UFJリース㈱は、企業・団体が導入する機器・設備（電力を使用するもの）リース契約に対して、設備・機器の消費電力の一部に自然エネルギーを使用しているとみなされる「グリーン電力証書」を購入し、リースを利用する企業・団体がその費用を負担する仕組みである。それは、図3–20に示される。企業・団体はそれを環境保全PR活動

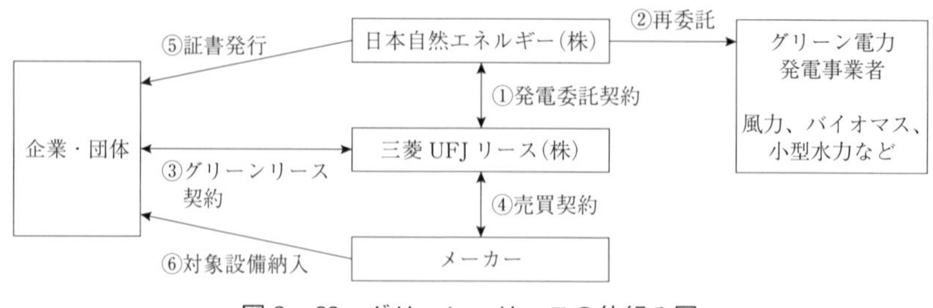

図 3 - 20　グリーン・リースの仕組み図

（出所）　三菱 UFJ リース〈http://www.lf.mufg.jp/service/green-lease/index.html〉参照し作成。

の一つとして活用できることが、特徴の一つである。

3-4-14　CO_2 削減ファンド[53]「エナジーバンク」
―国内版 CDM 制度（国内排出量認証制度）―

CO_2 削減ファンド「エナジーバンク」（以下、EB と表記する）は、温暖化対策として、中小企業に CO_2 排出削減設備機器の導入を目的としたファンドである。EB は、日本政策投資銀行（以下、DBJ と表記する）が会計事務所である日本スマートエナジーと共同で設立したものであり、その資金をもとに大阪ガスが省エネルギーサービスを提供し、その結果、削減された CO_2 排出量を、自社単独の削減努力では目標達成が難しい大企業に排出権として売却するという国内初のシステムである。

当該ファンドに連携する 3 社（DBJ・日本スマートエナジー・大阪ガス）が、それぞれの得意分野・ノウハウを活かすことで、中小企業の省エネ設備導入を促進し新たな資金の流れを作り出すことができる。EB は、DBJ より低利融資を受けて省エネ機器を購入・保有する。大阪ガスは、中小企業に対して省エネサービス（省エネ機器設備の設置、維持管理、メンテナンス、エネルギー使用量の測定など）を行う。中小企業が、省エネ投資を実施し、その結果、削減した CO_2 排出量を排出権として EB に売却する。その際、CO_2 の排出削減効果の検証は、「日本スマートエナジー」等で評価した上で、政府が排出権として認証する。その後、EB は、温暖化ガス削減の自主目標達成が難しくなっている大企業に売却するという仕組みである。このことは、金融業界と省エネルギー事業者が連携して、新サービスへの取り組みの一つと言える。その

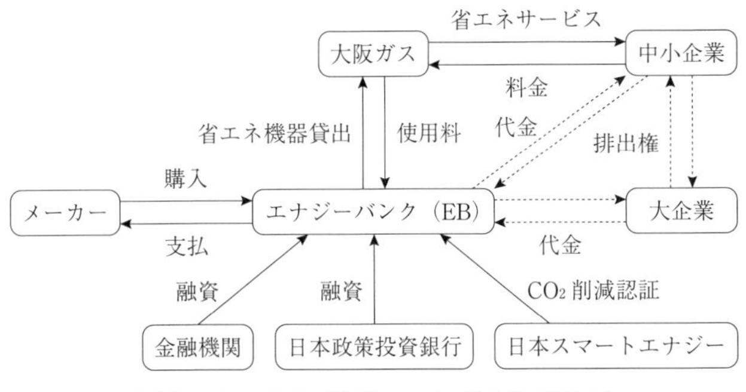

図3－21　CO_2削減ファンドの仕組み図

（出所）「CO_2削減国内初ファンド」『日本経済新聞』2007年6月22日付朝刊を参照し作成。

仕組みは、図3－21に示される。

資金の流れをみよう。中小企業が省エネ設備の導入を決めると、EBは、導入対象設備の省エネルギー度を検討の上、DBJの環境関連制度融資（低利融資）を受け、設備（例えば、ガスコージェネレーション・ガス空調・ガスボイラーなど）を調達し、同設備を利用したエネルギーサービスを大阪ガスに委託する。大阪ガスは、EBと省エネ設備の運営委託契約、中小企業とはエネルギーサービススキーム「エコウェーブ」[54]契約を締結、省エネサービスを行う。中小企業は、自らが設備を所有する必要がないため、省エネサービスのエネルギー使用量に応じて料金を大阪ガスに支払い、大阪ガスは、中小企業に設置した省エネ機器の使用料をEBに支払うという流れである。

大企業・中小企業には、どのようなメリットがあるのだろうか。中小企業は、まず第1に、効率的な生産設備の導入で、電気料金などのエネルギーコストを5～10％程度下げることができる。第2に、自らが設備を所有する必要がないため、設備導入促進し、自社のCO_2排出削減にも繋がる。第3に、EBがDBJの低利資金を利用することで、中小企業が支払う利用料金が低く抑えられる。第4に、CO_2排出削減分に相当する排出権は国内CDM制度を通じて大企業に販売できる。最後に、排出権の売却益が見込めれば、企業の省エネ投資を促す効果が期待できる。次に大企業は、現在、経団連の自主行動計画に沿って温暖化対策に取り組んでいる。それゆえ、もし削減目標が未達成の場合には、EBを通じて、中小企業の排出削減分を排出権として購入することで自社CO_2排出削減分に算入することができる。換言すれば、本スキームを活用し、系列子会社や下請け中小企業などの省エネ支援を通じて、排出権を確保することができる。加えて、そのような取引関係にある中小企業などに省エネ投資が促進される大企業にとっても取引先リスクが軽減し中小企業との信頼関係が期待できる。経済産業省によれば、2008年1月にEBの実質運用を開始して以来、半年で76件、約30億円の契約実績を上げている[55]。

3-4-15 「おひさまゼロ円システム」(官民協働事業)—飯田市—

環境モデル都市である飯田市は、おひさま進歩エネルギー、飯田信用金庫と協働で住宅への太陽光発電の普及とエネルギーの地産地消をさらに推進するため、設置費用ゼロ円とする「おひさまゼロ円システム」を構築した[56]。具体的に、事業主体である「おひさま進歩エネルギー(組織体は株式会社)」は、個人が9年間月々19,800円を支払うことで個人の住宅に太陽光発電設備を設置し、余剰電力の売電収入を個人に還元し、設置10年目に当該設備の所有権を個人に移転する[57]というものであり、言わば、官民協働のリース方式である。その仕組みは図3-22に示される。その概要は以下のとおりである。

(1) 飯田信用金庫は低利融資で「おひさま進歩エネルギー」を金融面から支援する(1件当たり170万円)。

(2) 飯田市は、設置者に対して飯田市から交付される住宅用太陽光発電システム設置奨励金10万円と国から交付される補助金20万円を「おひさま進歩エネルギー」に交付することを通じて、市民が設置費用ゼロ円で太陽光発電を設置できるよう財政面から後押しする。

(3) 「おひさま進歩エネルギー」は、住宅の屋根に無償で太陽光発電設備(200万円)を設置し、その家計に契約により9年間電力を供給するので、同契約中のメンテナンスは同社が負担する。一方、設置者はこの電力を購入し、毎月定額19,800円を「おひさま進歩エネルギー」に支払う(実際には、特別目的会社おひさまグリッドに支払う)。また、自家消費分を除

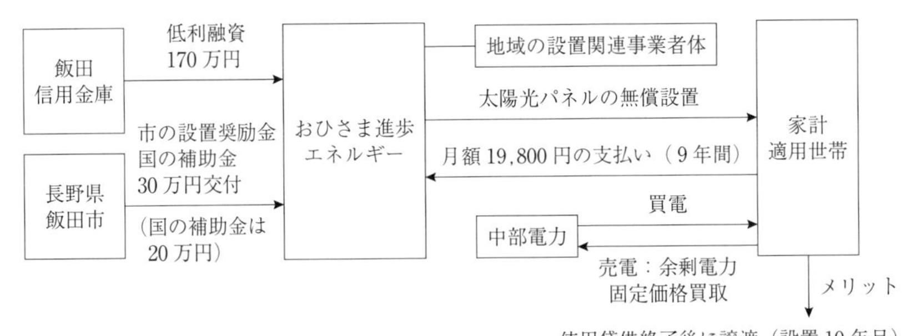

図3－22 「おひさまゼロ円システム」（官民協働事業）の仕組み図

（出所） IIDA SHINKIN BANK HOTLINE 2010“「おひさま0円システム」への協働”を参照し作成。

く余剰電力は中部電力に売電することができるので、実質の負担額は、「おひさま進歩エネルギー」へ支払う19,800円から売電収入を差し引いたものになる。9年間の使用貸借契約が終了する10年目に当該設備の所有権が設置者に移転され、その後、設置者はその発電設備から発電した電気を使用することができる。設備機器の耐用年数は、20年から30年と予想されている。

(4) 今、家計の月々の平均的な電気代が19,800円であると仮定して、ある家計がこのシステムを利用するか否かを考えてみよう。もし、日照時間が予想を下回るならば、その場合、家計がそのリスクを負担する。一方、日照時間が予想を上回るならば、当該設備からの発電量は予想よりも上回る。その場合、家計は自己消費分を除いた余剰電力を中部電力に固定価格で売電できるので、それは家計の利得になる。したがって、実際の電気代負担額は月々の電気代支払額から売電収入を差し引いたものとなる。

「おひさまゼロ円システム」において、3-3で示した「小宮山案」の課題であった事業体は、民間企業（発電事業者）の「おひさま進歩エネルギー」が担っており、より現実的であると考えることができる。「小宮山案」の場合には、政府がリスクおよび負担をすべてもつという直接的なものであったが、「おひさまゼロ円システム」では、間接的な助成にとどまっている。さらに、民間金融機関との連携による低利融資で資金供給を促すことによって、官民協働のシステムを実現している。したがって、この方式は、今後、家計における太陽光発電システムの設置を普及させていくための一つのモデルになる可能性がある。

小　括—成果が期待できる環境配慮型金融スキームを普及させるための支援策—

前節では、表3－1の類型に則して、さまざまな「市民参加型」の取り組み事例を考察した。本節では、以上の事例のなかから、政府がより強力に支援するならば、大いに期待できる環境配慮型金融スキームを6点取り挙げて、その支援策を以下に示している。

第1に、「環境配慮型融資」である。われわれは既存の政策である「CO_2削減に取り組む企業への融資に対する利子補給」の事業を今後も継続しいっそうの拡大を求める。なぜならば、既に利子補給額の20～25倍の温暖化対策設備投資を誘発し、CO_2削減効果が予想されるとともに、環境格付融資の取り組みの増加にも繋がっているからであり、実際、利子補給を受けている企業や金融機関からの評価やニーズも高い。第2に、「国際協力銀行による環境支援ボンド」である。当債券は財投機関債であるので、政府が機関投資家向けに、当ボンドの一定量の買い取り保証を付与することを提案したい。第3に「グリーン電力証書の活用」である。CO_2排出削減に向けて、再生可能エネルギーの導入は重要であり、支援制度としても不可欠である。グリーン電力証書システムをいっそう拡大させるためには、①今後、法制度におけるグリーン電力証書の位置付けの検討状況を踏まえて、法令履行のためのグリーン電力証書取得費用の損金化を求めたい。②2012年7月より再生可能エネルギー全種全量買い取り制度が導入されたが、もし同制度で再生可能エネルギーの投資回収が可能であれば、CO_2排出削減価値（環境付加価値）の帰属の観点から、グリーン電力証書制度を通じた支援は低下する可能性がある。しかし、どのような制度設計であれ、全種の再生可能エネルギーを十分に対応することは困難であると考えられるので、現行のグリーン電力

表3－3　環境配慮型金融スキームを普及させるための支援システム

取り組み事例および提案	支援策
環境配慮型融資	• 既存の「CO_2 削減に取組む企業の融資に対する利子補給」継続拡大。
国際協力銀行による環境支援ボンド	• 政府が機関投資家向けに当ボンド一定量の政府の買取り保証の付与。
グリーン電力証書システムの活用	• グリーン電力証書取得費用の全額損金化。 • グリーン電力証書システムの法制化。 • 法制度による助成。
緑の贈与による家計部門での低炭素機器普及策	• 贈与税の減免枠（一定額）の設置。
おひさまゼロ円システム（官民協働事業）	• 銀行、NPO、自治体による官民協働事業としての位置付け。 • 初期費用ゼロ円にて導入拡大のための支援。
CO_2 削減ファンド（エナジーバンク）	• CO_2 削減に向けて、普及拡大のための支援。

証書のような再生可能エネルギーの環境付加価値を取引する補完的な枠組みの法制化が必要であろう[58]。③環境配慮型車などが購入時に補助金や優遇税制が導入されているように、法制度による助成が必要である。例えば、政府がグリーン電力証書については政府の需要分について、一定の金額を買い取る保証などの支援が求められる[59]。第4に、われわれは「緑の贈与による家計部門での低炭素機器普及策」に注目したい。この提案をよりいっそう促すためには、とりわけ、太陽光発電の設置に対して贈与税の減免枠（一定額）設置を強く求めたい。それが実現するならば、大幅な低炭素機器の需要が期待できる。第5に、「おひさまゼロ円システム」である。それは、官民協働事業として位置付けられており初期費用をゼロ円で設置できるスキームである。各自治体において、実施されることを期待したい。最後に「CO_2 削減ファンド（エナジーバンク）」である。今後、CO_2 排出削減に向けて、この仕組みが普及拡大するための支援を求めたい。

環境配慮型社会の実現に向けて、家計、企業、金融機関、政府、地方自治体はそれぞれの立場で努力していかなければならない。現在、各経済主体が参加し協働して環境改善に対する様々な取り組みが行われている。本書において、われわれは各主体の環境配慮行動に基づき成果を上げている環境配慮型金融スキームを考察した。環境問題の解決に向けて、上述の金融スキームを含め、今後さらなる展開が求められ、そのためには、よりいっそうの政府の支援が必要である。なお、今後期待される取り組み事例および提案、そしてその支援策を表3－3に示している。

注

1） 藤井良広（2010）「環境問題と個人金融―環境金融の現状と課題―」『個人金融』冬号　pp. 6-7。UNEP・FI（国連環境計画・「環境と持続可能な発展に関する金融機関声明」）には、2008現在、世界の177を超える銀行、保険、証券会社が参加しており、我が国からは、滋賀銀行、三井住友銀行、住友信託銀行などを始めとして、18の金融機関が署名している。

2） 尾崎弘之（2011）「これからの環境と金融―環境金融の変わらぬ重要性―」『月刊金融ジャーナル』2月　pp. 70-71。

3） 内山勝久（2007）「金融と環境―グリーン金融への動き“環境問題と日本政策銀行の取り組み―CSRとしての環境格付け”」『環境情報科学』36巻3号　p. 14。

4） SPCとは、（Special Purpose Company）の略で、不動産の賃貸、飛行機の賃貸、風力発電、太陽光発電の実施など、特別の目的のみに設立・運用されている会社である。事業か得られる収益を担保とした資金調達（プロジェクトファイナンス）を行う手段として利用される。SPCは会社形態をとる株式会社・特別目的会社など法人格を有する団体によって構築される。

5） 京都議定書第12条に規定される柔軟性措置（京都メカニズム）の一つである。具体的には、先進国と途上国が共同で、温室効果ガス削減プロジェクトを途上国において実施し、そこで生じた削減分の一部（認証排出削減量）を先進国がクレジットとして得て、自国の削減に充当できる仕組みである。このとき先進国が得られる削減相当量を（認証排出削減量〔CERs〕）と言う。

6） 匿名組合とは、当時者の一方（匿名組合員）が相手方（営業者）の営業のために出資をなし、その営業より生じる利益を受け取ることを約束する契約形態という。つまり、営業者が匿名組合員から集めた財産を運用して利益を上げ、これを分配するのが匿名組合契約である。日本においては商法第535条に規定されている。出資者は出資額以上の責任は負担しない有限責任となる。

7）「PFI導入支援ツール」内閣府webサイト　民間資金等活用事業推進室より。PFI（Private Finance Initiative）」とは、公共施設等の建設、維持管理、運営等を民間の資金、経営能力及び技術的能力を活用して行う新しい手法である。

8） 需要を調整するための手段として、次の3つが考えられる。

① 設置者の一定の年間所得水準に依る（例えば年収400万円以下の家庭に適用）

② 設備設置費用を義務付け、その支払い金額によって決定する。（例えば、設置費用を1万円・2万円・3万円の中から、高い費用負担の設置者を優先する）。

③　公開抽選ということもありうる。

9）　藤井良広（2005）「金融の環境配慮行動」『金融機関の環境戦略研究会編』金融財政事情研究会第1章　pp. 18-19。

10）　前田正尚（2005）「融資と社会環境問題」（『金融機関の環境戦略研究会編』金融財政事情研究会第2章）pp. 39-49。

11）　澤山弘（2007）pp. 62-63。「エコ・クリーン資金」「しがぎん琵琶湖原則支援資金（PLB資金）」滋賀銀行Webサイト　http://www.shigagin.com/csr/index.htm。

12）　藤井良広（2008）「環境金融とゆうちょ銀行の可能性」『JP総研』p. 17。

13）　澤山弘（2007）pp. 62-63。

14）　滋賀銀行　プレスリリース（2008年6月18日）

国内初、「預金」と「融資」を「地球環境保全」で結ぶ新商品

2008年6月9日現在、既に1,360件、40億円の金額が調達された。なお、預金額の一定割合（約0.1%）分の排出権を預金者に変わり、当該銀行が購入し、国に無償償還する。

15）　野村敦子（2010）pp. 33-42。

16）　黒澤仁子（2008）「環境配慮型預金は本当に環境に配慮しているのか」日本総合研究所（10月27日）　http://www.jri.co.jp/page.jsp?id=7272。日本の国内の環境配慮型預金商品は、環境配慮型金融商品の約2割を占め、残りの8割は融資商品である。2007年度の時点でみると、滋賀銀行では前年比49%、びわこ銀行では約43%増加した。近年の環境意識の高まりを受けて、自身の預金が環境対策に有意義に利用されることを期待する人々が増加していることによる。

17）　プロジェクトファイナンス（苫前風力発電事業）日本政策投資銀行webサイト　http://www.dbj.jp/service/finance/profai/index.html

18）　国際協力銀行（国際金融等業務）は、2008年10月1日付けにて国民生活金融公庫、農林漁業金融公庫及び中小企業金融公庫と統合し、株式会社日本政策金融公庫（以下、「日本公庫」）となった。国際協力銀行（国際金融等業務）は、日本公庫の国際部門として承継されたが、国際的信用の維持等の観点から、日本公庫においても引き続き「国際協力銀行（JBIC）」の名称を使用し、業務を遂行している。日本公庫は、株式会社日本政策金融公庫法第50条に基づき、国際協力銀行業務を行うために必要な資金の財源に充てるために債券を発行することが認められている。その債券は、政府保証の付かない債券（財投機関債）である。

19）　第31回国際協力銀行債券（財投機関債、愛称「JBIC環境支援ボンド」）の発行。「地球環境問題への貢献を起債コンセプトとした5年債200億円の発行条件を決定」国際協力銀行webサイト〈http://www.jbic.go.jp/ja/about/press/2008/0619-01/index.html〉

20）　國田かおる編（2008）pp. 6-12。

「グリーン電力証書システムとは」日本自然エネルギー株式会社webサイト

http://www.natural-e.co.jp/green/about.html

環境省webサイト、グリーン電力証書システム活用ガイド～グリーン電力証書の意義としくみ～ http://www.env.go.jp/earth/ondanka/greenenergy/guide/use/greenenergy.html

21）「グリーン電力証書について―グリーン電力証書の取得費用の損金算入化―」2009年6月　資源エネルギー庁対策課　新エネルギー等電気利用推進室資料。

22）「オフセット・クレジット（J-VER）制度の創設について VER（Verified Emission Reduction）」プレスリリース（2008年11月14日）環境省webサイト http://www.env.go.jp/press/press.php?serial=10418。国内排出削減・吸収プロジェクトにより実現された温室効果ガス排出削減・吸収量をオフセット・クレジット（J-VER）として認証する制度である。オフセット・クレジットとは、オフセット・クレジット（J-VER）認証運営委員会によって認証されるクレジットを言う。

23）「国内クレジット（CDM）制度について」2008年　経済産業省産業技術環境局。

国内クレジット（CDM）制度は、「京都議定書目標達成計画」（2008年3月28日閣議決定）において規定されている。大企業等の技術・資金等を提供して中小企業等（自主行動計画に参加していない者）が行ったCO_2の排出抑制のための取組みによる排出削減量を認証し、自主行動計画等の目標達成のために活用する制度である。国内クレジットは、その制度における国内クレジット認証委員会によって認証されるクレジットを言う。〈http://www.env.go.jp/press/press.php?serial=10418〉

24）「国内初グリーン電力システムを活用した風力発電事業向け環境プロジェクトファイナンス」みずほコーポレート銀行webサイト〈www.mizuho-fg.co.jp/investors/financial/.../senryaku07.pdf〉

25）「温室効果ガス約30%削減を達成～ソニーの環境中期計画「グリーンマネジメント2010」実績報告～　ソニーは「グリーン電力証書」を利用し、グループ全体でグリーン電力の導入を加速させており、2011年4月時点の年間契約量は合計6,080万kWhで日本最大級の使用量を持続している。

ソニーニュースリリース（2011年07月26日）〈http://www.sony.co.jp/SonyInfo/News/Press/201107/11-081/index.html〉。

26）「太陽光発電トップランナー推進事業」（H18、19）事業概要とグリーン電力購入の仕組み　佐賀県Webサイト　佐賀県政策カタログ2011・佐賀県総合計画2011。〈http://www.pref.saga.lg.jp/web/kensei/_1363/sougoukeikaku2011.html〉

27）「グリーン電力証書を活用した太陽光発電普及事業」東京都環境局webサイト http://www.kankyo.metro.tokyo.jp/climate/renewable_energy/solar_energy/support_measures.html

28）環境付加価値は補助金交付の11年目以降は各家計で売却することが可能である。一方、都は2011～2012年まで実施中の支援策においては、環境付加価値の譲渡を条件にしていない。

29) 『日本初・CO_2排出量ゼロのエネルギー「生グリーン電力」活用スタートへ～出光興産が三菱地所所有の新丸ビルへ供給～』出光興産／三菱地所　プレスリリース（2009年12月9日）〈www.mec.co.jp/j/news/pdf/mec091209.pdf〉。「生グリーン電力供給について」出光興産 Web サイト〈http://www.idemitsu.co.jp/igp/value_environmental/saiene/raw_green_power.html〉
30) 行政型の信託活用とは、たとえば、新潟県における地域のNPO支援のビークルとして公益信託を利用するなどの公益信託にいがたNPOサポートファンド）や、高知市におけるまちづくり活動を助成するもの（公益信託まちづくりファンド）である。これらは、県や市などの地方公共団体が自ら出損し、基金取り崩し型の公益信託を設定するものである。
31) 公益信託の基本的な仕組みは、山本利明（2005）「環境問題と金融機関の信託機能」（『金融機関の環境戦略研究会編』金融財政事研究会　第5章）p. 125に詳しい。
32) 日本経団連自然保護基金　web サイト〈http://www.keidanren.or.jp/kncf〉
33) 公益信託のメリットは次のとおりである。①財団法人の場合は、独自に事務所や職員を置く必要があるが、公益信託は信託銀行に預託するので、事務コスト等が軽減される。②財産の取り崩しによる助成金の配布も認められているほか、寄付金の追加募集も可能であり、弾力的な信託設定が期待できる。③信託銀行が受託者として義務と責任を負って事務執行にあたるので、出損者の意図した公益目的が確実に果たされる。また、出損した財産も信託財産として信託銀行の固有財産や信託財産と分離され独自性が確保されるので、出損者も安心して委託することができる。④税制面にいても、一定の要件を満たしたものについては、一般寄付金の損金算入（法人委託者）や寄付金控除（個人委託者）優遇措置がある。また個人が出損した場合にも、一定の要件を満たしたものは、相続税の非課税措置があり、また信託財産の運用収益には所得税は課せられない（藤井 2005 p. 126）。
34) 雨宮孝子（2003）「公益信託を準則主義にする場合の問題点」『公益信託制度の抜本的改革に関する研究プロジェクト』（公益法人協会、12月）。
35) 環境保護団体に寄附を目的にした金銭信託スキームについては、遠藤貴子（1997）金融機関の環境支援活動」（『環境と金融』成文堂　3章）pp. 235-237に詳しい。
36) 「新信託商品〔さいたま緑のトラスト〕の取り扱い開始について―」三菱UFJ信託銀行株式会社　プレスリリース（2006年5月15日）〈http://www.tr.mufg.jp/ippan/release/pdf_mutb/060515.pdf〉
37) 本提言は、財団法人地球環境戦略研究機関（IGES）と日本総合研究所が、環境省主催による「第9回NGO/NPO・企業環境政策提言」において、共同提案されたものである。(財)地球環境戦略研究機関（IGES）web サイト　http://www.iges.or.jp/jp/news/press/10_04_07.html
38) 「住宅用太陽光発電システムの設置が累計100万件を突破」太陽光発電協会　プレスリリース（2012年5月17日）〈http://www.jpea.gr.jp/pdf/t120517.pdf〉

39) 「再生可能エネルギーの固定価格買取制度」経済産業省資源エネルギー庁 web サイト　2012 年 7 月 1 日より、「電気事業者による再生可能エネルギー電気の調達に関する特別措置法」に従い施行される。この制度により、発電された再生可能エネルギーを、一定の期間・一定の価格で電気事業者が買い取ることが義務付けられる。例えば、調達価格は、太陽光発電 10 kW 以上の場合、42 円／調達期間 20 年間、10 kW 未満の場合 42 円／調達期間 10 年間、風力発電は、20 kW 以上の場合は 23.1 円／20 年間、20 kW 未満の場合は 57.75 円／20 年間にて決定した。〈http://www.enecho.meti.go.jp/saiene/kaitori/kakaku.html〉

40) 「市民風車わんず」グリーンエネルギー青森 web サイト〈http://www.ge-aomori.or.jp〉丸山康司（2009）「地球に優しいを問う―自然エネルギーと自然保護の隘路―」鬼頭秀一・福永真弓編『環境倫理学』東京大学出版会　pp. 171-183。

41) 藤井良広（2007）「地域に対する社会的な金融」（『SRI と新しい企業金融』東洋経済新報社　9 章　pp. 182-183）。

42) 藤井良広（2005）pp. 228-331。

43) 2003 年度の RPS 制度概要」経済産業省　資源エネルギー庁 web サイト　RPS 法とは、「電気事業者による新エネルギー等の利用に関する特別措置法」（2003 年 4 月施行）に基づき、エネルギーの安定的かつ適切な供給を確保するため、電気事業者に対して、毎年、その販売電力量に応じた一定割合以上の新エネルギー等から発電される電気の利用を義務付け、新エネルギー等の更なる普及を図る制度である。電気事業者は、義務を履行するため、自ら「新エネルギー等電気」を発電する、もしくは、他から「新エネルギー等電気」を購入する、または、「新エネルギー等電気相当量（法の規定に従い電気の利用に充てる、もしくは、基準利用量の減少に充てることができる量）」を取得することになる。同法の最大の特徴は、新エネルギーの発電量と RPS 相当量を別々に売買できることである。なかでも RPS 相当量は、証書にて売買されるので、全国どこにでも販売することが可能である。（藤井良広 2005 p. 282）。〈http://www.natsourcejapan.com/pdf/rps/2003rps.pdf〉

44) 先行稼動している「はまかぜちゃん」2002 年からの 3 年間で、1 口 50 万円の出資に対して、出資元本返還金と利益分配前途金の合計 130,427 円を行った。秋田の「天風丸」も 03 年度分として 50 万円の県民枠に対して、43,732 円配当した。したがって、いずれ順調にワークしているといえる（藤井良広 2005 p. 231）。

45) おひさま進歩エネルギー有限会社　南信州『おひさまファンド』市民出資資料。

46) ESCO 推進協議会（JAESCO）Web サイト〈http://www.jaesco.or.jp/〉

ESCO 事業とは、省エネルギーに関する包括的なサービスを提供し、顧客の利益と地球環境の保全に貢献するビジネスで、省エネルギー効果の保証等により顧客の省エネルギー効果の一部を報酬として受け取る仕組みである。

47) 「千葉県我孫子市『おおばんあびこ』市民債発行の取組み」（オオバンあびこ市民債の発行ついて）説明会資料（2004 年 10 月 2．3 日）。

48）小畑健雄（2007）「新たな仕組み・手法」（『SRIと新しい企業・金融』東洋経済新報社　10章　pp. 211-212）。
49）「関西における新エネルギーに関する先進的な市民の取組事例集」CASE3“市・NPOが連携し市域通貨を用いたモデルを構築”経済産業省webサイト〈www.kansai.meti.go.jp/3-9enetai/shimin-torikumi/jireishu/jirei1.pdf〉
50）平岡俊一・和田武（2005）「地方自治体における市民参加型の地球温暖化対策を推進する仕組みと社会的背景―滋賀県野洲町の事例をもとに―」『立命館産業社会学論集』第41巻2号。
51）豊田陽介著（2010）「市民が主役の再生可能エネルギーの普及」『低炭素社会への選択―原子力から再生可能エネルギーへ―』法律文化社　p. 196。
52）「グリーン・リースとグリーン電力証書化サービス」三菱UFJリースwebサイト〈http://www.lf.mufg.jp/service/green-lease/index.html〉
53）「CO_2削減国内初ファンド　中小から大手排出権橋渡し　大ガスなど省エネ促す」『日本経済新聞』（2007年6月22日朝刊）。「国内CDM制度について」（2008年7月3日）経済産業省環境経済室資料　経済産業省webサイト　www.meti.go.jp/committee/materials/downloadfiles/g80703b09j.pdf
54）大阪ガスは、従来「エコウェーブ」と呼ばれるエネルギーサービス事業を行っており、2001年の事業開始から2007年3月末までに、民生・業務部門を中心に672件、2010年3月までに、848件の成約実績を持っている。大阪ガスの「エコウェーブ」とは、省エネ設備を企業にリースのようなかたちで提供し、企業は利用したエネルギーの使用料金を支払うというビジネスモデルである。これによって、中小企業が、巨額の初期投資を行わずに省エネ設備を導入できるようになる。今回の事業でエナジーバンクが調達した設備も、中小企業には、省エネルギーと省コストを実現するサービスとして、大阪ガスとの「エコウェーブ」契約によって提供される。
55）「環境を『力』にするビジネス　ベストプラクティス集―温暖化関連ビジネス―ベストプラクティス⒁―CO_2削減ファンド『エナジーバンク』で省エネ&省コストを実現」経済産業省webサイト〈www.meti.go.jp/policy/eco_business/sonota/081118ecobus-practice.pdf〉
56）「太陽光発電0円設置の募集について：住宅に0円で太陽光発電を設置」市内で太陽光発電を普及し、地球温暖化防止を進める環境モデル都市行動計画の取り組み事例（2010年1月13日）。飯田市役所webサイト〈http://www.city.iida.lg.jp/iidasypher/www/info/detail.jsp?id=4785〉「飯田市が太陽光発電普及のため全国初の設置費用0円システム構築」（2009年12月29日）南信州新聞社webサイト〈http://minamishinshu.jp/news/society〉住宅を選定する設置基準は下記の通り。
　①　飯田市に住所を有する者が所有し、この住宅で実際に生活を行っている。
　②　日照条件のよい屋根に3.5kWを標準とする太陽光パネルが設置できる。
　③　屋根材が太陽光パネルの荷重に耐えられ、設置しても雨漏りの恐れがない。

④　中電との受電契約があり、系統連系ができる。

⑤　事業主体が定める標準費用で設置できる。

57）「緑の分権改革推進会議事第4分科会（第4回）議事要旨」（2011年3月1日）「有識者による事例報告：原亮弘『おひさま進歩エネルギー（株）』総務省webサイト〈http://www.soumu.go.jp/main_sosiki/kenkyu/bunken_kaikaku/41759.html〉

58）小笠原潤一「再生可能エネルギーの全量買取に関する意見グリーンエネルギー証書制度の観点から」（2009年12月10日）財団法人日本エネルギー経済研究所　グリーンエネルギー認証センター〈www.meti.go.jp/committee/materials2/downloadfiles/g91210a03j.pdf〉

59）「総合資源エネルギー調査会新エネルギー部会グリーンエネルギー利用拡大小委員会（第2回）議事録」（2008年2月29日）経済産業省webサイト〈http://www.meti.go.jp/committee/summary/0001855/gijiroku02.html〉

〈補章〉

家計における太陽光発電普及のための提案[1]

序　文

気候変動に関する政府間パネル（Intergovernmental Panel on Climate Change: IPCC）第4次報告書（2007年）によれば、産業革命以来の全地球的な平均気温上昇を摂氏2度までに抑える必要があるという。温暖化を防止するためには、2050年までに全世界で温室効果ガスの排出を半減しなければならないとしている。

ところで、2020年までに1990年比CO_2の排出量を25%削減するためには、どのような方法があるのだろうか。それは、①発電効率を高めること、②ライフスタイルの転換を促すこと、③エネルギー転換を図ることなどが挙げられる。化石燃料からのエネルギー転換を図るためには、省エネやエネルギー効率の改善を推進するとともに、化石燃料からCO_2を排出しないエネルギーに代替することが必要である。その代替エネルギーとしては、原子力発電と再生可能エネルギー（太陽光、風力、地熱など）がある。

そこで、2009年度日本の電源別電力量の構成を確認しよう。石油（7.6%）、石炭（24.7%）、天然ガス（29.4%）も含めた化石燃料全体の占める割合は6割以上であり、そのほかの電力量は、原子力（29.2%）、水力（8.1%）、新エネルギー等（1.1%）であった。このように日本の電力量は大部分が化石燃料に依存していることがわかる（エネルギー白書2010）。

以上の問題から、再生可能エネルギーへの転換が求められている。同エネルギーのうち、とりわけ太陽光発電と風力発電が期待されている。なかでも、太陽エネルギーは、実際的賦存量が圧倒的に多く、太陽光発電累積導入量（表補-1）が増加しており、それゆえ、我が国でも太陽光発電の普及促進

表補-1　太陽光発電累積導入量の推移

（単位万 kwh）

年	1992	1994	1997	2000	2001	2002	2003	2004	2005	2006	2007	2008
ドイツ	1	1	4	11	19	28	43	103	193	276	384	534
スペイン	—	0	0	0	0	1	1	2	5	15	69	335
日　本	2	3	9	33	45	64	86	113	142	171	192	214
米　国	4	6	9	14	17	21	28	38	48	62	83	117
イタリア	1	1	2	2	2	2	3	3	4	5	12	46
その他	3	4	7	11	12	16	21	24	28	34	47	96
合　計	11	16	31	72	96	132	181	284	419	563	787	1,343

（注）国際エネルギー機関（IEA）が実施する太陽光発電システムの研究実施協定（IEA-PVPS）の参加21カ国における累積導入量。四捨五入の都合上、表中の各数値が、必ずしも合計欄の数値と一致しない場合がある。

（出所）*“Table 2-Cumulative installed PV power（MW）in IEA PVPS countries: historical perspective.”*
IEA-PVPSのデータベース〈http://www.iea-vps.org/trends/download/2008/Table__Seite_02.pdf〉（近藤 2010 p. 23）

が求められている。現在、太陽光発電は2つの方法で普及が進んでいる。一つは火力発電所と同じような大規模発電所であり、もう一つは各家庭の屋根に設置される小規模分散型の発電である。本書では、各家庭の屋根に設置する小規模分散型の太陽光発電をどのように普及拡大させていくのか、その現状の把握と課題を含め具体案を検討する。

以下、補-1では、太陽光発電の設置需要の決定要因を検討する。補-2では、現行の太陽光発電普及のための政策（余剰電力買取制度の場合）を概観し、太陽光発電の普及政策において、設備設置費用が次第に低下する状況で需要拡大は期待されるが、その場合には、先行して設備設置した人々に対して不公平にはならないのかということを考察する。補-3では、太陽光発電の需要拡大に向けて、以上述べたことを踏まえて、若干の具体的な方式を提案したい。

補-1　太陽光発電の設置需要量の決定要因

各家計において、太陽光発電設備を設置する場合、それは、どのような要

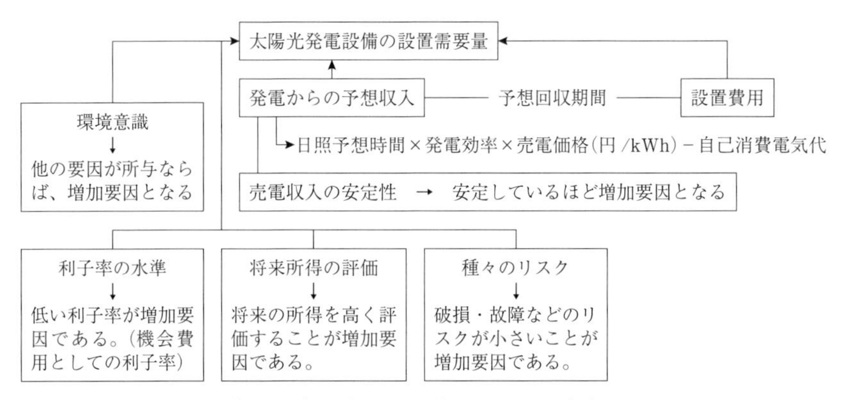

図補-1　太陽光発電の設置需要量の決定要因

因で決定するのであろうか。太陽光発電の設置需要量の決定要因は、図補-1に示される。

(1)　太陽光発電設備の設置需要量は、予想耐用年数を所与とすると、予想回収期間によって決定される[2)]。予想回収期間（投下した資金が回収できる期間）は、発電からの予想収入と太陽光発電設備の生産・設置費用（以下、設備費用と表記する）で決定される。発電からの予想収入が上昇するならば、あるいは設置費用が低下するならば、予想回収期間が短くなり、需要は増加する。

(2)　設備設置需要における意思決定者がリスク回避的であるならば、予想収入の分散が小さければ、需要は増加する。

(3)　発電効率が高まるならば、予想収入が増加し予想回収期間が短くなる。また技術進歩と量産効果を通じて設置費用が低下するならば、予想回収期間は短くなる。

(4)　上記以外に、需要に及ぼす影響には次の要因がある。

①　将来の所得を高く評価する設置需要者は、資金回収に時間がかかるような支出に対して積極的になるので、需要は増加する。

②　低い利子率が増加要因となる。

③　破損・故障などのリスクは小さいほど需要は増加する。

(5)　予想回収期間を含め以上の要因が一定だとしても、人々の環境意識が高まるならば、需要は増加する。

以上のように、各家計の太陽光発電の設置需要量は決定される。しかし、太陽光発電を普及させる観点から、政府の助成がないような状況においては、需要が不足すると予想される。したがって、CO_2 排出量削減に向けて、太陽光発電設備の増加が求められているので、政府の助成策が必要になる。

現在、政府は、太陽光発電を普及させるために、どのような具体的方策を採っているのであろうか。それは、①環境意識を高めるための広告宣伝活動[3)]、②発電効率を高めるための技術開発に対する助成[4)]、③「住宅用太陽光発電導入支援対策補助金」、④「太陽光発電買い取り制度」などであるが、本書に関連する③と④について次節で説明しよう。

補-2　現行の太陽光発電の普及政策

2009年4月の経済危機対策に盛り込まれた現在の太陽光発電の導入目標は、2020年頃までに2005年比の約20倍程度（2800万kWh）に普及促進を加速するというものである[5)]。その後、政府は地球温暖化対策を強化する方針を示し、2020年までの温室効果ガス削減目標（1990年比25%減）を発表し国際公約した。それは、2010年5月策定の「地球温暖化対策基本法」に正式に盛り込まれた。政府は CO_2 削減の目標達成に向けて、太陽光発電の需要をさらに増加させることである。

上述したように、現行の普及政策の第1は、「住宅用太陽光発電導入支援対策補助金」であり、それは、最大出力が10kW未満、且つ設備価格が70万円/kW以下で要件を満たす太陽光発電設備を住宅に設置する費用に対して、1kW当たり7万円を補助するというものである[6)]。通常、住宅には3kWの設備を搭載するのが一般的である。一方、上述のような国からの支援とは別に、標準的な場合、区、県、市町村が補助金を上乗せするケースも多く、補助の有無、水準は自治体によってさまざまである。たとえば、東京都の場合は、最大出力が10kW未満、かつ設備価格が65万円/kW以下で要件を満たす太陽光発電設備を住宅に設置する費用に対して、1kW当たり10万円を助成している[7)]。なお、この財源は税金となるので納税者が負担することになる。

第2は、「太陽光発電の買い取り制度」であり、それは、要件を満たした太陽光発電設備から発電した自家消費を超えた余剰電力を10年間に亘り、固定価格で買い取ることを一般電気事業者に対し、義務付ける制度である[8)]。余剰電力の買い取り価格は、設備設置者が10年以内に設備費用を回収できる水準を目安としているので、初年度はkWh当たり、従前の電気事業者による自主的購入価格の2倍の48円に設定される[9)]。

実際、上述した第1と第2の具体的方策の導入が功を奏して、現在、太陽光発電の設置需要が増加している。なお、第2の方策によって生じる価格上昇によって生じる電気代費用の上昇分は、太陽光発電促進付加金として電気代に転嫁されるので、電気料金を通じて電力消費者が負担することになる。現在の制度導入による買い取り価格の負担額は、電気の使用量に応じて変化するが、電気使用量が毎月300kWhの場合、1カ月当たり3円~21円程度になる[10)]。例えば、関西電力管内の標準家庭において、初年度kWh当たりの単価は0.03円/月であり、月々の負担額は9円(0.03円×300/kWh)となる[11)]。しかし、実際、太陽光発電の適地と不適地で普及規模に差異が出ると考えられ、電力会社の上乗せ料金にエリア間で格差が出ることになると予想される[12)]。

ところで、上述した2つの制度を推し進めていくならば、どのような問題が生じるのであろうか。前節で述べたように、予想回収期間を決める主要な要因の一つは設置費用である。現在の政策のもとで、一定普及が進み、技術進歩と量産効果を通じて設置費用が低下していくならば、設置需要が増加することは間違いないが、先行して設備を設置した人々と、後で設置する人々との間で、後者の方は設置費用が安くなるという不公平性の問題が生じうる。しかし、安くしなければ需要の増加が進まないという問題がある。この問題に対して、「太陽光発電買い取り制度」および「住宅用太陽光発電導入支援対策補助金」は、この問題にどのような影響を及ぼすのかを考察する。

まず、「太陽光発電買い取り制度」は、どのような不公平の問題を生じさせるのであろうか。そこで、今、環境意識の高い人々と相対的に環境意識の低い人々が存在するとしよう。所与の設置費用のもと、政府が、ある買い取り価格を決定するならば、予想回収期間が決まる。その予想回収期間のもとで、いち早く設置する環境意識の高い人々をA層とすると、A層は少数派であろう。一方、相対的に環境意識が低く設置をためらう多数派の人々をB層とする。さらにB層のなかで、現在の予想回収期間では長すぎるという理由で設置しない層をB_1層とする。

現在の政策の下で、もし、設置費用が低下するにもかかわらず、政府が現行の買い取り価格を維持するならば、(厳密には、設備費用の低下ほどには買い取り価格を引き下げないならば) 予想回収期間が短くなるので、B_1層が設置し始める。すなわち、設備費用の低下に対して、政府が買い取り価格を維持する場合には、先行的に設置したA層と後で設置するB_1層の間で予想回収期間に差が生じ、この差が大きくなればなるほど、B_1層の需要が増加する。したがって、予想回収期間の差のみを比較するならば、相対的にA層は不利になるという不公平性が生じる。

そこで、もし、両者に対して、政府が予想回収期間を同じにしようとするならば、次第に買い取り価格を引き下げる必要がある。しかし、この場合には、公平性が保たれたとしてもB_1層にとっては、予想回収期間が短くならないので、需要の増加が抑制されるという問題が生じる。したがって、A層とB_1層の予想回収期間の差のみを考慮して買い取り価格を決定するならば、需要の拡大と公平性の維持は矛盾するので、2つの目的を同時に実現することはできない。

次に、「住宅用太陽光発電導入支援対策補助金」については、本補助金政策が変更になるならば、太陽光発電の設置需要はどのようになるのだろうか。設置費用の支払額は、販売価格から補助金を差し引いたものであるので、もし、政府が設備費用の低下と同じだけ補助金を減額するならば、設置費用の支払額は同じであり、その予想回収期間も一定である。この場合、A層とB_1層の予想回収期間の公平性は保たれているが、B_1層の需要の増加は期待できない。もし、政府が設置費用の低下に対して、それ以下に補助金を減額しないならば、設置費用の支払額は減少し、予想回収期間が短くなるので、B_1層の需要を増加させるためには、政府は予想回収期間を短くするような補助金を決定することが必要になる。したがって、「太陽光発電買い取り制度」と同様に、A 層と B_1 層の予想回収期間の差のみを考慮して、補助金を決定するならば、需要の拡大と公平性の維持は矛盾するので、2つの目的を同時に実現することはできない。以上のように、政府が、予想回収期間を短くするような決定をしないならば、需要の増加は期待できないし、需要を拡大するために、予想回収期間を次第に短くする決定をするならば、不公平性の問題が生じる[13]。

では、現行制度の下で、本当に需要拡大と公平性の維持との間の矛盾は生じうるのであろうか。ここで重要なのは、われわれは暗黙のうちに、太陽光発電設備の設置が、A 層と B_1 層間の予想回収期間の比較のみに依存して決定されることを前提としてきたことである。しかし、もし、われわれは、A 層と B_1 層の効用関数の違いに注目するならば、両者は必ずしも矛盾するものではなく両立する可能性が十分にあると主張したい。

そこで、今、A 層と B_1 層それぞれの効用関数を用いて考えてみよう。A 層は環境意識の高い人々なので、世の中の人たちが、まだ導入していない太陽光発電設備を先行して設置していることに高い効用を見出していると考えられる。一方、B_1 層は環境意識の低い人々なので、A 層と異なり、太陽光発電設備を先行して設置するという効用は相対的に低いといえよう。それゆえ、A 層の予想回収期間が B_1 層のそれよりも長いとしても、A 層は環境意識の高さに効用を見出していることから、A 層の効用水準が B_1 層それよりも低くなるとは言えない。したがって、需要拡大という目的の実現に向けて、政府は後で設置する B_1 層の予想回収期間が短くなるように買い取り価格を設定しても、効用関数の違いを考慮すれば、必ずしも不公平さを感じるとは言えない。以上のことから、われわれは本買い取り制度が政策として適切であり十分に評価できるので、太陽光発電普及拡大に向けて支持したい。

にもかかわらず、需要をいっそう拡大するために、政府が B_1 層に対して予想回収期間を A 層よりも極端に短くするような買い取り価格を決定するならば、両者の効用関数の違いを考慮しても、A 層が不公正さを感じる可能性が高まるであろう。したがって、政府は、両者の間で予想回収期間の差を一定範囲内に止めつつ、需要を拡大させるためには、上述の制度に加え、環境意識を高めるような広範で多様な政策を施行することが必要である。そのことによって、B_1 層の環境意識が高まるならば、所与の予想回収期間のもとで太陽光発電の設置需要が増加する。言い換えれば、B_1 層の環境意識が高まるということは、彼らの予想回収期間に関する需要弾力性が高まることを意味するので、わずかな予想回収期間の短縮で十分な B_1 層の需要の増加が期待できるであろう。B_2 層、B_3 層、および B_4 層については、補-3 において言及する。

以上、検討してきたように、われわれは、太陽光発電の需要を拡大するために、ある一定のルールに基づいて、「住宅用太陽光発電導入支援対策補助金」、および「太陽光発電の買い取り制度」を充実させることが必要不可欠であるが、さらには、環境意識を高める多様な政策を施行することが必要となるであろう。しかし、今日このような政策が、将来に亘って充実されるという保証はあるのだろうか。例えば、政府が低炭素社会の実現という政策目標を掲げる場合、それは長期的な政策目標であり、政策手段である上述の2つの制度も長期に亘り遵守されることが前提となる。しかし、現実的には、人々がその目標や手段が変更されるのではないかという不安を抱くならば、そのことが太陽光発電設備の設置需要を抑制する要因になりうる。それでは、この不安を最小化し需要を拡大するために、どのような方式が必要なのだろうか。それは、たとえ内閣改造や政権交代があったとしても、政権移行後も国民に政策の継続が保証されることである。そのための手段は2つ考えられる。例えば、第1に、太陽光発電の普及を目的に、主たる与野党が同様の協議のうえ、両政党のマニフェストに現行制度が確実に実行される旨を記載することである。第2は、太陽光発電の現行制度を短期的に変更されないような形で法制化することである。さらにそのことを国民に公約することが必要となるであろう。

補-3　現行制度に補完する方式

本節では、広範な人々の太陽光発電設備設置のニーズを満たすために、補-2 で述べた「住宅用太陽光発電導入支援対策補助金」および「太陽光発電買い取り制度」を充実しつつ、現在、設置していないB層に対して、設備

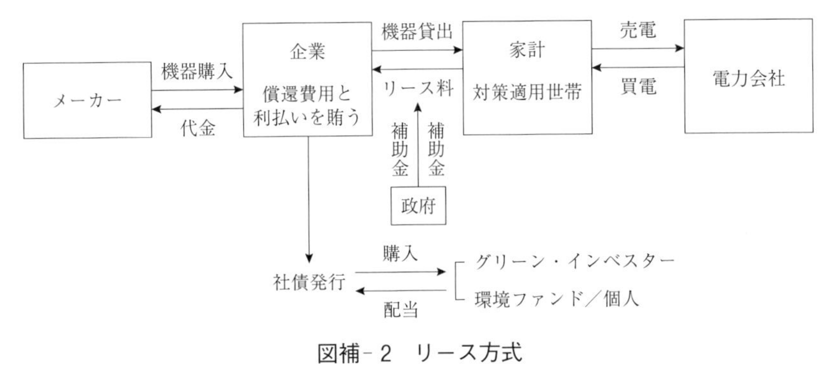

図補－2　リース方式

（出所）筆者作成。

設置を促すような方式を具体的に提案したい。B層は、相対的に環境意識の低い人々であり、以下の3つのタイプに分けることができる。

①B_2層：最初に一定額の資金を使うことをためらう（現在の消費を高く評価する）人々

②B_3層：平均売電収入が不確実ゆえ、予想回収期間も不確実であると考えるリスク回避的な人々

③B_4層：現在の消費を高く評価し、且つリスク回避的な人々

3-1　〈B_2層〉に対する太陽光発電設備のリース方式

まず一定額の資金を最初に使うことをためらう人々に対する代替案として、リース方式が考えられる。補-1の太陽光発電設備設置需要量の決定要因⑷—①によれば、将来の所得を高く評価する人々は、最初に一定額の資金投下をためらう層である。現行制度の下、予想回収期間の長短よりも、むしろ、最初に一定額の資金を使うことをためらう人々をB_2層としよう。すると、民間企業は太陽光発電設備の利用を促進するために、太陽光発電設備を貸出すリース方式を提案するだろうし、当然ながら、B_2層は、リース方式を利用するであろう。その具体的な太陽光発電設備のリース方式の仕組みは、図補－2に示される。

企業は、例えば、社債発行などで調達した資金で太陽光発電設備を購入し、家計に対してリース方式を提案する。家計は、太陽光発電設備のレンタ

ル料と設備を設置したことによって生じる電気代の節約額とを比較して導入するか否かを決定するので、電気代の節約分がリース料金を上回る場合には、リース利用者が増加する。しかし、日照時間の不足などで、実際の売電収入が予想する売電収入を下回る場合がある。その場合の損失はリース利用者が負担することになるので、リスクを懸念する人々はリース方式の利用を避けるであろう。したがって、この仕組みはリース料が低下するならば、普及が期待できる。しかし、企業が太陽光発電設備の事業を展開する場合は、資金調達コストを伴い、企業はそれをリース料に上乗せするので、政府がこの方式で太陽光発電の普及をさせようとするならば、企業に対しては利子補填、家計に対してはリース料金の一部補助を施行することが求められる。

3-2 〈B_3層〉に対する売電収入補償方式の提案

補-1の太陽光発電設置需要量の決定要因によれば、現在、太陽光発電設備を設置しないB層のなかで相対的にリスク回避的な人々が存在し、その層の人々をB_3層とする。彼らは現行制度のもとでは、売電収入が不確実なので予想回収期間も不確実であり、したがって設備設置をためらう。B_3層の需要を増加させるためには、どのような方式をとればよいのであろうか。それは売電収入の不確実性を最小化し、リスクを回避するために、確実に売電収入を得ることで回収期間を確定させる方式でなければならない。そこで、次のような2つの方式を提案したい。すなわち、①売電収入の固定額を支払う方式、②売電収入の平均を最低額として補償する方式である。

3-2-1 売電収入の固定額を支払う方式

まず第1は、売電収入に変動幅があり、予想回収期間も不確実であるので、政府が売電収入の固定額を支払う方式（以下、α方式と表記する）である。それは、図補-3（縦軸に売電収入、横軸に回収期間をとる）に示される。

太陽光発電の発電量は、日照時間に左右されるので、実際の売電収入が変動する。そこで、政府が実際に変動する売電収入を受け取る一方で、各家計に売電収入の固定額を支払うことになる。具体的には、

① 各地域の各月の日照時間を、例えば、過去5年のデータから抽出し、それぞれの平均日照時間を決定する。

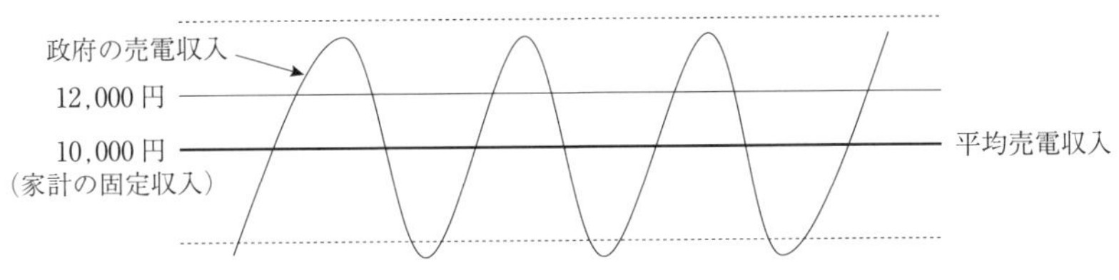

図補-3　売電収入の固定額を支払う方式

② ①のデータに基づき、平均売電収入＝平均日照時間×発電効率×売電価格から各月の売電収入が決定する[14)]。この月額が家計に支払われる。

③ 設備設置後は、政府が受け取る実際の売電収入＝日照時間×発電効率×売電価格であり、これは日照時間の変化によって変動する。

④ もし、②より簡単に、ある月の日照時間の平均値からの売電収入を、例えば、すべて1万円と仮定すると、実際の売電収入が日照時間の違いによって、たとえ8千円あるいは1万2千円になるとしても、家計の売電収入は1万円になるので、家計の収入は年間12万円と固定され回収期間が確定する。したがって、設備設置後は日照時間の変化によって、電気代収入が平均値を上回ったとしても、売電収入は12万円に止まるので、需要の増加が見込まれるのはB_3層のみであろう。

3-2-2 売電収入の平均を最低額として補償する方式

太陽光発電の設置需要を増加させるために、第2は、政府が売電収入の平均を最低額として補償する方式（以下、β方式と表記する）である。それは、図補-4（同上）に示される。太陽光発電の発電量は、上述のように、日照時間に左右されるので、実際の売電収入が変動する。そこで、政府は、各地域の変動する売電収入の平均を最低額として家計に補償することになる。具体的には

①～③は、上述のα方式と同様である。

④ もし、ある地域のある月が、①に基づく日照時間よりも実際の日照時間が下回る場合にのみ、政府は売電収入と実際の売電収入の差額を補償する。例えば、政府がある地域のある月の売電収入を1万円と決定したとしよう。ある月の日照時間が予想を下回り、実際の売電収入が8千円になったとする。その場合、政府が家計に売電収入として8千円ではな

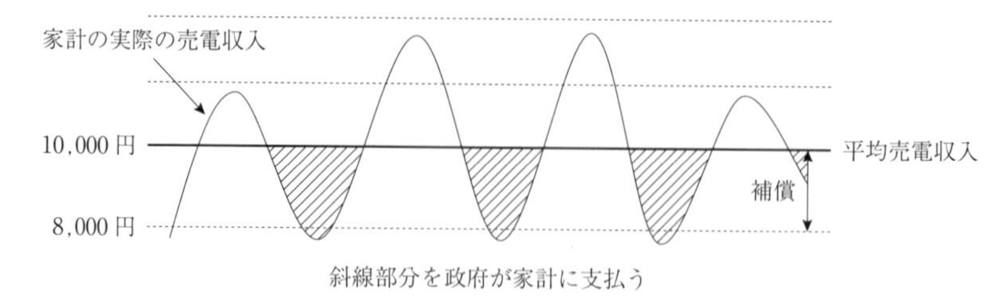

図補－4　売電収入の平均を最低額として補償する方式

く1万円を支払う。一方、ある月の実際の売電収入が1万2千円であるならば、家計に売電収入として、1万円ではなく1万2千円を支払うことになる。β 方式においては、売電収入が8千円の場合、α 方式と同様に1万円を支払うけれども、売電収入が1万2千円の場合、α 方式と違い1万円ではなく1万2千円を支払うことになり、唯一、この点が α 方式との違いである。

⑤　したがって、家計は、売電収入の平均を最低額として受け取ることができるので、最長回収期間が確定する。例えば、設置費用を200万円とし、政府が毎年の売電収入の平均の最低額を20万円と決定するならば、最長回収期間は10年となり、日照時間が予想を上回れば、それだけ予想回収期間は、短くなることが期待される。

以上の2つの方式を比較するならば、β 方式の方が、α 方式よりも政府の財政負担を伴うけれども、需要の増加が期待できる。したがって、α 方式を β 方式の効果に近づけようとするならば、α 方式に補助金（図補－3において2,000円）を加えることによって、需要を増加させることが期待できる。最後に、将来の所得を評価する、且つリスク回避的な人々への方式を考えてみよう。現行制度に加えて、上述の β 方式が導入され、最長回収期間が確定したとしても、自費で設置しない層がおり、そのような人々を B_4 層としよう。B_4 層の需要を増加させるために、β 方式とリース方式を組み合わせることが考えられる。この方式によって B_4 層の需要が期待できる。

以上述べたように、太陽光発電の普及のための現行の政策は、「住宅用太陽光発電導入支援対策補助金」および「太陽光発電買い取り制度」であるが、2020年までに温室効果ガスを1990年比25%削減するという目標達成に向けて、いっそうの多様な政策が必要になる。それゆえ、われわれは、本書で太陽光発電を普及させる具体的な提案を行った。すなわち、B_1層（予想回収期間の長さを懸念する人々）に対しては、「現行の制度を充実させて、予想回収期間を短くする方策」、B_2層（最初に一定額の資金を使うことをためらう人々）に対しては、「太陽光発電設備のリース方式」、B_3層（平均売電収入が不確実なので、予想回収期間も不確実であると考えるリスク回避的な人々）に対しては、「売電収入補償方式-(1)売電収入の固定額を支払う方式」、(2)売電収入の平均を最低額として補償する方式」、B_4層（一定額の資金を最初に使うことをためらう、且つリスク回避的な人々）に対しては、「売電収入の平均を最低額として補償する方式とリース方式の組み合わせ」という提案である。

小　括—われわれの提案—

2011年3月11日に発生した東日本大震災を契機として、再生可能エネルギーの期待が高まっている。そこで、現在も政策手段として採られ、今後も期待される再生可能エネルギーの活用が有力な手段であるが、さらに普及促進させるならば、現行制度に加えニーズに合わせて広範かつ多種多様な方式の組み合わせによって普及を拡大していくことが重要である。われわれは、現行制度を補完する方式として、「売電収入補償方式-(2)売電収入の平均を最低額として補償する方式」が、最も注目に値する方式と考えている。再生可能エネルギーの活用が期待されるなか、太陽光発電の需要を拡大させるために、今後、多方面からのさまざまな提案が出されることを期待したい。

次章では、太陽光発電の需要を大幅に増やすための方策として、多面的効果があるにもかかわらず、国レベルの政策案としては、実現しなかった環境対策型国債発行による太陽光発電普及策を踏まえ、その意思を継承し、市民参加型資金調達として、地域レベルにおいて実現している太陽光発電屋根貸し制度における現状と課題について考察する。

注

1）　拙稿（2011）「家計における太陽光発電普及のための提案」『立命館經濟學』(60

巻2号）pp. 112-130を一部加筆修正し、博士論文の副論文に該当するものである。

2） 政府が基準としているのは、「太陽光発電システムコスト回収への試算」の予想回収期間である。「太陽光発電新たな買い取り制度について（余剰電力買取制度）」（2009年12月13日）。資源エネルギー庁webサイト〈http://www.enecho.meti.go.jp/kaitori/surcharge.html〉

3） 我が国では「環境基本法」（平5法91）第10条で、6月5日を「環境の日」と定めている。その後、環境庁（当時）は、環境の日を含む6月を環境月間とすることを提唱し、関係省庁や地方公共団体、民間団体などによる各種普及啓発事業が行われている。環境省では、環境展エコライフ・フェアの開催や、環境保全に功労のあった人の表彰などを実施している。例えば、大阪市では「環境問題をテーマにしたこども絵画・作文の展示」「ごみ減量推進パネル展」「環境監視情報システムを利用した環境教室の開催」の取り組みが挙げられる。「平成23年度環境月間データベース」環境省webサイト〈http://www.env.go.jp/guide/envdm/h23repo/list.php3〉

4） 太陽光発電システムのコスト低減は、今後の太陽光発電の大幅な導入拡大の鍵を握る重要な要素のひとつである。「太陽光発電ロードマップ（PV2030+―2050年を視野に入れた太陽光発電の技術開戦略）」によれば、システムのコスト低減により、太陽光発電は順次グリッドパリティ（系統電力と競合できる価格：2020年までに家庭用電力（23円/kWh）、2030年までに業務用電力（14円/kWh）、2050年までに事業用電力（7円/kWh）を実現するとしている（伊藤 2010 p. 26）。

5） 内閣府「新たな成長に向けて」（2009年4月9日）。麻生総理大臣（当時）が、同題目での講演のなかで「低炭素革命」に向けたビジョンを示した。それは、2009年4月に発表した経済危機対策に盛り込まれた。内閣府webサイト〈http://www.kantei.go.jp/jp/asospeech/2009/04/09speech.html〉

6） 政府による「住宅用太陽光発電導入支援対策補助金」は、1994年に「住宅モニター制度」として始まり、その後「住宅用太陽光発電促進事業」として2005年まで継続された。1kW当たりの補助額は、制度導入時には90万円であったが、順次減額した。2003年度には9万円、その後2004年度は4.5万円、2005年度には2万円まで引き下げられ、2005年度に一旦廃止された。その後、政府は、「福田ビジョン」の発表に太陽光発電を重視した政策を打ち出し、2009年1月補助制度を再開した。2009年11月の「事業仕分け」では「全量固定価格買取制度」へ再編すべきとし、当該補助の予算計上を見送る結論が出た（伊藤 2010 p. 21）。支援が重複しないよう、補助制度を廃止した上で全量買取制度を導入するべきとの意見が出されている（近藤 2010 p. 8）。

7）「住宅用創エネルギー機器等（太陽光発電システム）補助制度について」東京都環境局webサイト〈http://www.kankyo.metro.tokyo.jp/climate/renewable_energy/solar_energy〉

8）「地球温暖化基本法案」には、温室効果ガスの削減目標とともに、「再生可能エネルギーの全量固定価格買取制度」の創設が盛り込まれた。同買取制度は、今後の再生可能エネルギーの普及施策の中心となることが期待される（近藤 2010 p. 5）。
「電気事業者による再生可能エネルギー電気の調達に関する特別措置法案について」（2011 年 3 月 11 日）News Release 経済産業省 web サイト〈http://www.meti.go.jp/press/20110311003/20110311003.html〉
経済産業省は、「電気事業者による再生可能エネルギー電気の調達に関する特別措置法案」を第 177 回通常国会に提出した。本案は、エネルギー安定供給の確保、地球温暖化問題への対応、環境関連産業の育成等の観点から再生可能エネルギーの利用拡大を図るため、固定価格買取制度を導入するためのものである。

9）「買取制度ポータルサイト」資源エネルギー庁　web サイト
"2011 年度の買い取り価格（太陽光発電の余剰電力買取制度）"
太陽光発電の余剰電力買取制度：2011 年度買取価格が住宅用（10 kW 未満）42 円/kWh、住宅用（10 kW 以上）及び非住宅用 40 円/kWh 等に決定した。〈http://www.enecho.meti.go.jp/kaitori/23kakaku.html〉

10）「2011 年 4 月分電気料金から太陽光発電促進付加金の負担が開始」政府広報オンライン〈http//www.gov-online.go.jp/pr/theme/taiyokohatsuden_kaitoriseido.html〉

11）太陽光発電促進付加金の単価は、居住する管内の電力会社が買い取る費用の総額により異なるので、電力会社ごと、年度ごとに変化する。資源エネルギー庁 web サイト〈http://www.enecho.meti.go.jp/kaitori/surcharge.html〉

12）伊藤葉子（2010）p. 27。

13）今、残された不公平性の問題があるとすれば、太陽光発電設備の設置が物理的に不可能な家計に対して、政府が何らかの対応策をとることが必要である。

14）平均売電収入を規格化するには、例えば、各地域における各太陽光発電設備の発電効率には差が生じるので、克服すべき実行上の課題を伴うことが予想される。

第4章

太陽光発電普及のための市民参加型「屋根貸し」制度の現状と課題

序　文

気候変動に関する政府間パネル（Intergovernmental Panel on Climate Change: IPCC）第5次報告書（2014年10月承認）によれば、21世紀には、地上気温は全ての排出シナリオにおいて上昇する。多くの地域では熱波はより頻繁に発生し、また長く続き、極端な降水はより強くまた頻繁になる可能性が高いこと、海洋では平均海面水位の上昇が続くこと等が予測されている。今後、地球温暖化はさらに進行し、世界規模の気候変動の影響は、拡大して深刻化するという予測であると指摘している[1)]。

2015年12月、パリで開催された国連気候変動枠組み条約第21回締約国会議（COP21）は、2012年から4年の交渉を経て、パリ協定（Paris Agreement）とその実施に関わるCOP協定を採択した。その内容は、世界の平均気温上昇を産業革命前と比較して2度未満に抑制し、海水面の上昇から海抜の低い国を守るため1.5度以内に抑制するよう努力すること、そして今世紀後半に温室効果ガスの排出を実質ゼロにすることを長期目標とした。気候変動リスクへの危機感に加えて、再生可能エネルギーの大量普及と技術革新による再生可能エネルギーへの転換が世界的に進行しつつあることが協定成立の背景にある[2)]。パリ協定は、2016年9月3日、温室効果ガス最大排出国である中国と米国が協定に批准し、同年11月4日に発効した。同協定でどれだけ実効性をもたせることができるのか、今後、各国の姿勢が問われることになる[3)]。

それに呼応して、日本政府は温室効果ガス排出量を2030年度に2013年比26％削減（2005年度比25.4％削減、約10億4200万$t\text{-}CO_2$）を表明した。目標達成のための施策として、2014年4月に閣議決定された第4次エネルギー基本計画には、2050年に温室効果ガス80%排出削減が日本の長期目標に盛り込まれた[4]。その実現に向けて、何が必要なのだろうか。

我が国の2012年度の温室効果ガス総排出量は、約13億4300万トンであった[4]。これまで、京都議定書第一約束期間（2008～2012年度）における温室効果ガス1990年比6％削減目標を掲げて、京都議定書目標達成計画に基づく取り組みを進めてきた。その結果、森林吸収源や京都メカニズムクレジットによる削減分を加えると、その削減目標を達成することになる。温室効果ガスの大部分は、二酸化炭素（以下、CO_2と表記する）であり、CO_2排出と密接に関係しているのがエネルギー消費である。2012年度のCO_2排出量は12億7600万トン（1990年比11.5%増加）であった。

また、過去10年間のCO_2排出量の推移をみると、2007年までは、ほぼ一定の排出量であったが、2009年に大きく減少している。これは2008年、米国の金融危機後による経済活動の落ち込みによるものと考えられ、2012年には2007年以前の排出量と同程度となった。増加した主たる要因としては、2011年3月11日発生した東日本大震災以降の火力発電の増加による化石燃料の消費量の増加が挙げられる。その内訳を部門別にみると産業部門からの排出量は4億1800万トン（同13.4%減少）であった。また、運輸部門からの排出量は2億2600万トン（同4.1%増加）、業務その他部門からの排出量は2億7200万トン（同65.8%増加）、家庭部門からの排出量は2億300万トン（同59.7%増加）であった[5]。

以上のことから、我が国の部門別CO_2排出量は、産業部門が最も多く、次いで商業・サービス・事務所等の業務その他部門、運輸部門、家庭部門、工業プロセスとなる。産業部門、運輸部門は年々減少の傾向にあるが、業務その他部門、家庭部門は増加の傾向にある。産業部門や運輸部門では経済活動に左右される部分もあるが、省エネルギー（以下、省エネと表記する）技術の進展によりCO_2の排出量が減少しているといえる。それに対して、民生部門（業務部門と家庭部門）での増加が顕著になっている。主たる要因として、快適さや利便性を求めるライフスタイルを背景にエネルギー消費の増加が挙げられる。いわゆる家庭部門での省エネが必要になっている[6]。

では、2030年までに国際公約されたCO_2の排出量を2030年度に2013年比26%削減するためには、家庭部門において、どのような方法があるのだろうか。ここで注目したいのが、積極的なライフスタイルの転換や市民参加型の取り組みの重要性である。実際、大多数の市民は日々の生活における省エネ、節エネに努力し一定の成果を挙げており、かつエコプロダクツの選択的購入などの環境配慮型行動が行われている。環境問題を解決するためには、大多数の市民が、直接的・間接的に取り組まなければ、真の意味での解決になり得ない。

東日本大震災による福島第一原子力発電所の事故を受けて、集中型電源である原子力発電の安全性に対する不安が生じた。このことは、これまでの集中型電力システム（法的独占と発送電一貫体制、集中型電源に特徴づけられる）による電力の安定供給に対して疑問符が突きつけられた。例えば、震災の影響を受けなかった西日本から送電できなかった全国ネットワーク（広域運用）の脆弱性が露呈されたことである。それを契機に、集中型電源である原子力発電・化石燃料から、分散型電源である再生可能エネルギーへの期待が高まっている。このようなエネルギー転換の流れのなかで、とりわけ、太陽エネルギーの実際的賦存量が圧倒的に多く、わが国においても累積導入量が増加している太陽光発電に注目したい。そこで、本章では、現在、各家庭の屋根に設置されている小規模分散型の太陽光発電を、さらに普及させていくためには、どのような方策があるのか、その現行の取り組みの把握と課題を含め具体案を考察する。

以下、4-1では、我が国における太陽光発電の導入ポテンシャルを吟味する。4-2では、現行の太陽光発電普及を促すための支援策、固定価格買取制度の現状と課題を検討する。4-3では、3-3で考察した国家プロジェクトとして提案された小宮山案を継承しつつ、自治体が創意工夫した方式として、屋根貸し制度について考察する。4-4では、市民共同発電所をはじめとして、官民協働による太陽光発電屋根貸し制度のさまざまな取り組みを考察する。その上で、太陽光発電「屋根貸し」制度の現状と課題を提示したい。

4-1　我が国における太陽光発電の導入ポテンシャル

4-1-1 「長期エネルギー需給見通し」の位置づけと概要

現在、2030年度にCO_2排出量を2013年比26%削減するための国内対策を着実に実施することが当面の課題である。とはいえ、東日本大震災による福島第一原子力発電所の事故以降、我が国のエネルギー事情は深刻化している。エネルギー白書（2015）によれば、海外からの輸入に頼る化石燃料への依存度は高まり2013年度では88%とされる。またエネルギー自給率は、第一次石油ショック時の1973年に9.2%であったが、2010年に19.9%にまで改善された。しかしながら、近年の推移をみると、原子力発電所が停止した結果、2011年に11.2%、2012年に6.3%、2013年時点においても6.0%と低下している。

以上のように、我が国のエネルギー事情、とりわけ原子力発電のような集中型電源が懸念されるなか、分散型電源である太陽光、風力、中小水力、バイオマス、地熱等の再生可能エネルギーへの期待が高まっている。現在、再生可能エネルギーの発電電力量の割合は、2010年度1.1%から2012年度では、2.2%となり、僅かであるが増加傾向にある（図4－1）。他方で、原子力発電所を代替する形で、今後、大手から新電力まで47基（設備容量：2250万kW）の石炭火力発電所の新設が計画されている。

福島第一原子力発電所の事故後に進められたエネルギー政策の見直しの争点は、原子力発電を今後どのようにするかであった。政府（民主党政権時）において、電力システム改革を実施するための政策の検討が始められた。これは、既存の電力供給体制を大きく変え、より効率的で安定的なエネルギー利用を進めることを目的とした。その内容は、安定供給の確保、電気料金の抑制、需要家の選択肢や事業者の事業機会の拡大とされ、これに基づき電気事業法が改正された[7)]。電力システム改革は、発送電分離と電力自由化を柱としている。その進展状況をみると、2013年4月「電力システムに関する改革方針」が閣議決定された後、同年の送配電網を地域的観点から運用する「広域的運営推進機関」創設（2015年4月）を含む、電気事業法の第1弾改正

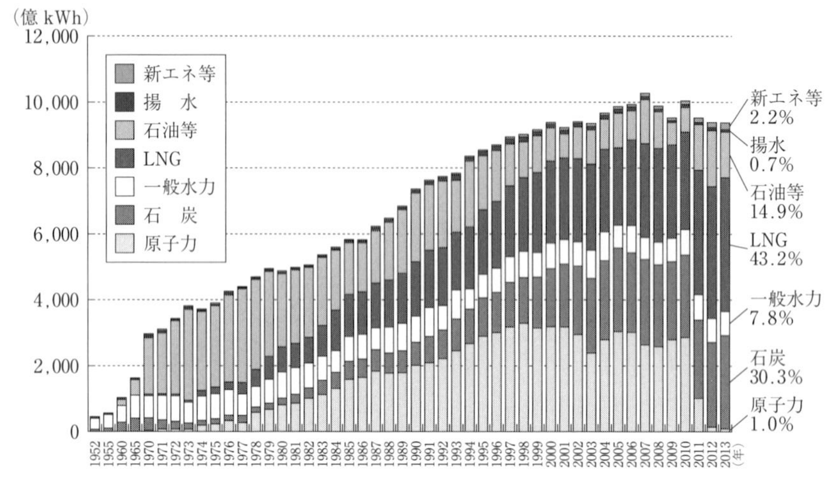

図 4－1　日本のエネルギー発電電力量の割合

（注）　1971 年度までは沖縄電力を除く。
（出所）「発電電力量の推移（一般電気事業用）」『エネルギー白書 2015』p. 150。

が行われた。これに続いて、翌 2014 年には、小売全面自由化を定めた、同法の第 2 弾改正が行われた。これにより、2016 年 4 月から、一般家庭も電力会社や電力メニューを自由に選べるようになった。最後に、発送電分離を実行に移す第 3 弾改正法が、2015 年 6 月に成立した。これを受けて、2020 年には「発電」、「送配電」、「小売」の 3 部門を分社化「法的分離」することが実行に移されることになる[8)]。また同改革は、再生可能エネルギーのさらなる拡大という観点からも、今回の改革は決定的に重要である。

政府は、2014 年 4 月に閣議決定した第 4 次エネルギー基本計画において、安全性・安定供給・経済効率性及び環境適合性を基本的な視点とする、エネルギー政策の方向性を定めた。こうしたなか、上述のように、2015 年 6 月に電力システム改革などの総仕上げとなる第 3 弾の電気事業法等改正案が国会で成立した。同年 7 月、経済産業省総合資源エネルギー調査会によって、責任あるエネルギー政策の柱である「長期エネルギー需給見通し」が策定された。それは、中長期的なエネルギー政策の方向性を示している。今後、この数値が政策目標となり、各種施策が実行されることになる[9)]。具体的に、「2030 年度の長期エネルギー需給見通し」における総発電量に占める割合は、再生可能エネルギー22〜24％程度、原子力20〜24％程度、LNG 27％程度、石炭26％程度、石油3％程度という電源構成である（経済産業省総合資源エネルギー調査会資料）。

今後はまず、徹底した省エネルギー化を推進し、その上で再生可能エネルギーについては、足下からの地熱、風力発電はそれぞれ約4倍、太陽光発電は約7倍に最大限導入し、火力発電は効率化を進めつつ環境負荷の低減と両立しながら活用していくとしている。原子力発電については、最大限低減した姿となっている。今後は、このバランスの取れたエネルギーミックスの実現に向けた様々な取り組みを進めていくことが求められる[10)]。

4-1-2　太陽光発電の導入ポテンシャル

太陽光発電の導入ポテンシャルは、「自然要因（標高、傾斜等）、法規制（自然公園、保安林等）等の開発不可地を除いて算出したエネルギー量」と定義される。太陽エネルギーは供給側でみれば、その日本における物理的潜在量は莫大であるが、ここでは現実的に住宅に注がれる太陽エネルギーについて限定する（NEDO 2014a）。現状における太陽光発電の主な導入形態には、住宅屋根への設置や、平坦地での地上設置などがある。その理由として、前者はサプライチェーンが既に確立されていること、後者は工事費が比較的安いことが挙げられる（NEDO 2014b）。

資源エネルギー庁によれば、太陽光発電の導入ポテンシャルは、屋根などの比較的条件の良いと考えられる場所で約54000 kW（930億kWh）である[11)]。具体的には、戸建住宅の屋根4200万kW（520億kWh）、集合住宅等の屋根1600万kW（170億kWh）、そして、公共施設や工場等の大きな屋根2600万kW（240億kWh）としている。それは、図4-2の左下に位置するゾーンである。その中心となるのは、メガソーラーではなく、1200万戸にのぼる「戸建て住宅の屋根」である[12)]。注目すべきことは、太陽光発電の大きなポテンシャルをもつ5500 kW（580億kWh）にのぼる耕作放棄地など比較的条件の良い左下に位置するゾーンから外れていることである。その理由は、耕作放棄地などの多くには送電線が敷設されていないため、送電線を新たに敷設する必要性が生じるからである。それゆえ、メガソーラーの開設には、コ

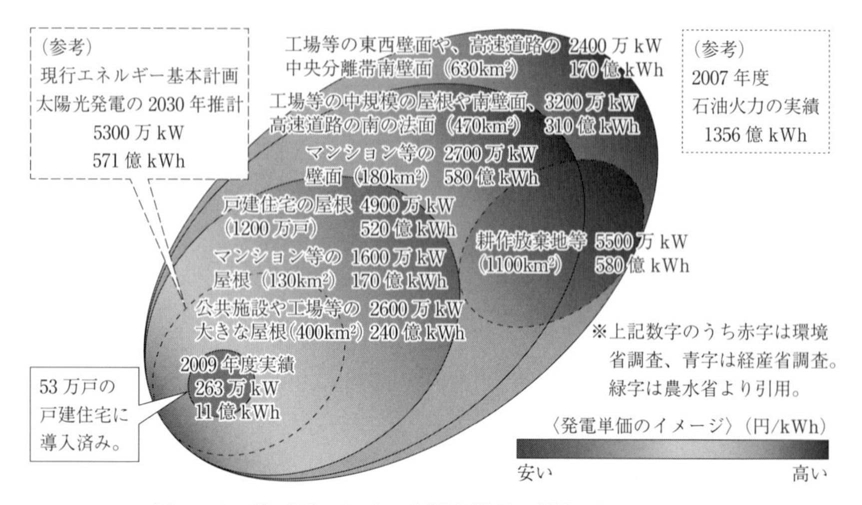

図4－2　我が国における太陽光発電の導入ポテンシャル

（出所）資源エネルギー庁「エネルギーミックスの選択肢の策定に向けた再生可能エネルギー関係の基礎資料」「コスト等検証委員会導入ポテンシャルからみた太陽光の可能性」（2012年2月22日）p. 10。〈http://www.enecho.meti.go.jp/committee/council/basic_problem_committee/theme2/pdf/01/13-3-1.pdf〉

スト面において限界がある[13)]。

資源エネルギー庁の試算によれば、我が国における1戸建ての潜在的な導入ポテンシャルは、約2700万戸であるが、上述のように、太陽光発電の導入可能な1戸建は約1200万戸であり、そのうち現時点で90万戸に導入済みであるとされる。しかし、残りの約1200万戸については、昭和55年以前の耐震基準であるため、重量のある太陽光パネルを屋根に設置することが困難であると仮定している。すなわち、住宅の耐震強度の問題から導入可能先とはならず、建て替えられるか、太陽電池モジュールの軽量化や設置技術の改良などが達成されない限り、これらの住宅を導入先とすることによる導入ポテンシャル拡大の余地はなく、立ち遅れているのが現状である。

太陽光発電の導入可能量に対する調査において、考慮している主たる制約条件は建築時期（耐震基準適否）であるが、物理的制約条件のみを考慮した導入可能量に対する、その他制約条件も考慮した導入可能量の比率を見ると、現状は約58％であるのに対し、2020年は約73％、2030年には80％以上としている。この結果は、住宅等の建て替え等によって耐震基準を満たしていない建物が減少し、建築基準を満たしている建物が増加していくことを反映しており、建物新築時における積極的な導入を推進していくことの必要性を示唆している[14)]。我が国における戸建て住宅の足下の導入量は90万戸程度であるが、太陽光発電のさらなる普及を促すうえで、住宅の屋根等、比較的導入が容易な「屋根貸し」制度の導入の工夫が必要ではないだろうか。

4-2　再生可能エネルギー普及支援策
―固定価格買取制度―

我が国は、2016年5月に閣議決定した地球温暖化対策計画において、2050年までに80％のCO_2排出削減を目指すという、長期的な目標を見据えた戦略的取り組みを掲げている。政府は、その実現のために、今後、再生可能エネルギーの導入をよりいっそう増加させることが求められる。植田和弘・梶山恵司（2011）によれば、エネルギーは国のインフラである。再生可能エネルギーのような従来システムでは対応できない新しいエネルギーを導入するためには、それを支える制度や規制（緩和・強化）、新たな基準作りが必要である。例えば、電力は系統に接続しなければ使用できないし、そのためには、系統に接続できる仕組みが不可欠である。このため、再生可能エネルギーで作った電力を電力会社にあらかじめ決められた価格（固定価格）で買い取る義務を負わせる、電力の固定価格買取制度（Freed-in-Tariff、以下、FITと表記する）を整備することが不可欠である、と指摘している。

4-2-1　再生可能エネルギー導入の意義

再生可能エネルギーを導入することの意義を考えてみよう。まず第1に、我が国においては、エネルギー供給の約5割を占める石油の中東依存度が約8割に達している。脆弱なエネルギー供給構造が依然として解決していないため、再生可能エネルギーを導入することによって、エネルギー自給率が向上し、原子力発電や化石燃料のような集中型電源への依存度を低下させることができる。第2に、近年、地球温暖化への対策が世界的に求められており、我が国にとってもエネルギー起源のCO_2が温室効果ガスに占める問題をどのように抑制していくかが重要な課題となっている。それゆえ、分散型電源である太陽光、風力、バイオマス等の再生可能エネルギー導入は、火力発電所の燃料調達とコストの抑制、CO_2排出量の削減に寄与し、地球温暖化対策に貢献する。

以上のように、再生可能エネルギー導入の拡大は、エネルギーの多様化によるエネルギー自給率の向上（安全保障の強化）や低炭素社会の創出に加えて、新しいエネルギー関連の産業創出・雇用拡大の観点からの意義が大きく地域活性化に寄与することも期待される。したがって、将来に向けて、さらなる再生可能エネルギー導入の普及拡大が必要である。その一方で、発電コストの水準が、これまでの化石燃料起源のエネルギーと比較すると相対的に高く、再生可能エネルギーの活用による供給の不安定性、環境影響の点で課題が残されており、今後の技術開発、および制度設計によって、それを解決することが求められる。

4-2-2 再生可能エネルギーの導入状況

東日本大震災による福島第一原子力発電所の事故を受けて、それを契機として、集中型電源から分散型電源である再生可能エネルギーへの期待が高まっている。分散型電源である再生可能エネルギーの現在の導入状況はどのようになっているのであろうか。我が国において開発が進んできた水力を除く再生可能エネルギー全体の発電量に占める割合は、FIT 導入前、2010 年度の 1.4％から、再生可能エネルギーの導入の主たる支援制度である FIT 導入後、2014 年度では 3.2％に増加傾向である。すなわち、2012 年 7 月より開始した FIT の後押しにより、再生可能エネルギーの導入量は飛躍的に増加したのである[4)]。このことは、同制度によって、発電設備、初期投資コストの回収の見通しが立ちやすくなり、再生可能エネルギーへの投資や参入を促進する結果となっている。資源エネルギー庁（2016b）よれば、FIT 開始前の再生可能エネルギーの導入量は、表 4－2 で明らかなように、約 2060 万 kW に対して、FIT 開始後 2015 年 9 月末時点での FIT 後の増加分は 2365 万 kW と倍増している[15)]。制度開始後の導入量、認定量ともに太陽光

表4－2　再生可能エネルギー発電設備の導入状況（2015年9月時点）

単位(万kW)

	設備導入量（運転を開始したもの）		認定容量
再生可能エネルギー発電設備の種類	FIT導入前（2016年6月迄の導入量）	FIT導入後(2012年7月～2015年9月導入量)	(2012年7月～2015年9月迄の認定量)
太陽光（住宅用）	470	822.3(　+352.3)	(　+418)
太陽光（非住宅用）	90	2,018.8(+1,928.8)	(+7,558)
風　力	260	296.5(　+36.5)	(　+233)
中小水力	960	972.4(　+12.4)	(　+71)
バイオマス	230	264.1(　+34.1)	(　+268)
地　熱	50	50.9(　+0.9)	(　+7)
合　計	2,060	4,325　(+2,365　)	(+8,555)

(注)　制度導入後の増加分を括弧内に示す。
(出所)　経済産業省第20回調達価格算定委員会、配布資料1「再生可能エネルギーの導入状況について②」参照し作成。

発電が約9割以上を占めていることがわかる。

実際、新聞報道によれば、各電力会社が2014年夏に電力需要がピークを迎えた時間帯での電力の確保は、太陽光発電が原発12基分に当たる計1千万kW超の電力を生み出し、供給を支えていたとしている。すなわち、2年前は供給量の約1％に過ぎなかった太陽光は、6％台に急伸したのである。九州電力川内原子力発電所（鹿児島県）が2015年8月に再起動するまで、約1年10カ月に亘り国内の「原発ゼロ」が続いた間に太陽光発電が欠かせない電源に成長したことが明確になった。当該原子力発電所の出力は1基89万kWであるので約12倍の電力を生み出したことになる[16)]。

各地域での市民による共同発電所の設置状況をみれば、2012年以降のFIT導入は、一般的な再生可能エネルギー発電設備の導入と同様に、太陽光発電を中心として各設備を加速させてきた。地域の市民共同発電所の設置状況は、2013年9月時点で458基を数え、2015年度中の稼働予定を合わせると821基にのぼる。1994年から設置が開始され、とりわけ2013年には、前年7月からFITを受けて55基の積極的な設置が可能となっている。また電源種類別の基数でみると、太陽光415基（90.6%)。風力28基（6.1%)、小型風車10基（2.2%)、小水力4基（0.9%)、太陽熱1基（0.2%）となってお

表4－3　市民・地域共同発電所の設置状況およびプロジェクトベースの事業主体数

市民・地域共同発電所の設置状況

年　度	基数	電源別	基数	出力(kW)
1999年度設置～2013年9月時点	＊458	太陽光	415	8359
		風力	28	42240
		小型風車	10	
		小水力	10	1035
		太陽熱	1	7

＊2013年に55基設置されて、2015年度には821基にのぼる。

⇒

プロジェクトベースの事業主体

事業主体	事業主体数
NPO法人	119
任意団体	35
有限会社	26
一般社団法人	15
温暖化防止センター	15
株式会社	15
自治体による協議会・生協他	30

（出所）　氏川恵次（2016）p. 3を参照、一部加筆し、筆者作成

り、太陽光発電の設置が大多数であることがわかる[17]。その実態は、資金調達からみれば、市民・住民による寄附や市民ファンドが大半であったが、中には匿名組合による比較的大規模な設備導入もみられる。また地域との関係についても、各種協同組合や自治体による協議会等による太陽光発電設備の設置、および自治体による太陽光発発電の設置場所の提供という支援など、密接なつながりを呈するようになってきている（表4－3）。

表4－4が示すように、我が国の原子力発電の発電コストは10.1円/kWh、石炭火力発電は12.3円/kWh、LNG火力は13.7円/kWh程度となっている。一方で再生可能エネルギーの発電コストは、太陽光発電（住宅用）29.4円、同（非住宅用）24.3円/kWh、風力発電（陸上）については21.9円/kWh程度と、新興国や中国のメーカーの台頭によってシステムの製造コストが安価になっている現状を踏まえても、我が国の再生可能エネルギーの発電コストは依然として割高である[18]。発電コストの低減を進めて2020年に14円/kWh、2030年に7円/kWhを実現し、消費者に選択されるエネルギー源となることで、自立的に普及する再生可能エネルギーとなること、また分散型エネルギーシステムにおける昼間のピーク需要を補う等、エネルギー供給源として重要な役割を果たすことを目指すものとしている（NEDO 2014b）。

「長期エネルギー需給見通し」において、エネルギーミックスを決定する

表4－4 「発電コスト2014年モデルプラント試算結果概要」

（単位：円）

電　源	種　別	発電コスト	政策経費を除いた場合
太陽光発電	住宅用	29.4	27.3
	非住宅用	24.3	21.0
風力発電	陸　上	21.9	15.6
	洋　上	23.2	23.2
原子力発電		10.1	8.8
石炭火力		12.3	12.2
LNGガス		13.7	13.7

（注） 政策経費とは、発電事業者が発電のために負担する費用ではないが、税金等で賄われる政策経費のうち電源ごとに発電に必要と考えられる社会的経費をいう。

（出所） 総合資源エネルギー調査会「発電コスト検証ワーキンググループ（第6回会合）平成27年4月資料1」参照し作成。

にあたり、発電コストに加えて重要な根拠として、「電力コスト」の考え方が示された。これは、太陽光も含め2030年までFITの下で買取制度が続くことを前提に、買取費用と火力の燃料費という電力コストの一部を取り出して4兆円という上限を設定し、そこから導き出された数字である[19]。その中で、2030年度の再生可能エネルギー導入比率については、合計で22～24%を見込んでおり、その内訳は、地熱1.0～1.1%、バイオマス3.7～4.6%、風力1.7%、太陽光発電、7.0%、水力8.8～9.2%となっている。

図4－3が示すように、省エネ、原子力発電所の再稼働と合わせた再生可能エネルギー導入により、燃料費は9.2兆円程度から5.3兆円程度に削減することが可能となる。一方、同時に再エネの導入拡大によるFIT買取費用は約3.7兆円から4兆円程度に拡大すると見込まれる。このように、コスト面でのバランスが求められるなか、電力コストを現状より引き下げる範囲で最大限の導入をはかっていくことが求められる。これを実現するためには、①再生可能エネルギーの効率化・低コスト化等の技術開発、②系統の整備、系統運用ルールの見直し、予測制御技術の高度化、③再生可能エネルギー関連制度の見直し、を一体的に行っていくことが重要である。

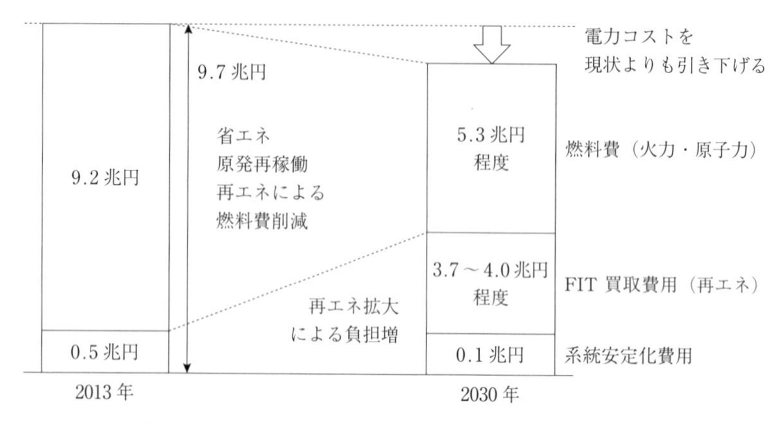

図4－3　エネルギーミックスにおける電力コスト

（出所）資源エネルギー庁（2015）「長期エネルギー需給見通し骨子（案）関連資料」（総合資源エネルギー調査会長期エネルギー需給見通し小委員会第8回資料4）参照し作成。

4-2-3　固定価格買取制度（FIT）の概要と成果

これまでの再生可能エネルギー普及のための支援策をみれば、2009 年 1 月より、5 年間の約束で、「住宅用太陽光発電導入支援対策補助金」を開始した。それは国、県および市町村から補助金額を付与され、その上限金額は徐々に引き下げるものであった。2009 年 11 月、自家消費分を除く余剰電力量を政府が定める価格で 10 年間買い取ることを電力会社に義務付ける、「余剰電力買取制度」が施行された。2012 年 7 月には、2011 年 8 月に「電気事業者による再生可能エネルギーに関する特例措置案（再生可能エネルギー特別措置法）」が可決され、「固定価格買取制度」[20] が開始された。それによって再生可能エネルギーの導入量は飛躍的に増加することになった。その買取価格及び買取期間等は、表4－5に示される。

固定価格買取制度とは、再生可能エネルギーの普及を促すために、同エネルギー発電事業者が発電する電気を、政府が定める固定価格で買い取ることを電力会社に義務付ける制度である。電力会社は買い取った電力を卸売電力市場で販売して収入を得る。しかし、同エネルギーの固定価格は卸売電力市場価格よりも高く設定されるので、電力会社にとっては、「高く仕入れて安く売る」形となり、そのままでは損失が発生することになる。そこで、同エ

表4－5　固定価格買取制度における買取価格および買取期間

電　源	調達区分		支　援　策					
			買い取り価格（円/kW）税抜き				期間	制度区分
			H24	H25	H26	H27		
太陽光	住宅用	10kW 未満	42円	38円	37円	33円＊	10年	余剰
	非住宅用	10kW 以上	40円	36円	32円	29円	20年	全量
風　力	20kWh 以上		55円	55円	55円	55円	20年	全量
	20kWh 未満		22円	22円	22円	22円		
地　熱	1.5万 kWh 以上		40円	40円	40円	40円	15年	全量
	1.5万 kWh 未満		26円	26円	26円	26円		
中小水力	1000kWh 以上3万 kWh 未満		24円	24円	24円	24円	20年	全量
	2000kWh 以上 1000kWh 未満		29円	29円	29円	29円		
バイオマス	2000kWh 未満		34円	34円	34円	34円	20年	全量
	メタン発酵ガス化		39円	34円	34円	34円		
	未利用材		32円	34円	34円	34円		
	一般木材		24円	24円	24円	24円		
	廃棄物系（木質以外）		17円	17円	17円	17円		
	リサイクル木材		13円	13円	13円	13円		

H27(1)は4月1日～6月30日、H27(2)は利潤特別配慮期間終了後の7月1日以降。
＊出力制御応援機器設置義務がある場合：35円/kwh。
（出所）　経済産業省第20回調達価格算定委員会、配布資料1「平成27年度調達価格及び調達期間について」を参照、一部加筆し作成。

ネルギー買取費用と電力販売収入の差額を太陽光発電促進賦課金（以下、賦課金と表記する）として電力料金に上乗せし、電力消費者から徴収することで電力会社はその差額を回収できる。したがって、本制度は、電力消費者の負担で再生可能エネルギー拡大を進める仕組みといえる。

一方で当該制度は、再生可能エネルギー発電事業者の投資意欲を増加させる仕組みでもある。それは第1に、事業者にとって、買取価格が固定されるため、収益の予見可能性が高まり、事業安定性が高まるからである。第2に、価格は再生エネルギーの発電の費用に加えて公正報酬率を上乗せした水準で決定されるため、再エネ発電事業者が費用合理的な水準に抑制すれば、確実に収益を上げることのできる事業になる。このことが、FIT の最大の特徴であり、それを導入した国々が再生可能エネルギー拡大に成功の要因でもある[21]。ところが、FIT 導入後の急速な再生可能エネルギー電源の拡大の結果、その電源による九州電力の電力系統への受け入れが一時中断されることになった。このことは、これまでの集中型電力システムを前提とする電力系統では、再生可能エネルギーの急速な拡大を支えきれないことが明らかになった。それを解決するための施策として、最も重要なのは、系統（送電網）運用の改善である。これは、電力需給を安定させ、かつ全国的に需給調整をすることでコストを抑えることができるからであり、再生可能エネルギーの大量導入を実現するためには必要である。

4-2-4　固定価格買取制度（FIT）の課題

主たる支援策である固定価格買取制度を進めていくならば、太陽光発電の普及にとって、どのような課題があるのだろうか。橘川武郎（2013）は次の３点を指摘している。まず第１に、本制度の買取価格が、高水準に設定されたため、買取価格に要した資金をまかなうための賦課金が増大し、増加するその負担に対して社会的批判が高まる恐れがある。第２に上述のように、太陽光発電の大きなポテンシャルを持つのは、耕作放棄地等であるが、そこでは電線を新たに敷設しなければならない場所であり、そこを開発するには、コスト面で限界がある。第３に、「戸建住宅の屋根」での発電による電源の制度区分が、表４－５で示すように、余剰電力買取方式であり、全量買い取り価格の対象になっていない。つまり、余剰買取方式では、全量買取方式に比べて、太陽光発電設備設置費用を回収するのに時間がかかるだけでなく、その間に設備機器が故障すれば、メンテナンス費用もかかる。それゆえ、余剰買取方式は、全量買取方式よりも太陽光発電の波及効果が小さいと考えられる。以上の３つの課題を克服するためには、どのような施策があるのだろうか。それは、「戸建て住宅」の屋根に太陽光発電を普及させるものでなければならない。しかし、本制度の買取価格が高水準に設定されたため、買取価格に要した資金を賄うための賦課金が増大し、さらなる電力消費者への負担が懸念されている。

FIT の開始後、既に３年間（2015 年）で、再生可能エネルギーの買取費用は約1.8兆円（賦課金は約1.3兆円）に達している現状である。この費用を全ての電力消費者にて薄く広く分配し、賦課金として負担させる仕組みがFITであるといえる。我が国においては、制度導入初期ということもあり、2015年度の標準家庭（300kWh/月使用）での負担は474円/月であったが、これは2014年度の225円/月に比較して249円/月の増加である[22]。今後再生可能エネルギーの導入普及が拡大するなかで、消費者の負担がさらに増加することへの対応が迫られている。今後、国民の負担を抑制しつつ、再生可能エネルギーの持続的な導入を実現するためには、発電コストの低減による賦課金の最小化が必要不可欠である[23]。

4-3　太陽光発電普及策としての「屋根貸し」制度の形成

2030年までにCO_2の排出量26%削減を実現するために、現在、太陽光発電普及策として注目されているのが、3-3で示した国家プロジェクトとして提案された小宮山案を継承する形で、各自治体での創意工夫を加えた「屋根貸し」制度である。本章では、屋根貸し制度の概要と仕組みを説明しよう。

4-3-1　太陽光発電「屋根貸し」制度の概要

太陽光発電の普及は、主に市民共同発電所として、NPO等が運営主体となり、市民ファンドによる資金調達を行い、自治体が協力して公共施設の屋根を提供し、そこに太陽光発電設備を設置するという取り組みが一般的であった。その後、2012年7月に開始された固定価格買取制度を活用し、対象が事業所、一般住宅まで大幅に拡充され、さらに本格的な取り組みが注目されるようになった。とりわけ、高額な特別高圧の変電設備を必要としない2MXV以下の太陽光発電設備の設置場所として有力視されるのが「屋根」である。2012年5月16日に公布された政省令パブリックコメント案[24]（回答35頁122番）において、発電事業者が複数の住宅に10kW未満の太陽光発電設備を設置し、発電出力が合計10kW以上となった全量をまとめて売電する場合を想定した基準が設定された。そのなかで、固定価格買取制度のもと、住宅の屋根の場合は、余剰電力買取方式の対象になるが、住宅の屋根に設置する10kW未満の設備を複数あわせて10kW以上とすることによって、全量買取方式の対象となることが認められたのである。

2030年における電源構成について、2012年6月政府内（民主党政権時）に設置された「エネルギー・環境会議」は、原子力発電の依存度をめぐり、「0％シナリオ」、「15％シナリオ」、「20‑25％シナリオ」の3案を提示し、国民的議論にかけられた。具体的な施策として、①「0％シナリオ」では太陽光発電を1200万戸に設置、②「15％シナリオ」では、1000万戸の戸建住宅の屋根に太陽光発電を普及させることとなった[25)]。国民的議論の末、2030年代に原発ゼロ社会を目指すことを柱にした「革新的エネルギー・環境戦略」が2012年9月の閣議でとりまとめられた。しかし、2012年12月末、自公政権に変わると、「革新的エネルギー・環境戦略」が撤回され、エネルギー政策は見直された。その結果、政府（自公政権）において、2014年4月閣議決定されたのが、「エネルギー基本計画」である[26)]。

我が国において、「戸建住宅の屋根」に太陽光発電を普及させるうえで、期待が高まっているのが、「屋根貸し」制度である。これは、発電事業者が一般家庭の屋根を借りて太陽光発電を設置し、電力会社との交渉やメンテナンスにも責任をもつという方法である。具体的には、自宅の屋根を貸す一般家庭は、太陽光発電設備の設置料を負担しないで当該設備を設置でき、また電力会社との交渉やメンテナンスからも解放される。一方で屋根を貸した相手の発電事業者から、屋根の賃料を定期的に受け取ることになる。このような「屋根貸し」制度が成り立つのは、多くの家庭の屋根を借りて、太陽光発電を行う事業者自体が発電事業者であり、したがって、余剰電力方式ではなく全量買取方式が適用されるからである（発電事業者が取り扱う太陽光発電設備は10kWを超える）。当然ながら、全量買取方式にも賦課金負担の課題は残るが、それでも「屋根貸し」制度によって、我が国における太陽光発電の普及が促進される可能性が高い[27)]。それに呼応して、各自治体が、そのための太陽光発電「屋根貸し」マッチング事業等の取り組みが動き始めている。

4‑3‑2　太陽光発電「屋根貸し」制度の仕組み

太陽光発電「屋根貸し」制度に共通する基本的な仕組みを京都市における

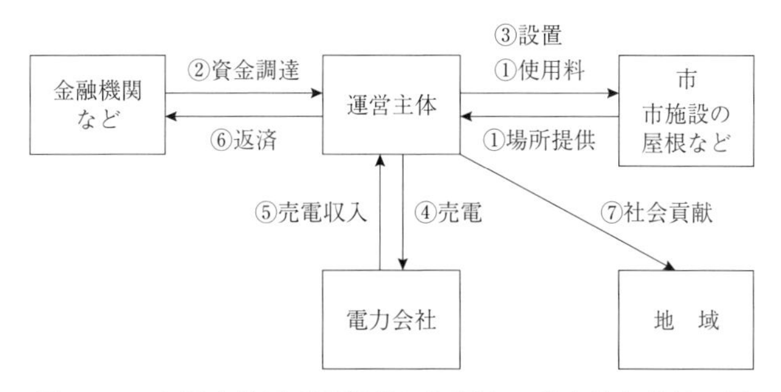

図4－4　太陽光発電「屋根貸し」制度の基本的な仕組み図

（出所）　京都市役所 web サイト「京都市太陽光発電屋根貸し制度について」参照し作成。〈http://www.city.kyoto.lg.jp/kankyo/page/0000169207.html〉

太陽光発電屋根貸し制度[28]（図4－4）に則して説明しよう。

まず、運営主体は、市内に事業所を有する一般財団法人、またはこれらで構成する連合体が担う。当市は、運営主体に市の施設の屋根を発電設備の設置場所として提供し、運営主体である発電事業者と屋根賃貸借契約を締結する。①運営主体は同契約に従い、借り受けた屋根の使用料を市に支払う。②運営主体は、設備設置に要する資金を金融機関より調達し、③その資金で太陽光発電設備を市が所有する施設の屋根に設置する。④そこで創られた電気を電力会社に全量売電する。⑤その売電収入から、⑥金融機関から融資を受けた設備設置資金を返済する、という仕組みである。それによって、地域内にエネルギーが循環するだけでなく資金も循環すると共に、小学校・中学校、高校の屋根に設置された場合は、再生可能エネルギー普及として環境教育の場として、積極的に活用されることになる。

4-4　太陽光発電「屋根貸し」制度による取り組み事例

自治体における太陽光発電普及のための支援策については、これまで、主として再生可能エネルギーの発電設備の設置場所として公共施設の屋根を提供することであったが、近年、発電事業者と施設・事業所等とのマッチング事業や自治体内の小学校・中学校、高校等の屋根を貸し出す「屋根貸し」事

表4－6　屋根貸し方式による太陽光発電の取り組み事例

	類　型	取り組み事例	運営主体	資金調達
1	個人が屋根に設置	かながわソーラーバンクシステム	各家計による	融資／個人ローン
2	「屋根貸し」方式	かながわ「屋根貸し」マッチング事業	発電事業者	融資
3		複数住宅の「屋根貸し」マッチング事業	発電事業者	融資
4		県立高校の屋根における太陽光発電事業	発電事業者	融資
5		メガさんぽおひさま発電所プロジェクト	おひさま進歩エネルギー(株)	市民出資
6		旭ケ丘中学校太陽光発電設備設置事業	旭ケ丘中学校太陽光発電事業推進協議会	寄附金
7		東近江市 Sun 讃プロジェクト	八日市商工会議所	私募債
8	メガソーラー方式	住民参加型くにうみ太陽光発電所	(一財)淡路島くにうみ協会	県民債
9		雄国太陽光発電所	アイパワーアセット(株)	市民出資
10		いちご昭和村生越 ECO エナジー	いちご ECO エナジ(株)	融資

業とする等の措置をとり行っている。そのタイプとして、第1に、個人が住宅の屋根に設置する方式、第2に、市民・事業者が個人の住宅の屋根、事業所・施設・学校等の屋根を借りる「屋根貸し」方式、第3に、市民と自治体との協働によるメガソーラー方式の3つのタイプで普及している。本章では、表4－6に則して、各自治体における太陽光発電「屋根貸し」制度による代表的な取り組み事例を考察する。

4-4-1　かながわソーラーバンクシステム—神奈川県—

2011年4月23日、県内に4年間で200万戸分の太陽光発電システムを設置することを公約に掲げ、黒岩祐治が神奈川県知事に就任した。神奈川県においては、2012年5月に太陽光発電を普及させるための「かながわソーラープロジェクト」をスタートさせ、地域分散型エネルギー体系の構築に向け、「創エネ」、「省エネ」、「蓄エネ」に総合的に取り組む「かながわスマートエネルギー構想」を2011年度から推進している。

そのようななか、同県は「創エネ」の中心となる太陽光発電の本格的な普及を図るため、市民が住宅の屋根に設置する方式の一つの取り組みとして、県とソーラーパネルメーカー、販売店、施工業者等が協力し、県民に住宅用太陽光発電設備をリーズナブルな価格で安心して設置する「かながわソーラーバンクシステム」[29]を 2011 年 12 月から開始した。黒岩知事の「自己負担ゼロ」の考えに基づき、10 年で償還が可能となることが 1 つの指標となり、県が仲介して家計が安価で太陽光発電設備設置を可能とするものである。

本システムでは、参加を希望する事業者から、住宅用太陽光発電設備の設置プランの提案を募り、県が当該プランの販売価格、数量・地域、販売・施工体制、アフターサービス等を評価し、設置プランを選考する。また、併せて「かながわソーラーセンター（主たる業務は NPO 法人に業務委託）」を設置し、同センターで太陽光発電設備に関する一般的な質問や各設置プランに関する問合せ・見積申込みの受付を行う。見積申込みについては、同センターより事業者に送付し、事業者と申込者の間で個々に協議の上、太陽光発電設備の設置に係る契約を結ぶというシステムである。その仕組みとして、県は、発電事業者から設置プランの公募を行い、パネルメーカーを中心とした企業共同体から提出された 387 件のプランから 33 プランを抽出した。企業は多くの量産効果を期待するとともに、県が仲介することによって、訪問販売・PR 費用（営業経費）が削減されるので、リーズナブルな価格を提示できたのである。

4-4-2　かながわ「屋根貸し」等マッチング事業

太陽光発電の設置手法の一つとして、東京都、神奈川県、群馬県、千葉市などでは、屋根を借りたい発電事業者と屋根を貸したい建物所有者を募り、自治体の web サイトでの公表等を通じて両者のマッチング事業が実施されている[30]。（NPO 法人）太陽光発電所ネットワークが 2013 年 7 月にまとめたレポートによると、全国の自治体の 15%にあたる 277 自治体で、太陽光発電システム用の「屋根貸し」事業が実施・検討されている。「屋根貸し」とは、従来、未使用だった屋根を発電事業者に貸し出し、事業者は売電収入か

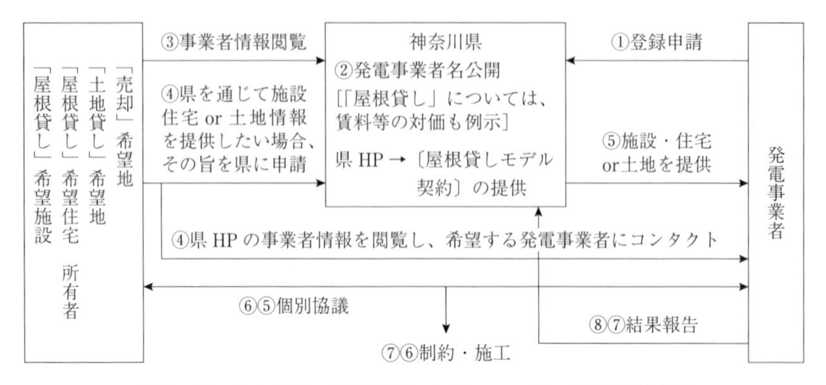

図4－5　かながわ「屋根貸し」等マッチング事業概要図

（出所）　神奈川県 web サイト「屋根貸し」等マッチング事業実施要領（2015 年制定）参照し作成。〈http://www.pref.kanagawa.jp/uploaded/attachment/764183.pdf#search=〉

ら賃借料を支払うことで、屋根を貸す側にも借りる側にもメリットがある仕組みである。2012 年 7 月に始まった固定価格買取制度を契機に新たな事業モデルとして注目され、各自治体での取り組みが増加している。

神奈川県においては、「かながわスマートエネルギー構想」に取り組み、その一環として、全国に先駆けて県有施設を対象に「屋根貸し」事業による太陽光発電事業を実施し、今後、本事業により民間施設に拡大を図るとしている。本事業の仕組みは、「屋根貸し」等を実施する発電事業者の登録を行い、神奈川県の web サイト上で公開し、これらの情報を閲覧した「屋根貸し」を希望する施設所有者等から発電事業者に直接コンタクトする、または、県を通じて「屋根貸し」等を希望する施設等の情報を発電事業者に提供することにより、両者のマッチングの機会を創出するものである。その仕組みは、図 4－5 に示される。「屋根貸し」希望施設の登録要件は以下の 4 項目すべての要件を満たすことが必要である。

①賃貸期間等：屋根を 20 年間継続して賃貸できる県内の民間施設（社会福祉法人や学校法人等が所有する施設を含む）であること。

②施設の耐震性：建築基準法に基づく新耐震基準が適用されている（1981 年 6 月 1 日以降に建築確認を受けた施設）、または新耐震基準は適用されていないが耐震補強工事が行われている施設であること。

③屋根の面積：太陽光パネルを設置できる1棟の屋根の面積が500 m^2 以上であること（傾斜屋根の場合は、北向きの面の面積を除く）。

④日照条件：周囲に受光障害物（山、森林、ビル等）がなく良好であること。

加えて、「屋根借り」希望事業者の登録要件は、法人格を有し、かつ県内に事務所を有する団体であること。また、事業者の構成要件等は設けておらず一事業者としての登録のほか、複数事業者、共同企業体（JV）、事業協同組合、特別目的会社（SPC）等として登録することもでき、複数事業者、共同企業体（JV）として登録する場合は、代表事業者を定めることとする。実際、①を踏まえて、各自治体における小学校、中学校および高校等、福祉法人の建物の「屋根貸し」事業が、数多く実施されている。

4-4-3　複数住宅の「屋根貸し」マッチング事業—神奈川県—

神奈川県では、「屋根貸し」による太陽光発電事業の普及を図るため、2014年6月から、綾瀬市早川城山地区を対象に、複数住宅の「屋根貸し」太陽光発電モデル事業[31)]として、屋根を貸すインセンティブが働く契約条件やコスト削減効果を検証の上、複数住宅「屋根貸し」マッチング事業が実施された。本事業の概要は、4-1で述べた2012年5月16日に公布された政省令パブコメ案のもと、発電事業者は複数の住宅の屋根を住宅所有者から借り受けて、各住宅に設備容量10 kW未満の太陽光発電設備を設置し、設備容量合計で10 kW以上を確保することにより、発電された電気をFIT（全量買取制度、買取期間：20年間）のもと、全量売電し、売電収入によって発電事業の採算性を確保し、その中から住宅所有者に屋根の賃料を支払う事業である。すなわち、各家庭に屋根に設備容量10 kW未満の設備を設置し、複数住宅の屋根に合計で1010 kW以上を確保することにより、各事業者の採算性を確保して全量売電を行い、その売電収入から発電事業者が住宅所有者に屋根の賃料を支払う仕組みが注目されている。複数住宅の「屋根貸し」制度の仕組みは、図4－6に示される。

発電事業者（「屋根借り」を希望する事業者）は、①県に本事業の対象となる「屋根貸し」プランとして次の内容を登録申請する。②屋根の賃貸借契約の内容を提示する。ｉ)賃貸借期間、賃料の算定方法等、屋根の葺替や住宅の

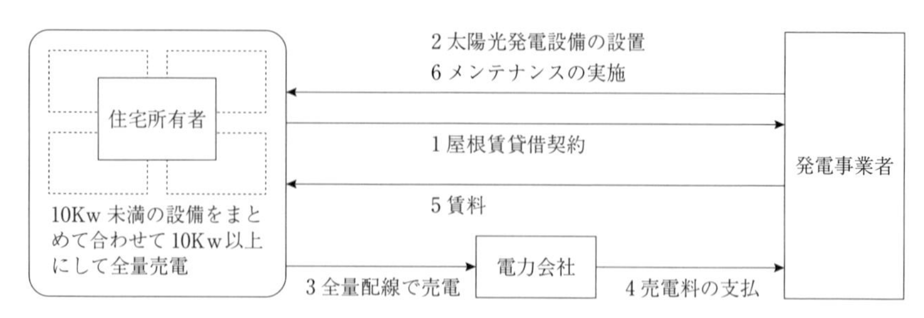

図4－6　神奈川県「屋根貸し」制度―複数住宅の屋根―仕組み図

（出所）神奈川県平成 27 年度「屋根貸し」等マッチング事業実施要項を参照し作成。
〈http://www.pref.kanagawa.jp/uploaded/attachment/764183.pdf#search=〉

建替等の場合の対応方法及び違約金の算定方法、ⅱ)雨漏りが生じた場合の対応、ⅲ)賃貸借期間終了後の太陽光発電設備の取扱、ⅳ)太陽光発電設備の主な仕様及び設置後の管理（メンテナンス）方法など。③「屋根貸し」プランを適用できる住宅の条件として、ⅰ）「屋根貸し」を希望する住宅所有者を対象に、「屋根貸し」プランの説明や現地調査等を実施。ⅱ)屋根の賃貸借契約を締結し、太陽光発電設備を設置、ⅲ)発電した電力は固定価格買取制度を活用して全量売電し、そこから賃料等の支払いを行うとともに、太陽光発電設備のメンテナンスを実施する。なお、事業者に対して、ビジネスモデルの実施を支援するため、「屋根貸し」により設置した太陽光発電設備の費用の 1/3、または出力合計に 7 万円を乗じた何れか低い額の補助金が交付されることになる（補助限度額 1400 万円）。

その仕組みとして、住宅所有者（住宅の「屋根貸し」を希望する個人又は法人）は、「屋根貸し」プランを選択し、県に「屋根貸し」申込書を提出する。②発電事業者との間で屋根貸借契約を締結し、賃貸借期間中は賃借料（表4－7）を受け取るとともに、太陽光発電設備のメンテナンスに協力する。住宅条件は、概ね 4 kW 以上の発電設備の設置が可能であること等、であり、発電設備機器は、屋根の賃貸借期間（20 年間）終了後は無償譲渡（希望すれば撤去も可）される。本事業における神奈川県の役割は、①発電事業者が登録申請した「屋根貸し」プランを精査した上で登録する。②登録した「屋根貸し」プランの公表・周知徹底する。③「屋根貸し」申込書の受付と発電事業

表4－7　複数の屋根「屋根貸し」方式における貸借契約の種類

	契約締結時	賃貸借契約中の賃料	合　計
パターン1	一時金（受け取り） 4万円×設備容量 （16万円程度）	13年目から20年目（8年間）売電料の6割 （64万円程度）	（80万円程度）
パターン2	一部負担金（支払い） 6万円×設備容量 （△24万円程度）	1年目から20年目（20年間）売電料の4割 （114万円程度）	（90万円程度）
パターン3		14年目から20年目（7年間）売電料の10割 （95万円程度）	（95万円程度）

※　（　）内の金額は、4kW設置した場合、住民が受け取る賃料等の推計額。
※　住宅条件：概ね4kW以上の発電設備の設置が可能であること等。
※　発電設備：屋根の賃貸借期間（20年間）終了後は無償譲渡（希望すれば撤去も可）。
（出所）　同上、神奈川県平成27年度「屋根貸し」等マッチング事業実施要項を参照し作成。

者へ送付することである。

4-4-4　県立高校の「屋根貸し」太陽光発電事業―神奈川県―

神奈川県においては、太陽光発電による再生可能エネルギーの拡大プロジェクトを加速させている。県は第1弾の「屋根貸し」事業として高等学校や団地など20施設の屋根を貸し出すことを決定し、合計で約32,000 m^2 を4社の発電事業者に貸し出し、2.2MWの発電規模を見込んでいる。ここでは、県が所有する施設の屋根貸出事業の第2弾を考察する。

当該取り組みは、2012年10月26日から開始された、県が県立高校に限定して、29施設の約17,000 m^2 分の「屋根貸し」事業である。本事業は、県立高校など20校の29施設を最長25年間にわたって発電事業者に貸し出す予定であり事業者を公募した。発電事業者の合計で1MW以上の発電規模になる見込みで、第1弾と合わせると3MW以上、年間の発電量は300万kWhを超えることになる。これは、一般家庭の年間電力使用量を3,000kWhとして1,000世帯分に相当する。県は、屋根の使用料として1 m^2 あたり年間で100円以上を条件にしており、第1弾の応募では事業者によって200円～315円の範囲だったことを公表している。仮に200円/m^2 として計算すると、第1弾と第2弾を合わせた約5万 m^2 で毎年500万円の収入にな

表4－8　県立高校の「屋根貸し」太陽光発電事業取り組み状況

発電事業者	校・棟	使用面積(m^2)	発電量(kW)	賃借料(円)	円/m^2
ソフトバンクエナジー	15校・22棟	5,587.26	775.2	558,726	100
PVかながわアドバンス・エナリス	3校・4棟	988	96.96	247,000	250
大洋建設	1校・1棟	345	49.92	86,250	250
町田ガス	1校・2棟	318	49.68	15,900	500
合　計	20校・29棟	7,238.26	971.96	1,050,976	／

（出所）スマートジャパンwebサイト「太陽光発電向け屋根貸し」事業者決定、発電規模は合計で約1MW」2012年12月17日〈http://www.itmedia.co.jp/smartjapan/articles/1212/17/news028.html〉参照し、筆者作成。

る。25年間で1億円超になり、自治体の財政面にも寄与する。

神奈川県によれば、第2弾に応募した発電事業者は5社で、その中から4社が選定された。その発電規模を合計すると971.76kWとなり、概ね1MWの規模になる。発電事業者4社の1m^2当たりの賃借料は、100円～500円/m^2の範囲となった。発電事業者別の取り組み状況は、表4－8に示される。賃借料で大きな差が生じているが、これは神奈川県が事業計画に織り込むことを求めた「県立学校の教育環境に資する提案」によって差が付いたと考えられる。それぞれの提案内容を見ると、LED照明の導入や学校の設備修繕に協力する、発電量を見せる機器を設置する、学生にタブレット端末を配布して、教育を支援するとの内容が明記されている[32]。

4-4-5　メガさんぽおひさま発電プロジェクト―飯田市―

飯田市は、市民団体・NPOおひさま進歩エネルギー（当時）と行政が役割分担しながら協働する取り組みが市民ファンドの発展モデルとして注目されている[33]。現在では、市所有の施設の屋根だけでなく、あらゆる施設の屋根を活用した太陽光発電施設の面的展開、すなわち、飯田市「屋根貸し」制度が導入されている。それは、省エネ基準を満たした新築住宅への集中的な太陽光発電システムの設置、太陽光発電パネルの価格低減にあわせた太陽光市民共同発電所の発展モデルにより、普及を促進することを目的としている。

飯田市は、2013年3月（同年4月施行）に全国で初めて本格的な再生可能エネルギー導入条例として、「飯田市再生可能エネルギーの導入による持続可能な地域づくりに関する条例」を制定した。同市は本条例によって、まちづくり委員会や地縁団体等が地元の自然資源を使って発電事業を行い、FITで得た売電収入を主に地域が抱える課題に使用することで、市民主導の地域づくりを進めていくことを支援するとしている。また条例の中では「地域環境権」が掲げられ、「再エネ資源は市民の総有財産であり、そこから生まれるエネルギーは、市民が優先的に活用でき、自ら地域づくりをしていく権利がある」と謳われ、市民による再生可能エネルギー事業を公民協働事業に位置づけて、地域住民が主体となり進める再生可能エネルギーの利用を推進している。その仕組みとして、地域環境権条例に基づき地域団体等から再生可能エネルギーを活用した事業実施の申請があった場合、飯田市再生可能エネルギー導入支援審査会は内容を審査し、飯田市へ答申することとなっている。この答申に基づき、同市は「地域再生可能エネルギー活用事業」[34)]として認定し、事業の信用補完や基金無利子融資、助言等の支援を行うとしている。

2012年7月に開始された固定価格買取制度を活用して、事業所、一般住宅、公共施設など、対象を大幅に拡充し、本格的な「屋根貸し」プロジェクトが可能になった。その取り組みとして、「メガさんぽおひさま発電プロジェクト―みんなで1MWの分散型ソーラー―」[35)]が実施されている。その仕組みは、図4-7に示される。具体的には、「みんなとおひさまファンド」[36)]から出資金（約4億円）の資金調達を受け、事業所・一般住宅・公共施設などの屋根や空地などを20年間借用し、市民出資を初期資金として合計1メガ規模（約30件予定）の分散型の太陽光発電を設置し発電事業を行うものである。そこから発電された電気を20年間にわたり全量売電（2015年度29円/kWh）し、出資者には、その収益から分配金が支払われる。固定価格買取制度が導入されたことに伴い、事業期間内での一定の収益が確保され易くなったことで、地域金融機関も本格的に参画するなど、再生可能エネルギー事業拡大に向け、あらゆる参画者による動きが加速している。また施設は、屋根の賃借料で施設の運営や防災機能向上のためなどに活用される。太陽光発電によって創られた電力は、非常時の電源確保にもなり、地域の防災機能

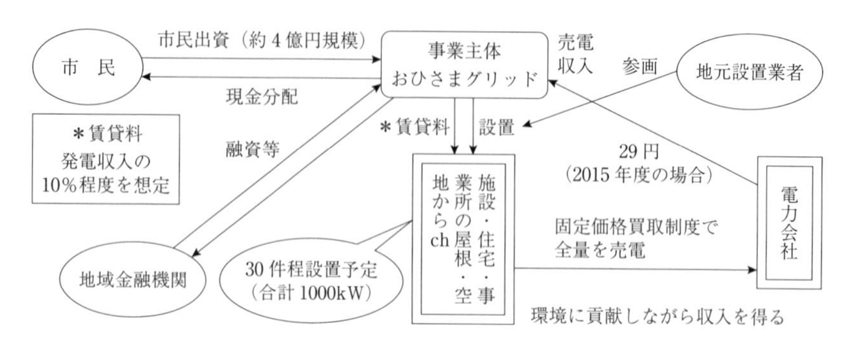

図4－7　「メガさんぽおひさま発電プロジェクト」仕組み図

（出所）　経済産業省資源エネルギー庁「なっとく再生可能エネルギー」〔再生可能エネルギーを通じた地域活性化について〕おひさま進歩エネルギー(株)webサイトより「メガさんぽおひさま発電所プロジェクト」参照し、一部加筆し作成。〈http://www.enecho.meti.go.jp/category/saving_and_new/saiene/renewable/community/ppt01.html#ppt03〉

の向上にも貢献する。同市が地域公共再生可能エネルギー事業として認定をすることで、他の自治体のモデルとなり、再生可能エネルギー設備の普及に繋がることが期待される。現在、「メガさんぽおひさま発電所プロジェクト」において、地域環境権条例に基づき、8件の事業が認定されている。

4-4-6　旭ケ丘中学校太陽光発電設備設置事業

4-4-5で示した「メガさんぽおひさま発電所プロジェクト」において、地域環境権条例に基づき、現在認定されている事業のなかから、第8号認定事業である旭ケ丘中学校太陽光発電設備設置事業37)を考察する。

旭ケ丘中学校太陽光発電設備設置事業は、「みんなとおひさまファンド」を活用し、4-4-4で示した「メガさんぽおひさま発電所プロジェクト2015」によって実施された事業である。その仕組みは、運営主体である旭ケ丘中学校太陽光発電推進協議会（構成メンバー：伊賀良まちづくり協議会、山本地域づくり委員会、旭ケ丘中学校PTA、教職員）および、おひさま進歩9号(株)が協働し、飯田市立旭ケ丘中学校の南校舎の屋根に太陽光発電設備を設置する事業である。飯田市は、その事業を「地域公共再生可能エネルギー活用事業」の第8号事業に認定し、その事業を支援するため、2015年12月22日付で、それぞれの役割を確認するための三者協定を取り交わした。同市は、①事業の安

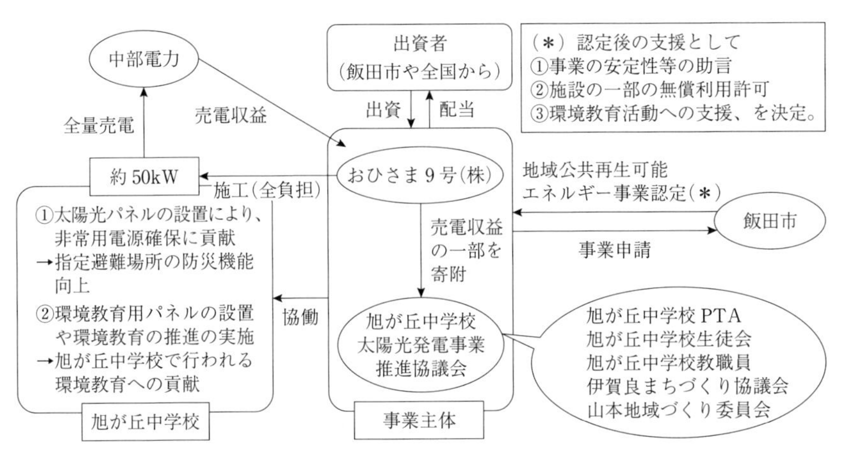

図4－8　飯田市立旭ケ丘中学校太陽光発電設備設置事業仕組み

（出所）　飯田市webサイト「地域公共再生可能エネルギー活用認定事業（第8号認定事業）旭ケ丘中学校太陽光発電設備設置事業」を参照し作成。〈https://www.city.iida.lg.jp/uploaded/attachment/25051.pdf〉

定性等の助言、②施設の一部の無償利用許可、③環境教育活動の支援等のサポートをする。

同校の太陽光発電事業の概要は、生徒会副会長に立候補した生徒が、地球温暖化について学び「学校で太陽光発電をして持続可能な社会に貢献しよう」と公約を掲げて当選したことがきっかけとなった。生徒会は主体的に学校や飯田市、地域に働きかけ、2015年8月に生徒会やPTA、地元の地域づくり委員会なども参加して太陽光発電事業推進協議会が発足し、準備を進めてきた事業である。同校舎に設置される太陽光発電設備は57.24kWで、年間発電量は61,255kWである。本推進協議会が事業主体であるおひさま進歩9号(株)からの売電収益の一部を寄附金として受け、それを原資として、旭ケ丘中学校生徒会が中心となり環境教育や地域との活動等を実施する取り組みである。それを、伊賀良地区（伊賀良まちづくり協議会)、山本地区（山本地域づくり委員会）や学校が全面的にサポートして協力する。その仕組みは、図4－8に示される。

また、おひさま進歩9号(株)が、理科室横に理科学習用の太陽光パネル発電装置を設置する。それは、生徒たちの環境教育に役立てられ、太陽光発電の仕組みを学べる教育用パネルや、防災用に体育館には蓄電設備も設けられる。このことは、当該中学校での学習効果が期待されるとともに、本事業における太陽光発電設備設置によって、災害時等に地区住民が無償で使用できる非常用電源が確保されることで、地区の防災機能向上にもつながる。生徒自らが主体的に考えて、それを学校や地域、行政、地元企業がサポートして実現した本事業、生徒自らが主体的に考えて、環境やエネルギーについて行動していく良い契機になると期待される。

4-4-7 東近江 Sun 讃プロジェクト—ひがしおうみ市民共同発電所 3 号機—

2-3 で述べたように、市民・地域共同発電所の設置状況は、2013 年 9 月時点で 458 基を数え、2015 年度中の稼働予定を合わせると 821 基にのぼる。また電源種類別の基数でみると、太陽光発電の設置が 415 基（90.6%）であり、市民共同発電所のなかでも太陽光発電の設置が大多数であった。ここでは、市民共同発電所として特徴的な事例の一つである「ひがしおうみ市民共同発電所 3 号機」を考察しよう。

当該市民共同発電所 3 号機は、設置主体が東近江市経済団体（代表「八日市商工会議所」）であり、八日市商工会議所が中心となった初めての市民共同発電所である。八日市商工会議所は、2009 年 3 月 24 日の議員総会に提言を行い、「東近江 Sun 讃プロジェクト」[38]を採択した。それは、太陽光発電の普及と三方よし商品券事業の一体推進を掲げており、次の 3 つの事業から成る。まず第 1 に、太陽光発電機器普及による地域活性化と環境「見える化」事業、第 2 に、三方よし商品券活用による地域内循環経済の「見える化」事業、第 3 に環境「見える化」拠点の連結による観光事業である。

その仕組みとして、八日市商工会議所が設立した「㈱Sun 讃 PJ 東近江」が私募債を募集して資金調達を行い、それを当該商工会議所が全額借り入れ、太陽光発電を設置するものである[39]。具体的には、八日市商工会議所が、東近江市から「滋賀県平和祈念館」の屋根を 20 年間賃借したうえで、上述の「㈱Sun 讃 PJ 東近江」が調達した資金を全額借入して、そこに 11.4 kW の太陽光発電設備を設置する。当該私募債は、責任財産限定特約付きであり、この市民共同発電所の売電で得られた利益からしか配当を行わな

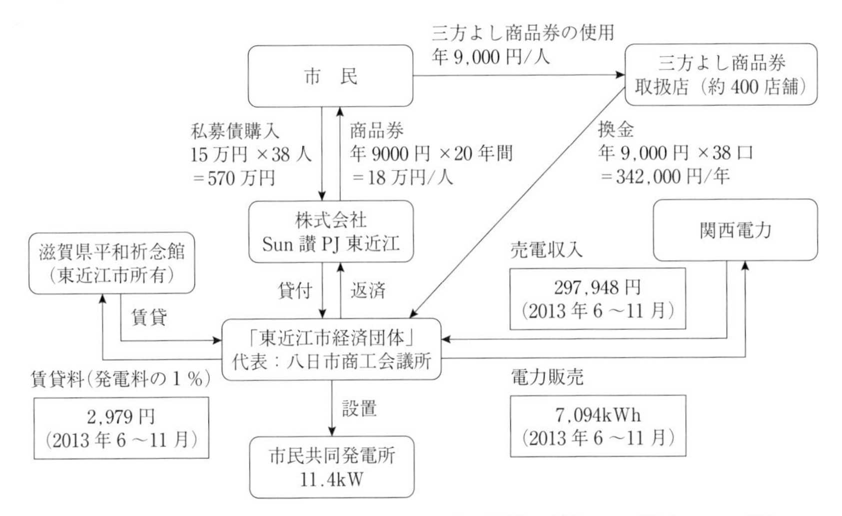

図4－9　ひがしおうみ市民共同発電所3号機の仕組み・資金フロー図

（出所）　八日市商工会議所 web サイト〈http://www.odakocci.jp/sunsun.html〉参照「東近江市 Sun 讃プロジェクトひがしおうみ市民共同発電所」、神尾俊徳（2014）を参照、一部加筆し作成。

いこととしている。当該私募債は1口15万円であり、38人の応募があり、施工費は570万円であった。配当は、「東近江市経済団体（八日市商工会議所・東近江商工会)」が発行する、「三方よし商品券」にて実施する。その仕組み・資金フローは、図4－9に示される。

東近江市経済団体は三方よし商品券の特徴として、次の3点を挙げている。まず第1に、「地元で買おう」運動である。地元商業支援の具体的なツールとして活用するものである。第2に、地元の「富」を地元で流通させ、地元を活性化させることである。すなわち、現金では地元創出の富が市外へ流出する可能性があるため、地元でしか使用できない地域商品券を活用するものである。第3に、誰もができる地域貢献活動である。当該経済団体は、売り手、買い手、そして世間と、三方よしの考えを商品券の特徴として捉えている。三方よし商品券は、市内の大型店舗でも利用でき、登録数は、現在約400店舗である。また、地域内の消費を促す効果を期待しているため、三方よし商品券の使用期限は3カ月に限定している。今後、「滋賀県平和祈念館」には設置場所に余裕があることから、最大49.5kWまで太陽光パネルの増設を図る予定である[40]。

4-4-8　住民参加型くにうみ太陽光発電所―兵庫県―

兵庫県は、地域資源を生かして、持続可能な地域社会モデルを住民、NPO、企業、行政（兵庫県、洲本市、南あわじ市、淡路市）が協働で生み出していくという「あわじ環境未来等構想」を進めている。その取り組みの一つとして、（一般財団法人）くにうみ協会が県立淡路島公園に隣接する県有地（兵庫県立淡路島公園F駐車場西側）の用地面積：13,923.12 m^2 を借り受けて、「住民参加型くにうみ太陽光発電所」を建設し、2014年3月に竣工させた[41]。当該発電事業は、第7章において、後述する。

4-4-9　雄国太陽光発電所―会津電力(株)―

会津電力(株)は、2011年3月11日の東京電力福島第一原子力発電所の事故により、その経験から集中型電源である原子力発電ではなく、分散型電源である太陽光、小水力、木質バイオマス、地熱、風力等の再生可能なエネルギーを自ら創り出して、会津から始まるエネルギー自立に向けた新たな試みに取り組んでいる。同社は、喜多方市大和川酒造社長の佐藤彌右衛門のもと、原子力発電に依存しない再生可能エネルギーによる社会づくりを目指し、2013年8月1日に会津地域の有志によって設立された会社である。地域の資本と地域の資源を活用し、安全で持続可能な再生可能エネルギーの普及とその事業を行い、多様な地域分散型エネルギーの創造と、その提供を通じて地域の経済や地域文化の自立に向けた地域社会の創造を事業とする。

2014年10月29日、会津電力(株)が運営する1 MWの太陽光発電所「雄国太陽光発電所」を竣工させた[42]。当該発電所の運営主体として、今回対象となる太陽光発電所約1.45 MWの事業に特化した事業会社としてアイパワーアセット(株)を設立した。同社は、会津電力(株)やグリーンファイナンス機構の出資を得て、ソーラーパネルの施工方法に雪国ならではの独自の工夫を凝らし、発電量は他の地域と遜色ないものを創り上げげた。また、50 kWの小規模の発電所を一気に20カ所立ち上げることを目標としており、当該発電所は非常用コンセントを備え、停電などの緊急時には地元へ電気を供給できるようにするなど、身近な発電所として地域に貢献できる。資金調達は、市民からの出資金[43)]（匿名組合出資）、「会津ソーラー市民ファンド2014」から行い、会津地域に20カ所分散して設置する50kWクラスソーラー及び喜多方市岩月の300kWソーラー（合計1.45MW）の事業に投資される。これらの事業収益から出資者に元本返還および利益分配する仕組みである。

4-4-10　いちご昭和村生越ECO発電所―いちごECOエナジー(株)―

現在、関東の北部を形成する茨城・栃木・群馬の3県では軒並み太陽光発電の導入量が拡大している。とりわけ、群馬県の赤城山の麓では、関東最大級のメガソーラーとなる「いちご昭和村生越ECO発電所」プロジェクトが進んでいる。当該発電所の発電により、村の住民が必要とする5倍以上の電力が供給できる見込みである。発電した電力は固定価格買取制度を活用して東京電力に売電して、首都圏の電力需要を満たす役割を果たすことになる。なぜなら、何れも東京電力の管内にあって膨大な電力の需要を見込めるとともに、そこでは太陽光発電の導入量が増えても出力制御の必要性が当面ない場所と考えられるからである。

メガソーラーの敷地の中には、3カ所に分散して調整池を設ける。昭和村は赤城山から流れ出る川で作られた扇状地で、過去に何度か大洪水の被害を受けたことがあり、メガソーラーの建設に合わせ調整池と排水路を設け、近くの河川に水を流す仕組みである。メガソーラーが立地する昭和村は、人口が7,700人で、総世帯数は2,600世帯である。その場所は、群馬県利根郡昭和村の土地を所有する約50軒の農家が、バブルの崩壊によって計画が頓挫していたゴルフ場の開発地に誘致したECO発電所である。彼らは、発電事業者として、「いちごECOエナジー」を選択した[44)]。

当該ECO発電所は、2015年4月、建設工事を開始、運転開始は2年後の2017年3月の予定であった。その概要であるが、利用面積、約850,000m^{2}におよび、ほぼ全面に約165,000枚の太陽光パネルを設置、発電能力は43.01MW、年間予測発電量は約5万MWhにのぼる。それを一般家庭の使用量（年間3,600kWh）に換算すると1万4,000世帯分に相当する規模である。事業主体である「いちごECOエナジー」がメガソーラーの建設に投じる事業費は総額で130億円を見込み、CO_2排出削減効果は、年間約33,000tである[45]。一方で売電収入は2013年度の買取価格（1kWhあたり36円、税抜き）を適用して年間で18億円になる。20年間の買取期間を合計すると360億円になり、運転維持費を加えても十分な収益を確保できることになる。なお、当該発電所は、2018年2月期の売電開始を予定しており、ストック収益の大幅拡大に寄与する。

このように、消費者が発電事業者というプロシューマー[46]になることで、農村地帯に新しい富がもたらされる。単なる自給自足を超え、エネルギーによる地域の自立、エネルギーの民主化といってもいいかもしれない[47]。農地法の改正は、太陽光発電用に土地を貸し出すことによって、多くの兼業農家がソーラーファーム事業者に育っている[48]。その結果、未利用の土地が新たな事業を生み出し、地域の防災対策にも効果がある。用途が見つからない広い土地にメガソーラーを建設することは、発電事業者と土地所有者の双方にメリットがあると言えるであろう。

小　括―「屋根貸し」制度の現状と課題―

3-3で論じた小宮山案は、特筆に値するものがある。同案は、多面的な効果があり極めて有効な方法であるので、ある状況のなかで積極的に公共投資をしなければならない場合、同案を活用した、すなわち国債もしくは地方債を発行して資金調達を行い、太陽光発電を推進しなければならない時期が来るのは必至だろう。小宮山案は、非常に注目されたにもかかわらず、その後、議論されていない。われわれは、環境問題の解決に向けて、小宮山案がひとつの重要な指針になると考えていた。そのようななか、各自治体において創意工夫を加えた取り組みとして、太陽光発電「屋根貸し」制度が動き始めた。本制度は、小宮山案をベースにした原理が一つの形になっており、今後、それをどのように展開していくのかが、重要な鍵になる。

現在、太陽光発電普及策として注目されているのが、「小宮山案」を継承しつつ、各自治体が創意工夫を加えた「屋根貸し」制度である。「屋根貸し」制度とは、本章で述べたように、そのタイプとして、①個人が主体的に住宅の屋根に設置する方式、②個人の住宅の屋根、事業所・施設・学校等の屋根を借りる屋根貸し方式、③メガソーラー方式の3つのタイプが普及してきている。同制度の3タイプを若干敷衍すれば、第1に、個人が自費で住宅の屋根に設置する方式である。例えば、神奈川県における「かながわソーラーバンクシステム」のように、自治体が市民に安価な費用で設備設置を可能とするプランを提供する場合である。第2に、神奈川県や飯田市等で実施されている「屋根貸し」方式である。例えば、各住宅の屋根に10kW未満の太陽光発電設備を設置し、いくつかの住宅の屋根合計で10kW以上を確保する複数住宅の「屋根貸し」太陽光発電事業の場合である。また、市民出資で調達した資金を原資に合計で1メガワットの市民共同発電所を設立する「メガさんぽおひさまプロジェクト」である。そして、八日市商工会議所が運営主体となり、私募債を発行して資金調達し、それを原資に「ひがしおうみ市民共同発電所3号機」を設立する「東近江市Sun讃プロジェクト」等である。このように、各自治体において、「屋根貸し」制度のさまざまな取り組みが開始されており、一定の成果を挙げつつある。

太陽光発電「屋根貸し」制度は、小宮山案のどのような点を継承しているのかを分析すると、「小宮山案」の場合は、国が中心的な役割を果たすのに対して、「屋根貸し」制度は、自治体が間接的な支援の役割を果たすという違いがある。太陽光発電を普及させるという目的は同じである。自治体は、直接的ではないけれども、仲介・コーディネイトなどのサポートをする推進する主体の一部になっている。そのことからすると「小宮山案」の意思を受け継いでいる。具体的には、公的機関、すなわち国なり地方である自治体が、積極的あるいは消極的に何らかの形で関与して太陽光発電の設置を促すという点があるとすれば、まさにそのことを継承している。特徴的なことは、資金調達や運営主体などの相違点はあるけれども、リスクを含む負担を何処が負うかという点である。すなわち、リスクを含む負担主体が全て政府なのか、あるいは民間なのかということになるのであるが、民間主体（発電事業者）であっても自治体が仲介するという公的なサポートをして始めて実施されるのであれば、公的な役割は大きいと言える（表4－9）。

ここで、政府と自治体の役割を考えてみよう。「小宮山案」は、リスクを

表4－9　小宮山案と屋根貸し制度の相違点

	小宮山案（国）	屋根貸し制度（地方自治体）
資金調達	国債発行（自立国債）	県民債／私募債／寄附金
		匿名組合出資／融資／個人ローン
売電収入	国債の償還に充当	県民債償還／融資返済／配当に充当
運営主体	独立行政法人の可能性	一般財団法人／地域経済団体協議会等
	(PFIが望ましい)	発電事業者
リスク含む負担	全て政府がもつ	発電事業者
国と自治体の役割	政府主導の仕組み	地域での民間主導であるものの仲介等支援
		マッチング事業／事業者への県独自の補助金

含む負担を政府が責任をもつ、すなわち政府主導の仕組みである。一方、「屋根貸し」制度は、運営主体は民間事業者であるけれども、自治体が仲介・コーディネイトなどのサポートをすることになる。いずれにしても、共通点と相違点があるが、目的は同じである。方法についても、共通点と相違点がある。もし、県民債や府民債を発行して実施する場合は、県や府が「小宮山案（政府）」と同様の役割をすることは可能である。国の支援策は、固定価格買取制度という売電補助である。それに対して自治体は主体となるが、完全に「小宮山案」のいう国の役割ではなく仲介的な役割をする。それが「屋根貸し」制度である。

今後の太陽光発電普及策として、われわれは、とりわけ「屋根貸し」制度には積極的な意味があり、これから普及していかなければならない重要な方式であると考えている。したがって、現在進められている自治体の「屋根貸し」制度の取り組みを考察することによって、これを踏まえ参考にしつつ、さらにより多くの自治体がこの方向で、積極的な取り組みが実施されることを大いに期待したい。なお、再生可能エネルギー導入支援策として、FITが2012年度7月に導入され、普及拡大に向けて重要な役割を果たしている。既に述べたように、同制度のもと、その後も再生エネルギーの伸張は続いている。しかし、同制度の買取価格が高水準に設定されたため、買取価格に要する資金を賄うための賦課金が増大し、電力消費者への負担増が課題となっている。また、再生可能エネルギー導入をさらに拡大するためには、系統

（送電網）運用の改善が不可欠である。これは、電力需給を安定させ、かつ、全国的に需給調整をすることでコストを抑えるためである。したがって、ハード面（系統運用の改善）とソフト面（買取制度）の両輪で進めていくことが求められる。

ところで、環境意識の高まりを踏まえて驚くべき事実は、これまで環境問題の重要性が指摘され、かつては環境意識の高い人々が牽引した環境配慮型行動を、現在この時点でみると人々が普通に行っていることである。そのことに鑑みれば、とりわけ制度が重要であったと言える。今後、制度を通じて、環境意識の高まりや環境配慮型行動をさらにいっそう発展・展開させていくためには、また新たな制度が求められている。実際、そのような制度が、現在創出されつつある。そのような、今進展しつつある「市民参加型」の制度に注目した。そのような制度が増加し、また種類も豊富になり、その内容が豊かになることによって、制度相互間に良い影響を及ぼしあうことになる。さらに種々のタイプの内的な質が進化を遂げつつあり、また新たな「市民参加型」の制度が創出されていくのではないかと考えられる。近年、創出された制度として、われわれが注目した今進展しつつある「市民参加型」の制度は、「消費者の環境配慮型行動としてのカーボン・オフセット」、「都市近郊における里山保全―市民による共同管理―」および「県民債を活用した住民参加型太陽光発電事業の展開」である。まず次章では、「消費者の環境配慮型行動としてのカーボン・オフセット」の取り組みを考察する。

注

1）「IPCC 第5次報告書の概要―統合報告書」環境省 web サイト
〈http://www.env.go.jp/earth/ipcc/5th/pdf/ar5_syr_overview_presentation.pdf〉

2）　高村ゆかり（2016）「気候変動政策の国際枠組み―パリ協定の合意とパリ後の世界―」『季刊環境研究』第181号　pp. 11-19。

COP21での合意成立のもう1つの重要な背景は、「エネルギー大転換（Energy transition）」ともいえる世界的動きである。欧米ともに2030年～40年には石炭火力を大きく減らし、ガスへの転換と再生可能エネルギー拡大に政策の舵を切る。中国も1次エネルギー消費の非化石燃料比率の現状を約10％から約20％にすること、インドも総電力設備容量の40％を非化石燃料起源とすることを2030年目標とする。相当な速度と規模でエネルギー部門の脱炭素化を進めるもので、その軸を担うのが再生可能エネルギーである。

3）「アメリカ・中国がパリ協定締結 発効に向け前進へ」NHK web ニュース。

G20 サミットにおいて、アメリカのオバマ大統領と中国の習近平国家主席は、日本時間の 9 月 3 日午後 8 時前の首脳会談に合わせて、アメリカは地球温暖化対策を進める国際的な枠組みの「パリ協定」を受諾する文書を国連のパン・ギムン（潘基文）事務総長に提出した。また中国も協定の批准を決定する文書を提出して協定は発効に向けて、大きく前進することになった。〈http://www3.nhk.or.jp/news/html/20160903/k10010667841000.html〉

4）「日本の温室効果ガス排出量（1990～2012 年度）確定値」インベントリオフィス。

5）「日本の CO_2 排出量の内訳（1990～2012 年度）確定値」――。

6）「日本の部門別 CO_2 排出量内訳（1990～2012 年度）確定値」――。

7） 大島堅一（2016）「福島原発事故後のエネルギー・環境政策」『環境と公害』46 巻 1 号 pp. 2-13。

8） 諸富徹「序章電力システム改革と分散型電力システム」諸富徹編〔2015〕『電力システムと再生可能エネルギー』日本評論社 p. 3。

9） 大島堅一（2016）「日本のエネルギーミックスの問題点」『環境と公害』第 45 第 4 号 pp. 20-38。

10） 村瀬佳史（2016）「エネルギー政策の現状と課題」『環境と技術』第 45 巻 1 号通巻 529 号 1 月 20 日 pp. 46-51。

11） 資源エネルギー庁（2012）「コスト等検証委員会 導入ポテンシャルからみた太陽光の可能性」（エネルギーミックスの選択肢の策定に向けた再生可能エネルギー関係の基礎資料）2 月 22 日 p. 10。

「930 億 kWh は、日本の一戸建ての家で、設置可能なほぼ全ての屋根、及び現在普及の遅れているマンションや公共施設・工場などでパネルが設置可能なほぼ全ての屋根へのパネル設置に成功した場合の数値である。因みに設置可能なほぼ全ての住宅用の屋根に導入が進み、住宅用と住宅用以外の工場等の屋根及びメガソーラーの普及率が現状と同程度の場合の普及量は 5300 kW（約 570 億 kWh）（＝現行のエネルギー基本計画における 2030 年推計値）になる」。http://www.enecho.meti.go.jp/committee/council/basic_problem_committee/theme2/pdf/01/13-3-1.pdf

12） 前掲注 11）同資料“一戸建てにおける太陽光発電導入のポテンシャル” p. 19。

わが国の一戸建てにおける太陽光発電導入のポテンシャルは、資源エネルギー庁の試算によれば、1 戸建て総数は、約 2700 万戸である。その内訳をみると、約 1200 万戸は、昭和 55 年以前の耐震基準であるため、重い太陽光パネルを屋根に設置することが困難であると仮定し、また 150 万戸空室であるため太陽光パネルが設置されないものと仮定し、150 万戸は屋根の形状（例えば急な角度の屋根）により設置困難であると仮定する。このような仮定の下で推計すると、日本全国で太陽光パネルを設置可能な一戸建ては約 1200 万戸となる。そのうち、現時点で 90 万戸に導入済みであるとされる。

13)　橘川武郎（2013a）p. 18、橘川武郎（2013b）pp. 93-94。

農林水産省は、2013年4月1日に「支柱を立てて営農を継続する太陽光発電設備などについての農地転用許可制度上の取り扱いについて」を公表。これによって、条件付きではあるが耕作地の利用が可能となった。2012年度実施の導入ポテンシャル調査の結果によれば、耕作地全面積に対して、導入ポテンシャルとして約380 GW（耕地全面積の10％導入が進んだ場合）が試算されている（NEDO 2014a）。

14)　資源エネルギー庁（2016）「平成22年度新エネルギー等導入促進基礎調査事業〈平成23年2月　委託先みずほ情報総研株式会社環境・資源エネルギー部〉（太陽光発電及び太陽熱利用の導入可能量に関する調査）の調査報告書」。

15)　経済産業省第20回調達価格算定委員会、配布資料1「再生可能エネルギーの導入状況について②」。

16)「太陽光川内の12基分“原発ゼロ”で欠かせぬ電源に」中日新聞（2015年8月30日朝刊）。

17)　氏川恵次（2016）「地域における再生可能エネルギー導入の現状」『環境と公害』第45第4号　pp. 2-7。

出力合計で見た場合は、風力42,240 kW（81.8％）、太陽光8,359 kW（16.2％）、小水力0.35 kW（2.0％）であり、概ね1500万kW以上の比較的大規模な風力発電が設置されており、小水力発電は富山（2012年、990 kW）で大規模なものがある。

18)「発電コスト2014年モデルプラント試算結果概要」総合資源エネルギー調査会平成27年4月発電コスト検証ワーキンググループ（第6回会合）資料1。

19)　高村ゆかり〔2016〕「再生可能エネルギー政策の評価と課題—再生可能エネルギー買取制度の改定を踏まえて—」『環境と公害』46巻1号　pp. 22-28。

20)　固定価格買取制度とは—制度の概要—」資源エネルギー庁webサイト〈http://www.enecho.meti.go.jp/category/saving_and_new/saiene/kaitori/〉

21)　諸富徹〔2016〕「再生可能エネルギーの大量導入と電力システム改革」『環境情報科学』45巻1号　3月25日発行　pp. 5-9。

22)　山家美歩（2016）「再生可能エネルギーの課題と現状について」『環境と技術』第45巻4号4月号　通巻532号4月20日発行　pp. 3-9。

23)　賦課金最小化の対策として、太陽光発電については、①特に効率的に発電できる事業者のコストを基準として毎年決定する方式（トップランナー方式）、②買い取り価格低減スケジュールを複数年にわたり予め決定する方式、③買い取り価格の低減を導入量に連動させる方式、④買い取り価格を入札により決定する方式の検討の必要性が示唆された（資源エネルギー庁総合資源エネルギー調査会・再生可能エネルギー導入促進関制度改革小委員会）。橘川武郎（2013a）p. 18、橘川武郎（2013b）pp. 93-94。

24)「エネルギー・環境会議の3つのシナリオの概要（2030年）」、「3つのシナリオに対応する再生可能エネルギー導入政策・省エネルギー推進政策（2030年）」『エネルギーと環境』（2012.7.5）。

25） 橘川武郎（2013a）pp.16-19、橘川武郎（2013b）pp.17-22。

26） 大島堅一（2016）p.27。

27） 橘川武郎（2013b）pp.94-96。

28）「京都市太陽光発電屋根貸し制度について」京都市役所webサイト
〈http://www.city.kyoto.lg.jp/kankyo/page/0000169207.html〉

29）「2016年度かながわソーラーバンクシステム」について、神奈川県webサイト
〈http://www.pref.kanagawa.jp/cnt/f360844/〉
全国知事会資料「かながわソーラーバンクシステム」について
〈http://www.nga.gr.jp/pref_info/tembo/2012/02/post_1671.html〉

30） 神奈川県「屋根貸し」等マッチング事業実施要領（2015年4月制定）神奈県webサイト〈http://www.pref.kanagawa.jp/uploaded/attachment/764183.pdf〉

31）「複数住宅の屋根貸し太陽光発電設備設置事業について」（2016年4月1日）、神奈川県webサイト〈http://www.pref.kanagawa.jp/cnt/f520342/〉
「2014年度神奈川県複数住宅屋根貸しマッチング事業実施要領」同上
〈http://www.pref.kanagawa.jp/uploaded/attachment/764182.pdf〉
複数住宅の「屋根貸し」による太陽光発電設備設置事業のビジネスモデルの決定について」同上（2014年5月14日）記者発表資料。

32） 自然エネルギー「学校の屋根を太陽光発電に貸出、神奈川県立の20校で1MW以上」（2012年10月29日）。〈http://www.itmedia.co.jp/smartjapan/articles/1210/29/news011.html〉
「太陽光発電向け屋根貸し事業者決定、発電規模は合計で約1MW」（2012年12月17日）。スマートジャパンwebサイト〈http://www.itmedia.co.jp/smartjapan/articles/1212/17/news028.html〉

33） 2004年度に環境省の「環境と経済の好循環のまちモデル事業」として選定された飯田市の事業を担う民間企業として、NPO法人南信州おひさま進歩が母体となっておひさま進歩エネルギー(株)が設立され、市民ファンドから資金調達を行い、太陽光発電の設置場所として、公共施設の屋根を飯田市から無償での提供を受けて同システムが設置された。

- 適用実績：飯田市内の保育園、幼稚園、公民館など計38カ所
- 発電容量：最大出力で約208kW（1カ所に5～10kWシステム）
- 発電電力量：年間約23万kWh（予定）

また、2009年度、住宅用太陽光の余剰電力制度が開始され、同制度を活用して一般住宅の普及プロジェクトが可能になり、初期費用をゼロ円で太陽光発電を設置する「おひさまゼロ円システム」が構築された。おひさま進歩エネルギー(株)が、無償で家庭の屋根に太陽光発電設備を設置し、余剰分を売電した家庭は、これを原資

に9年間、サービス料金を支払う。10年以降、設備機器が譲渡され、そこから発電された電気を自由に使用できる仕組みである。

34) 飯田市の屋根貸し事業を成功に導いた要因として、おひさま進歩エネルギー株式会社（発電事業者）と飯田市との給電契約に特徴がある。また行政所有の屋根について、20年間にわたる行政財産の目的外使用許可を実施したことが挙げられる。
「地域公共再生可能エネルギーの概要」飯田市役所webサイト〈https://www.city.iida.lg.jp/uploaded/attachment/25051.pdf〉

35) メガさんぽおひさま発電所プロジェクト」おひさま進歩エネルギー(株)webサイト〈http://ohisama-energy.co.jp/business/energy-creation/mega-sunpo〉

36) 「みんなと」は、兵庫県三木市（M）奈良県生駒市（I）三重県伊賀市（I）長野県大町市・飯田市（Na）鳥取県鳥取市（To）を意味しており、全国各地で行われる自然エネルギー事業へ出資する地域応援ファンドである。

37) 飯田市webサイト「地域公共再生可能エネルギー活用認定事業（第8号事業）旭ケ丘中学校太陽光発電設備設置事業」〈https://www.city.iida.lg.jp/uploaded/attachment/25051.pdf〉

38) 東近江市内経済団体（2013）「碧い地球を未来世代へ引き継ぐ東近江市Sun讃プロジェクトひがしおうみ市民共同発電所3号機」。
八日市商工会議所（2013）「東近江市Sun讃プロジェクト～エネルギーの地産地消を通して、環境推進と地域活性化を」。

39) 東近江市「東近江市公有財産への再生可能エネルギー発電設備の設置に係るガイドライン」(2012年6月25日制定) エネルギー活用～」。

40) 神尾俊徳（2014）「3Eのトリレンマ解消をめざす市民共同発電モデルに関する研究―市民を応援する公共政策の視点から―」『創造都市研究e』 9巻1号。

41) 住民参加型くにうみ太陽光発電所」(一財)淡路島くにうみ協会webサイト〈http://www.kuniumi.or.jp/solar/index.html〉

42) 「1MWの太陽光発電所：雄国太陽光発電所の概要」
会津電力株式会社　webサイト〈http://aipower.co.jp/〉

43) 「会津ソーラー市民ファンド2014」株式会社自然エネルギー市民ファンドwebサイト〈http://www.greenfund.jp/fund/aizu/〉

44) 「群馬県昭和村における関東最大のメガソーラー発電所（43MW）建設計画」いちごグループホールディングス株式会社プレスリリース（2014年4月10日）〈http://w3.technobahn.com/market/press/201404101500062337.html〉
「エネルギー列島2015年版⑽群馬「群馬県昭和村における関東最大のメガソーラー発電所（43MW）建設計画に関するお知らせ」スマートジャパンwebサイト〈http://www.itmedia.co.jp/smartjapan/articles/1506/23/news022.html〉

45) CO_2排出削減効果は、産業総合研究所公表データによる試算値による。

46) consumer & producerの造語。消費者であり電力の生産者になる新しい事業者。

47） 梶山恵司（2013）「激変する電力システム―再生可能エネルギーの成長を促す仕組みづくりを―」『東洋経済』 p. 29。

48） 高橋洋（2011）p. 18。

第5章

消費者の環境配慮型行動としてのカーボン・オフセット

序　文

我が国は、二度のオイルショックを経験したあと、他の先進国に先駆けて省エネルギー技術を開発・導入し、CO_2 排出削減努力を押し進めてきた。しかし、京都議定書では、国別削減目標6％を負うことになった。次期国別排出削減目標を設定するにあたっては、部門（産業・運輸・業務等）、業種（鉄鋼・発電・セメント等）毎に、CO_2 排出削減量を算出し、それらを積み上げ国別の排出削減目標を設定するという日本独自のセクター別アプローチ（sectoral approach）を国連に提唱している。また産業界も、この技術別、セクター別アプローチを積極的に支援し、CO_2 排出削減のための既存技術の継続的な普及と引続き革新的な技術開発の推進に取り組んでいる[1)]。

政府は、2008年3月改定の「京都議定書目標達成計画」の中で、省エネ製品の選択などの消費者の行動を促進するために、商品別「CO_2 排出量の見える化」が必要であることを示した。それを受けて同年7月に閣議決定された「低炭素社会づくり行動計画」において、カーボンフットプリント（生産者が自らの商品の CO_2 排出量をLCAの方法を用いて算出し、消費者に表示する仕組み）の制度化に向けての方針が示され、2009年度から3年間の計画で導入に向けての試行的な導入実験が開始された[2)]。それによって、消費者に CO_2 排出量の低い商品を選択するための情報を提供し、消費者が環境負荷への関心を高めることと環境配慮型行動を促す契機となるであろう。

このようなカーボンフットプリントの制度化と普及を踏まえて、次いで環境省は2008年2月に「我が国におけるカーボン・オフセットのあり方について（指針）」（以下、「指針」と表記する）を策定した。カーボン・オフセットとは、個人や企業等が自助努力では削減できないCO_2排出量を、別の場所で実施されるCO_2削減量もしくは吸収量などのクレジットを購入し、自らの排出量の一部または全部をオフセット（埋め合わせ）するという仕組みである。その後、2008年11月には、カーボン・オフセットを支える日本独自のオフセット・クレジット（Japan Verified Emissions Reduction: J-VER、以下J-VERと表記する）制度が創設された[3)]。それは、国内で行われるプロジェクトにおいて、CO_2排出削減・吸収量（クレジット：以下クレジットと表記する）をクレジット化する仕組みであり、モデルプロジェクトも実施されている。

近年、最も注目されているのが、カーボン・オフセットである。そのなかでも、われわれが注目するのが、市場メカニズム（クレジットが付与された商品：カーボン・オフセット商品の販売）を活用するカーボン・オフセットであり、とりわけ消費者（市民）と企業・企業市民が協働して取り組むカーボン・オフセットである。消費者の環境意識の高まりが、カーボン・オフセットするための手段を求め、一方で企業が消費者に対して広範な分野での主体的なオフセット商品を提供することは、消費者のCO_2排出削減の取り組みのサポートをする最も有力な手段となりうる。このような相乗効果によって、さまざまな分野で多種多様なカーボン・オフセットの取り組みの増加が期待できる。

カーボン・オフセット商品の購入に関して、㈱野村総合研究所（2008）「約8割の消費者が家電製品の省エネ性能を重視“生活者の地球温暖化・エネルギー問題への認識に関するアンケート調査”」は、カーボン・オフセットの購入経験を有するものは、22.9%であり、「知らない、見たことがない」という人々が39.3%を占め、購入経験者を上回っており、相対的にカーボン・オフセット商品の認知度は低いと言える。しかし、「購入したことがないが、今後は購入したいと思う」人が25.5%であり、購入経験者比率を上回る規模で存在するため、商品の情報提供により広くその存在を周知させる等、商品の購入を促す工夫が必要であると指摘している。

カーボン・オフセットに関する先行研究には、以下のようなものがある。まず、カーボン・オフセットの意義、目的などは、環境省（2008、2010、2011a、2011b、2012）の一連の報告書によって、体系的に説明されている。これらの内容を基に次のような自治体の取り組み事例が紹介されている。例えば、石堂徹生（2009a）と内村直也（2011）がある。そこでは、行政主導で最も先進的に取り組む高知県、また石堂（2009b）と新潟県県民生活・環境部環境企画課（2009）は、オフセットの収益をトキの森の整備に活用するというモデル事業を実施している新潟県、最後に、石堂（2009b）と新宿区環境清掃部環境対策課（2010）は、地方自治体同士が連携し、オフセットを実施している新宿区と伊那市の取り組みをそれぞれ取り挙げている。

生田孝史（2009）によれば、カーボン・オフセットは、個人や企業の自主的な CO_2 排出削減の取り組みの一環である。その意義は、温暖化対策への貢献機会の拡大、意識啓発、安価な削減手段の獲得、CO_2 の経済価値認識等などであるが、一方で、国内におけるオフセット商品に付与するクレジットの87%はCERを用いているために、オフセット手段の割高化、国内資金の海外流出、政府口座への移転という問題が生じている。我が国が、炭素市場を有効に活用しながら低炭素社会構築の駆動力とするためには、規制的な市場とボランタリーな市場の「住み分け」を図り、相互補完的な役割を果たすための市場整備と制度設計を行う必要があるとしている。

遠藤真弘（2009）によれば、カーボン・オフセットは、家庭・オフィスや中小企業の CO_2 排出削減の自主的な取り組みとして期待する。なぜなら、それらがその取り組みに参加し易く、それによって、排出削減の取り組みが活性化されるからである。一方、カーボン・オフセットの認知度の向上、クレジットの信頼性の向上、コストの削減といった課題があると指摘している。

大島誠（2013）は、徳島県の事例を踏まえて、環境政策の1つであるカーボン・オフセット制度の導入とその効果および課題を明らかにしつつ、全国の中山間地域で森林整備事業を実施する場合の課題を考察している。

小林紀之（2009）、（2010）、（2011）は、我が国の森林林業の問題点およびJ-VER森林管理プロジェクトの内容分析等から、その現状と課題を明らかにしている。

島崎規子（2010）は、低炭素社会の構築に向けたカーボン・オフセットの意義と効果、カーボン・オフセットの仕組みと目的別分類、国内外の市場動向と取り組み事例を示しつつ、カーボン・オフセットの会計処理などの課題を明らかにしている。

高尾克樹（2010）は、森林のもつ付加的な価値に注目している。なぜなら、森林を保護することによって、そこに住む動植物の生息環境を守り、さらには、生物の多様性を維持することが可能になるからである。今後は、これらの付加的な価値を価格メカニズムにどのように取り組んでいくかが課題であると指摘している。

高橋卓也（2010）は、滋賀県湖東地域での「びわ湖の森ローカルシステム CO_2 認証制度」の課題と可能性について整理した上で、国内・世界的にみた森林吸収クレジットの位置づけについて確認し、取引費用の視点から、ローカルなカーボン・オフセットの意義について考察している。

西村淑子（2011）は、カーボン・オフセットの意義と効果など制度的な説明をしつつ、主としてオフセット・クレジットJ-VER制度を自治体で活用する際の現状と課題を明らかにしている。

㈱矢野経済研究所（2008）の調査は、2008年度国内カーボン・オフセット市場を515,500 t-CO_2 の排出量が取引され、事業者取引金額ベースで22億400万円であると推計した。また、京都クレジットは国内排出量取引、事業者取引金額ともに約9割を占めた。地球温暖化防止に向けた国内の取り組みとして、産業部門に比べ CO_2 排出量が増1990年比で増加している家庭部門への対策として、環境省が2007年7月からカーボン・オフセットの普及を推進し、同年カーボン・オフセット市場が創出されたとしている。

以上のように、先行研究は、主としてカーボン・オフセットのクレジット供給面での検討・分析が中心であり、われわれが最も重視している消費者（市民）と企業が協働して取り組む研究については、十分とは言えない。

以下、5-1では、今後、広範な分野での普及拡大が予想される国内でのカーボン・オフセット制度を検証する。5-2では、環境省の定義に基づいて、カーボン・オフセット制度の仕組みを類型化する。5-3では、5-2での分類に基づき、これまで取り組まれてきた、さまざまなカーボン・オフセットの事例――とりわけ消費者（市民）と企業・企業市民との協働の取り組み――を考察する。5-4では、カーボン・オフセットを消費者の環境配慮型行動という視点から、カーボン・オフセットの評価を示し課題を明らかにする。5-3で示した中から、われわれが推奨すべき取り組みを改めて提示したい。

5-1　カーボン・オフセット制度の概要と意義

環境省（2008）の指針によれば、「カーボン・オフセットとは、市民、企業、NPOやNGO、自治体、政府等の社会の構成員が、自らの温室効果ガスの排出量を認識し、主体的にこれを削減する努力を行うとともに、削減が困難な部分の排出量について、他の場所で実現したCO_2の排出量削減・吸収量等を購入すること、または他の場所で排出削減・吸収を実現するプロジェクトや活動を実施すること等により、その排出量の全部または一部を埋め合わせることをいう」と定義している[4)]。それに基づき、上述の指針は、CO_2排出削減のためのプロセスは、次の如くである。

(1)　まず、自らの行動に伴うCO_2排出量を認識すること。

カーボンフットプリント制度によって、商品の製造過程におけるCO_2排出量が算出・表示されるので、消費者や企業をはじめとする社会の構成員は、その情報を得ることができる。それによって、CO_2排出量を自らが認識することが可能となる。

(2)　市民、企業、NPOやNGO、自治体、政府等が、自らCO_2排出削減努力を行うこと。

具体的には、化石燃料起源のエネルギー消費を削減することである。すなわち、自らが日常生活に伴うエネルギー消費によるCO_2排出を削減すること、また企業等が事業活動による直接排出や間接排出（例えば、通勤、通学、廃棄物等）に伴うCO_2排出を削減することである。その方法として、カーボンフットプリントに基づき、消費者は環境家計簿、企業等は環境会計を活用することにより、主体的なCO_2排出削減努力を行うことが可能になる[5)]。

(3)　(1)(2)によっても避けられないCO_2排出量を把握すること。

(4)　上記(3)の排出量の全部または一部に相当する量を他の場所における排

出削減量・吸収量（クレジット）を購入し、オフセットする。オフセットを完了するには、削減したいCO_2量に応じたクレジットの権利を「無効化（クレジットの権利の価値をゼロにする）」する必要がある[6)]。

上記(4)で示したオフセットするための取り組みは、費用負担を伴うものであり、それは、次の２種類に分けることができる。

① 自らが排出するCO_2排出量を内部でオフセットする場合である。例えば、化石燃料の代替エネルギーとして、再生可能エネルギー（太陽光パネルの設置等）を活用することによってCO_2排出を削減すること、および敷地内の植林や建造物の壁面緑化等によってCO_2吸収量を増加させることである。

② 外部のCO_2排出削減の取り組みを活用するオフセットである。具体的には、グリーン電力証書、グリーン熱証書、および森林CO_2吸収証書を購入するというものである。本書では、この外部調達によるオフセットを主として取り挙げる。

企業の側からみれば、カーボン・オフセットを商品・サービスの中に組み入れることによって、企業は商品の販売を通じて、消費者とともにCO_2排出量の削減に取り組む姿勢を共有することができる。また消費者との新しいコミュニケーションの手段となり得る。消費者の環境意識の高まりが、カーボン・オフセットするための手段を求め、消費者に対して広範な分野での主体的なオフセット商品を提供することは、消費者のCO_2削減の取り組みのサポートをする最も有効手段となりうる。このような相乗効果によって、さまざまな分野で多種多様な取り組みの増加が期待できる。一方、政府は、企業が正しいオフセットのためのクレジットの質を保証する認証ラベル制度などの仕組みの構築など、信頼性のあるオフセットに向けて、制度の基盤も整備されている。

5-2　カーボン・オフセット制度の類型と仕組み

5-2-1　カーボン・オフセットの仕組み

カーボン・オフセットとは、自らが削減努力をしても削減できないCO_2

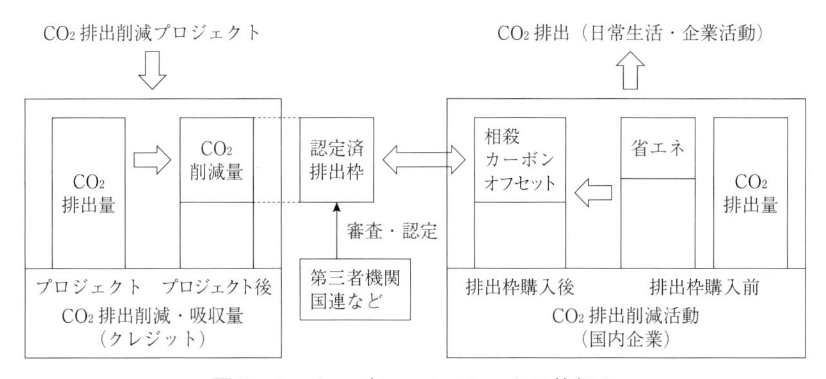

図5－1　カーボン・オフセットの仕組み

（出所）稲葉敦編（2009）p. 139を参照し作成。

排出量を、別の場所で実施される CO_2 削減プロジェクトから創出された CO_2 削減量または吸収量を購入し、その排出量の一部または全部をオフセットする仕組みである[7)]。図5－1は、京都メカニズムの一つであるクリーン開発メカニズム（CDM）のプロジェクトによって実施されたクレジットをカーボン・オフセットの対象とした例である。我が国のクレジットの種類は、表5－1に示される。

5-2-2　カーボン・オフセットの分類

上述の CO_2 排出削減のためのプロセスを含むカーボン・オフセットは、オフセットに用いるクレジットの観点から、「市場流通型」と「特定者間完結型」の2つに大別することができる。それについて説明しよう。

5-2-2-1　市場流通型

「市場流通型」とは、市場で売買されているクレジットを購入し、オフセットする場合である。カーボン・オフセット制度運営委員会「カーボン・オフセット第三者認証基準 Ver. 1.2」によれば、オフセットの対象とするものの違いにより、認証区分は、以下の4つに分類される[8)]。1－1型商品使用・サービス利用オフセット、1－2型会議・イベント開催オフセット、1－3型自己活動オフセット、およびⅡ型自己活動支援オフセットである。以下4つの区分について概要を説明する（表5－2）。

表5－1　我が国のクレジットの種類

クレジットの種類		クレジットの概要
京都メカニズムクレジット	AAU (Assigned Amount Unit)	各国に割り当てられるクレジット（国別排出枠）
	ERU (Emission Reduction Unit)	共同実施（JI: Joint implementation）プロジェクトにより発行されるクレジット
	CER (Certified Emission Reduction)	クリーン開発メカニズム（CDM: Clean Development Mechanism）により発行されるクレジット。太陽光、風力、バイオマス発電、水力発電、フロン回収等から選択する。
自主参加型排出量取引制度（JVETS）における排出枠	JPA (Japan Allowance)	環境省が2005年度から実施している（JVETS）は、自主行動計画に参加していな中小企業等が目標を設定して参加する制度であり、目標保有参加者と取引参加者も扱うことができる。
オフセット・クレジット	J-VER (Japan Verified Emission reduction) 都道府県 J-VER	京都議定書などの法的拘束力をもった制度に基づいて発行されるクレジット以外の CO_2 排出削減・吸収プロジェクトから創出されるオフセットのためのクレジット。森林バイオマス活用、再生可能エネルギー活用（グリーン電力証書含む）、省エネ機器導入、改修、森林整備等のポジティブリストから選択する。

（出所）　稲葉敦編（2009）p. 143を参照し作成。

表5－2　カーボン・オフセット対象区分

	対象区分	対象活動
Ⅰ－1型	商品使用・サービス利用オフセット	商品・サービスの製造・使用等
Ⅰ－2型	会議・イベント開催オフセット	会議・イベントの開催
Ⅰ－3型	自己活動オフセット	自己活動
Ⅱ型	自己活動オフセット支援	商品・サービスを購入・利用する消費者個人の日常生活

（Ⅰ－1型）商品使用・サービス利用オフセット

企業は、自らの商品のライフサイクル（原材料調達、生産、流通、廃棄・リサイクル）の過程やサービスを利用したりする際に発生する CO_2 排出量の全部または一部を削減するために、それに相当するクレジットを購入し、オフセットを実施する。その費用負担は、①企業がその購入額を全額、②商品・

サービスの価格に転嫁して商品を販売することにより消費者が全額、③企業と消費者が双方、の場合がある。

（Ｉ－２型）会議・イベント開催オフセット

イベントの主催者が、その開催に伴う照明や空調の利用、イベント参加者（関係者・競技参加者）の移動、および廃棄物処理によって発生する CO_2 排出量の全部または一部をオフセットするためにイベント主催者がそれに相当するクレジットを購入する。その購入額を、主催者自らが負担する、あるいは、イベントの協賛企業が負担する場合がある。

（Ｉ－３型）自己活動オフセット（市民、企業、NPO／NGO、自治体自らの活動によるオフセット）

市民、企業、NPO／NGO、自治体、政府などが、自らの日常活動（企業の場合、直接的な営業活動と間接的な活動がある）に伴う CO_2 排出量の一部をオフセットするために、それに相当するクレジットをそれぞれの主体が購入する。例えば、企業は直接的な営業活動による商品流通プロセスから生じる CO_2 排出量をオフセットするという目的ではなく、自社ビルの建物等の照明、空調などから発生する年間のエネルギー消費やごみ処理等の CO_2 排出量の一部をオフセットするものであり、企業がそれに相当するクレジットを購入し、その額を自らが負担する。

（Ⅱ型）自己活動オフセット支援（消費者が日常生活における CO_2 排出量をオフセットすることを企業が代行する）

CO_2 排出量の全部または一部をオフセットするＩ－１型と異なり、企業は商品・サービスを提供することを通じて、消費者が日常生活で排出する CO_2 を自らが削減する活動を生活に伴う CO_2 排出量の一部をオフセットするためのクレジットを企業が代行して購入する。主として、その額を価格に上乗せして販売するが、一部企業が負担する場合もある。

以上の分類で明らかなように、Ｉ－１型、Ｉ－２型、Ｉ－３型は、消費者が自らの CO_2 排出量を自覚してオフセットする場合である。例えば、消費者が、ある特定な行動をとった場合、そこで生じる CO_2 排出量をオフセットすることである。このことは、自らの CO_2 排出量を比較的容易に認識できるゆえ、オフセットする行為のモチベーションを高めることが期待される。

Ⅱ型は、日常生活に伴うCO_2排出量をオフセットする場合であり、（Ⅰ－1型、Ⅰ－2型、Ⅰ－3型）のような特定の行為から生じるものではなく、消費者の日常生活から恒常的に生じる（例えば、カーボン・オフセットを利用すれば、可能であるが、比較的自らが自覚しづらい）CO_2排出量をオフセットすることになるので（Ⅰ－1型、Ⅰ－2型、Ⅰ－3型）に比べて消費者のより高い環境意識の高さが必要になる。

5-2-2-2　特定者間完結型

特定者間完結型は、オフセットの対象となるCO_2排出量を、市場で売買されているクレジットを購入してオフセットするのではなく、市場を通さずに特定の二者間によってクレジットを売買してオフセットするものである。主として、そのタイプは資金支援型、技術・支援型、参加型に分類される。

(B_1) 資金支援型は、CO_2排出量をオフセットする側が、それをオフセットするために排出削減・吸収活動を実施するプロジェクに対して資金供給を行い、それにより創出された削減量・吸収量をクレジットとして購入してオフセットするものである。さらに、そのタイプは協定・契約型（新宿区の場合）、寄附型（岐阜市の場合）がある。

(B_2) 技術・資金支援型は、㈳日本経済団体連合会の環境自主行動計画（産業部門の各分野における業界団体が、環境保全活動に取り組むため、自主的に策定する行動計画）に参加する大企業が、それに参加していない中小企業等に対して技術・資金等を支援し、そこで削減したCO_2削減量をクレジットとして、自ら（大企業）が得る仕組みである。

(B_3) 参加型は、市民がある行動（例えば、旅行）によって、排出するCO_2をオフセットする方法として、自らがCO_2削減事業（例えば、市民が旅行先で植樹する）等を行うことがある。

5-2-3　カーボン・オフセットの取り組み状況

5-2-3-1　カーボン・オフセットの取り組み数

カーボン・オフセットフォーラム（J-COF）によれば、国内のカーボン・オセットの取り組みは、2013年11月現在、累積で約1,200件である。なかでも市場流通型の1－1型（商品使用・サービス利用オフセット）の事例数が最も多く、約半数を占めている。しかし近年、市場を流通するクレジット以外の排出削減・吸収量を利用した特定者間完結型のカーボン・オフセットの取り組み事例数が増加している（図５－２）。

また、国内におけるカーボン・オフセット取り組み件数のうち、市場流通型のⅠ－１型（商品使用・サービス利用オフセット）の取り組みについて販売事業者別に見てみると、製造業が最も多く全体の３割近くを占めており、次いで卸売・小売業、サービス業となっている（図５－３）。

5-2-3-2　カーボン・オフセットにおけるクレジットの内訳

2007年12月から国内における事務局の事例調査によれば、2013年１月末日までの市場流通型オフセットで用いられたクレジットの内訳は、CERが72％、次いで、J-VER及び都道府県J-VERが、それぞれ約20％、２％となっている。2009年度において90％を占めていたCERが減少する一方で、J-VERが使用される事例が増加している[9)]（2013年11月末現在）。以上の取り組み状況をみると、近年、排出削減・吸収量を利用した特定者間完結型のカーボン・オフセットの取り組みが増加しているものの、市場流通型のⅠ－１型（商品使用・サービス利用オフセット）の事例数が最も多い。またクレジットの創出は、消費者向けに企業が提供するオフセット商品に付与するクレジットは、国連認証に基づくCERが72％を占めている。すなわち、市場流通型のⅠ－１型（商品使用・サービス利用オフセット）が最も多く、それに利用するクレジットはCERが主体であると言える（図５－４）。

近年、上述のように、国内でのJ-VERの事例が増加している。その理由は、地方における制度的な整備が着実に進みCO_2排出削減や森林整備事業が進んでいるからである。実際、J-VER制度の活用によるクレジット収入で森林整備事業が促進され、CO_2排出量の削減・森林吸収量の取り組みの増加とともに、生物多様性の保全や森林の多様な機能の保全などにも寄与する。また資金面においても、CDM由来の京都メカニズムクレジット（CER）は、CO_2排出削減プロジェクトが途上国などで実施されるため資金が国内留まらず国外に流出してしまうことになる。しかし、J-VERの場合は、国内の森林整備のために利用される森林吸収のクレジットのため、その資金が森林整備関連に向けられ地域に還流し、副次効果が期待できる。一方、クレ

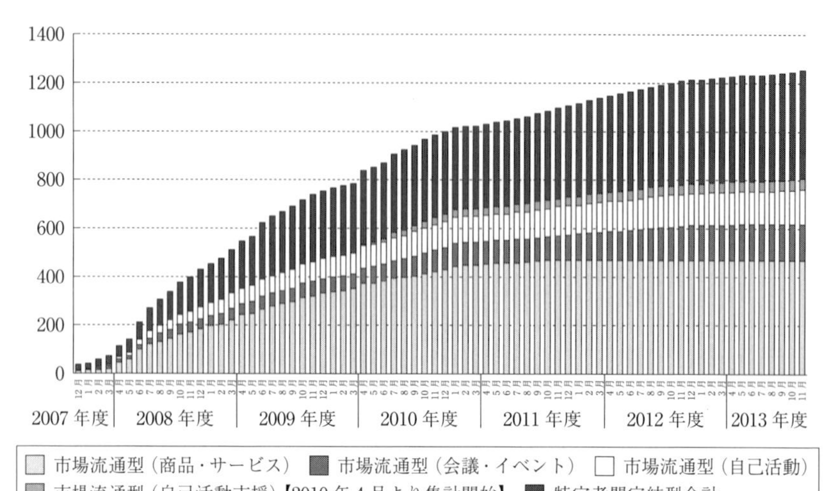

図 5 − 2　国内におけるカーボン・オフセットの事例件数（推移）
（2013 年 11 月末現在）

（出所）「カーボン・オフセットの市場動向」カーボン・オフセットフォーラム事務局〈http://www.j-cof.go.jp/cof/market.html〉

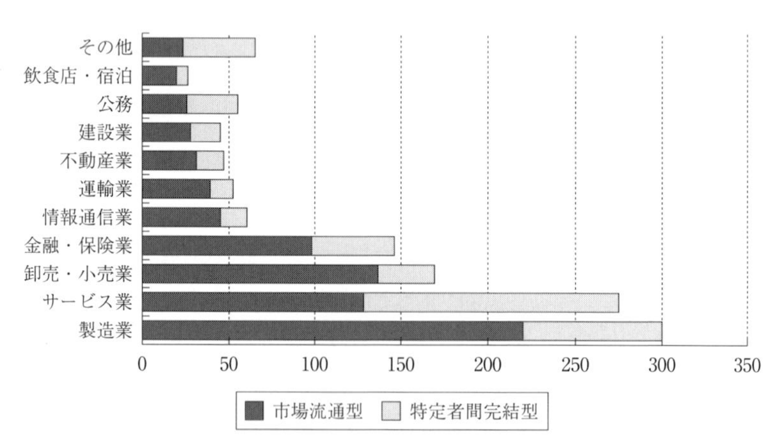

図 5 − 3　国内におけるカーボン・オフセット事例件数（業種別）
（2013 年 11 月末現在）

（出所）「カーボン・オフセットの市場動向」カーボン・オフセットフォーラム事務局〈http://www.j-cof.go.jp/cof/market.html〉

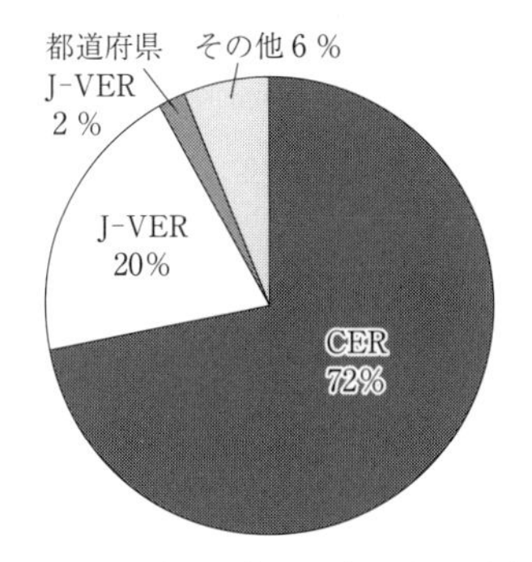

図5－4　国内におけるカーボン・オフセットに用いられる市場流通型クレジットの内訳（2013年11月末現在）

（出所）「カーボン・オフセットの市場動向」カーボン・オフセットフォーラム事務局〈http://www.j-cof.go.jp/cof/market.html〉

表5－3－1　カーボン・オフセットの類型

【A市場流通型】

分類	
Ⅰ－1	商品使用・サービス型利用オフセット
Ⅰ－2	会議・イベント開催オフセット
Ⅰ－3	自己活動オフセット
Ⅱ	自己活動オフセット支援

⇒

オフセット費用負担	
a	企業全部
b	企業＋消費者
c	消費者全部
d	主催者
e	協賛企業
f	参加者

⇒

クレジットの種類	
(1)	CER
(2)	J-VER（削減）
(3)	J-VER（吸収）
(4)	グリーン電力証書
(5)	JPA
(6)	国内クレジット
(7)	都道府県 J-VER（吸収）

表5－3－2　カーボン・オフセットの類型

【B特定者完結型】

分類	
B_1	資金支援型
B_2	技術・資金支援型
B_3	参加型

⇒

排出削減取組み主体	
B_a	地方自治体
B_b	関連企業
B_c	中小企業
B_d	市民

⇒

活動支援主体	
Ⅰ	地方自治体
Ⅱ	大企業
Ⅲ	市民

⇒

タイプ	
①	協定型
②	契約型
③	商品・サービス
④	イベント

⇒

資金供給者・参加者が取得	
i	森林 CO_2 吸収証書取得
ii	森林 CO_2 吸収証書購入
iii	森林整備への寄附
iv	グリーン電力証書購入
v	市民からの寄附金
vi	省エネ事業削減量
vii	現金・サービス券
viii	植林活動・植栽等

表5－4　カーボン・オフセット取り組み事例

	類　型	事業者名／自治体名	プロジェクト名
1	1_1-a-(5)	オリックス自動車(株)	カーシエアリング「プチレンタ」
2	1_1-a-(1)+(3)	(株)ファミリーマート	環境配慮型 PB「We Love Green」カーボン・オフセット
3	1_1-d-(1)	日本航空(株)	JAL カーボン・オフセット
4	1_1-d-(1)	(株)岩井化成	「農強ダストパック」ポリ袋
5	1_1-d-(1)+(4)	(株)JTB 関東	CO_2 ゼロ旅行
6	1_2-e-(1)+(4)	日本政府	洞爺湖サミットにおけるカーボン・オフセット事業
7	1_2-g-(6)	東北緑化環境保全	東北夏まつりカーボン・オフセット
8.1	1_3-a-(1)	大成建設(株)	CO_2 排出量ゼロビルディング&ゼロオフィス
9	1_3-a-(2)	(株)ルミネ	高知県とルミネの J-VER を用いたカーボン・オフセット事業
10	1_3-a-(7)	新潟県・佐渡市	新潟県・佐渡市「トキの森」整備事業
11	Ⅱ-a-(1)	(株)木楽舎	カーボン・オフセット定期購読
12	Ⅱ-b-(1)	佐川急便(株)	CO_2 排出権付き飛脚宅配便
13	Ⅱ-b-(1)+(2)	郵便事業(株)	カーボン・オフセットはがき
14	Ⅱ-c-(1)+(6)	(株)滋賀銀行	カーボン・オフセット定期預金（未来の種）
8.2	Ⅱ-d-(1)	大成建設(株)	Taisei　1トン Club
15	Ⅱ-d-(1)	(株)スミフル	「自然王国エコバナナ」カーボン・オフセット運動
16	Ⅱ-d-(1)	三菱オートリース(株)	排出権付き自動車リース
17	Ⅱ-d-(1)	(株)ローソン	CO_2 オフセット運動
18	Ⅱ-d-(2)	南アルプス市	カーボン・オフセット農産物
19	Ⅱ-d-(3)	(株)環境思考	「森のエコステーション」のカーボン・オフセット
20	B_1-B_a-Ⅰ-①-ⅰ	新宿区・伊那市	新宿と伊那市の連携によるカーボン・オフセット
21	B_1-B_b-Ⅱ-②-ⅰ	住友林業(株)	きこりんと Project Earth ～植林による住宅カーボンオフセット～
22	B_2-B_c-Ⅱ-②-ⅵ	西友	西友と「ハッピーロード大山商店街」CO_2 削減事業
23	B_3-B_d-Ⅰ---ⅴ	岐阜県	カーボン・オフセット県民運動
24	B_3-B_d-Ⅰ-②-ⅶ	広島市	市民参加の CO_2 排出量取引制度

ジットの購入者および利用者に対しても、上述のような多様な環境への貢献をアピールすることができる。表５－３－１、表５－３－２をベースにしてさまざまな取り組み事例を分類すれば、表５－４のように類型化できる。次節では表５－４で示した具体的な取り組み事例を考察する。

5-3　類型に基づく国内でのカーボン・オフセットの取り組み事例

5-3-1　カーシェアリング「プチレンタ」―オリックス自動車(株)―

自動車リースのオリックス自動車(株)は、１台の車を複数の顧客が共用するカーシェアリング事業に使用する全車両から排出される CO_2 排出量の全てをオフセットするために、環境省が 2008 年７月１日から「自主参加型国内排出量取引制度（JVETS)」の排出枠（JPA）を活用したシステムを導入した。その仕組みは、図５－３－１に示される。

取り組み概要は、次のとおりである。オリックス自動車(株)は、オフセット・プロバイダーであるオリックス環境(株)との間でカーボン・オフセット業務委託契約を締結し、同契約に基づきカーシェアリング事業の全車両が排出する CO_2 排出量を把握する。その方法は、当事業において、顧客が車両を使用する際、専用カードを使用し同社指定のガソリンスタンドでの給油を義務付けるため、四半期ごとの給油量を集計でき、それをもとに CO_2 排出量が算出できる。オリックス自動車(株)は、それに相当する排出枠をオリックス環境から購入する。

その排出枠の一部は、音楽・映像・データ（ROM）の記録ディスク（CD・DVD）を製造する企業であるビクタークリエイティブメディア(株)が実施した個別熱源化システムによるボイラーレス VCO_2 削減プロジェクト（加熱燃料をオール電化と高効率機器の導入による省エネルギー事業）によって削減された 14 $t\text{-}CO_2$（22%削減）を調達する。排出枠の調達費用は、オリックス自動車が全額負担し、顧客に対して料金は請求されない。カーシェアリングの総台数は３月現在で 283 台であるが、オリックス自動車は 2013 年３月末までに台数を 1000 台に増やし、合計で約 3500 t の CO_2 排出をオフセットした。なお、2009 年１月１日～2009 年３月 31 日において、カーシェアリング貸渡車両全

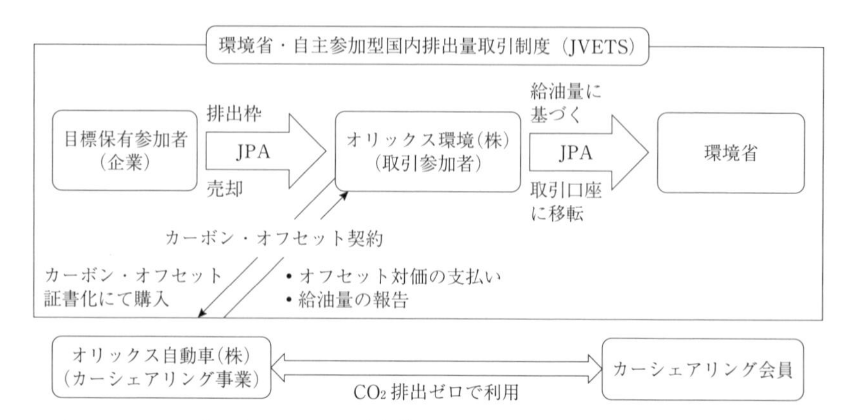

図5－3－1　カーシェアリング事業でのカーボン・オフセットの仕組み図

（出所）　オリックス自動車（株）・オリックス環境（株）　プレスリリース　2008年7月1日を参照し作成。〈http://www.orix.co.jp/auto/press/pdf/release_080701.pdf〉

てで走行された燃料消費を対象にオフセットしたCO_2量は、93 t-CO_2量であった[10]。

5-3-2　環境配慮型PB「We Love Green」カーボン・オフセット —(株)ファミリーマート—

（株）ファミリーマートは、これまで2回にわたり、同社の全店舗で販売する環境配慮型プライベートブランド「We Love Green（紙コップ、紙皿、割り箸など）」の製造から廃棄までの工程で排出するCO_2量を削減するために、CERおよびJ-VERを購入し、オフセットを実施した。

具体的に、第1回目は、2009年12月15日～28日の期間限定で、上述の「We Love Green」の日用品15種類の製造時に排出するCO_2（約96トン-CO_2）を削減するために、インドの水力発電からの削減プロジェクトから創出されたCERを購入し、オフセットを実施した。第2回目は、2012年8月14日から8月27日の期間限定で、同商品の日用品35種類の製造時におけるCO_2排出量（239トン-CO_2）を削減するために、岩手県の森林整備事業（釜石地方森林組合による森林整備プロジェクト）からCO_2を吸収するJ-VERを購入することによって、被災地支援型のカーボン・オフセットを実施した。それらのクレジット購入費用は、商品価格に上乗せず、（株）ファミリーマートが

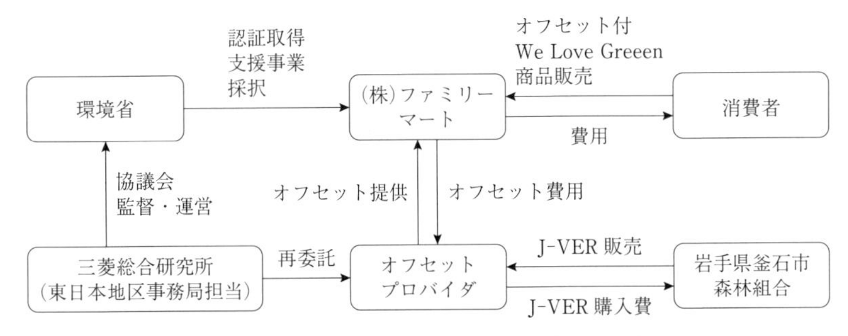

図5－3－2　環境配慮型 PB「We Love Green」カーボン・オフセット仕組み図

（出所）（株)ファミリーマート　ニュースリリース、2012年8月7日を参照し作成。〈http://www.family.co.jp/company/news_releases/2012/120807_1.html〉

負担した[11]。その2回目の仕組みは、図5－3－2に示される。なお、同社は、環境負荷の低減に配慮した商品に「We Love Green」マークを表示し、本取り組みを継続的に実施していくとしている。

5-3-3　JAL カーボン・オフセット―日本航空(株)―

JAL グループは、フライトを利用する搭乗者の CO_2 排出量をオフセットするために、2009年2月3日から「JAL カーボン・オフセット」を実施している。それは、日本航空のフライトチケットを web サイト「iCO_2-Zero」で購入したあと、利用するフライトの CO_2 算出およびカーボン・オフセットを実施することが可能な取り組みである[12]。世界標準の算出ロジックとして期待される ICAO ロジック[13]を世界で初めて採用している。

その仕組みは、次のとおりである。JAL は、オフセット・プロバイダーであるリサイクルワンと業務委託契約を締結する。同契約に基づきフライト利用者は、搭乗する航空機が排出する CO_2 の全量または一部をオフセットするために、JAL の web サイトを経由しオフセット・プロバイダーであるリサイクルワンのサイトにアクセスして、風力発電事業やエネルギー再利用など持続可能な開発プロジェクトを選択・支援しクレジットを購入する。

オフセットするためのクレジットは、インド等風力発電プロジェクト等の CER をリサイクルワンが調達する。その調達費用は、フライト利用者が負

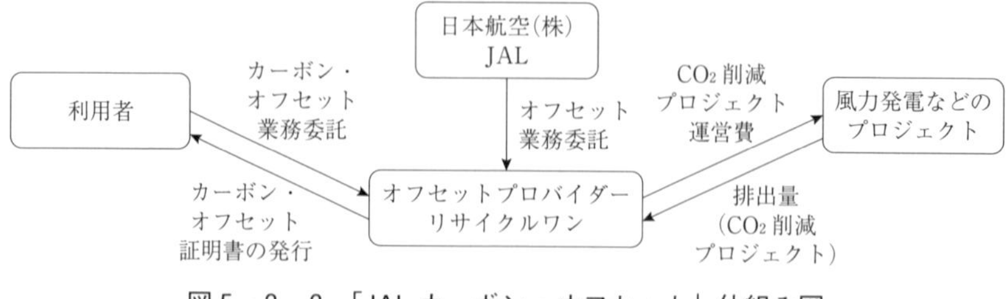

図5－3－3 「JAL カーボン・オフセット」仕組み図

(出所) 日本航空 CSR 情報「JAL グループのカーボン・オフセット」を参照し作成。〈http://www.jal.com/ja/csr/environment/carbon_offsetting/detail01.html〉

担し、フライトチケット購入の際にオフセット料金を付加した金額(例えば、羽田→成田は、500円程度、成田→ロンドンだと5,000円程度)を支払うことになる。このサービスでは、航空業界に限らずさまざまな業種の企業に拡大することで、企業同士の連携やユーザーによるサービスの相互利用が可能となる。参加する企業にとっては、顧客層の拡大などシナジー効果を創出するメリットがある。その仕組みは、図5－3－3に示される。

5-3-4 「農強ダストパック」ポリ袋―(株)岩井化成―

(株)岩井化成は、2009年8月1日～2010年7月31日の期間限定で農強ダストパック(NK-45：27.1g NK-70：44.1g NK-90：61.8g)の製造工程から発生するCO_2排出量をオフセットするために、それに相当するクレジットを購入した。そのクレジットは、次の2種類である。①同社の植林事業からのJ-VER(国内のもりづくり事業『清風の森』において、CO_2を吸収する植樹を実施する)、②三菱UFリース(株)を通じて、インド、カルナタカ州NSL 26.65MW風力発電プロジェクトから創出されたCERを購入する場合がある。そのクレジット費用は、商品価格に上乗せされる(但し、出荷運賃は含まれない)。その仕組みは図5－3－4に示される。「農強ダストパック」は、使用済み農業用ハウスの農ポリエチレンをリサイクルすることでCO_2を削減したポリ袋であるため、上述の製造過程からのCO_2排出量をオフセットすることで、実質CO_2をゼロのポリ袋を開発した[14)]。

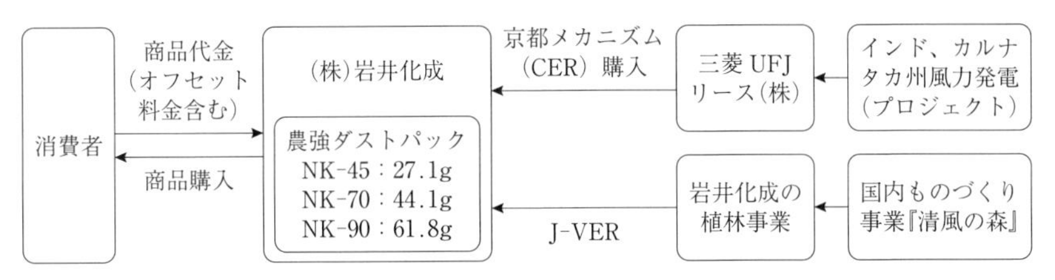

図5－3－4 「農強ダストパック」ポリ袋　仕組み図

（出所）（株）岩井化成webサイト「カーボン・オフセット商品」参照し作成。〈http://www.iwaikasei.co.jp/offset/index.html〉

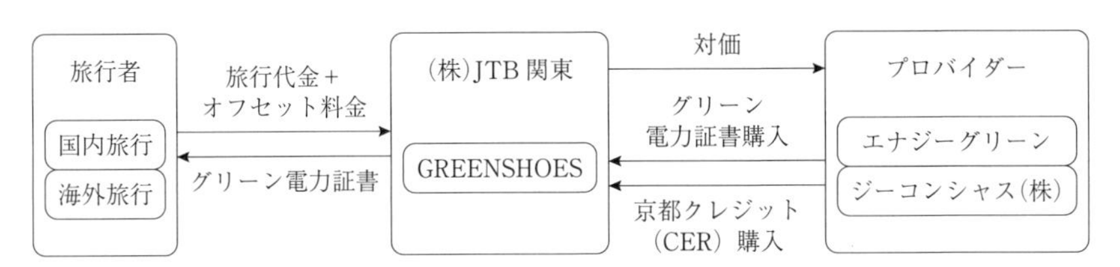

図5－3－5 「CO_2ゼロ旅行」仕組み図

（出所）（株）JTB関東「GREENSHOES－CO_2ゼロ旅行－」参照し作成。〈http://www.jtbcorp.jp/jp/csr/eco/jirei_02.asp〉

5-3-5　CO_2ゼロ旅行―(株)JTB関東―

(株)JTB関東は、(NPO法人)環境エネギー政策研究所と共同で、グリーン電力証書およびCERを用いたカーボン・オセットの仕組みを利用した商品「CO_2ゼロ旅行」を開発し、販売している。それは、旅行者が旅行に伴う飛行機・電車・バス・船舶での移動の際に排出するCO_2を旅行者自身がオフセットするために、それに相当するクレジット（国内旅行はグリーン電力証書・海外旅行は京都メカニズムのCER）を購入する。その費用は、例えば、ある旅行において、排出するCO_2が一人当たり約40kgと算出されるならば、そのCO_2をオフセットするために、一人当たり550円分を旅行代金に上乗せされて旅行者が支払うことになる。その仕組みは、図5－3－5に示される。なお、この「CO_2ゼロ旅行」に参加した証明として、JTB関東は、国内旅行者に対しては「グリーン電力証書」が配布される。なお、「CO_2ゼロ旅行」は、2007年4月12日より販売開始以来17万人を超える人々が利用したヒット商品となった[15]。

5-3-6 洞爺湖サミットにおけるカーボン・オフセット事業

2008年の北海道洞爺湖サミット開催において、日本政府は、「洞爺湖サミット カーボン・オフセット事業」および「北海道洞爺湖サミットのための自主的なカーボン・オフセットの取り組み」を実施した[16)]。具体的に、日本政府は、「洞爺湖サミット カーボン・オフセット事業」において、オフセットの対象はサミットに参加するG8代表団ほか、国際機関の長および随員、プレス関係者に数値を設定した。対象とする活動は、サミット関係者が海外からの拠点からサミット会場までの移動（国際フライト、国内フライト、国内での自動車移動等）、におけるCO_2の排出と、参加者の宿泊に伴うCO_2排出量、サミット会場等関連施設（国際メディアセンター等）のエネルギー使用に伴うCO_2排出量をオフセットするために、京都メカニズムのCERを複数組み合わせ、ポートフォーリオを組んで購入した。クレジットの購入に際しては、プロジェクトを日本国内で公募の上選定し、環境面での意義、社会的な側面、プロジェクトの実施国、プロジェクトへの日本の関わりなどを考慮した。その仕組みは、図5－3－6に示される。

さらに、同サミット関連活動への参加、取材等のために世界各地から北海道を訪れる人々（上述の洞爺湖サミットカーボン・オフセット事業の対象者以外の人々）が、自らの移動から生じたCO_2排出量を自主的にオフセットするために「北海道洞爺湖サミットのためのカーボンオフセット・サイト」において、クレジット（CERに加えて、J-VER、グリーン電力証書を含む）を購入することができる。クレジット購入者のなかで、希望者にはオフセット証書（発行費用は個人負担）が発行される[17)]。

5-3-7 東北夏まつりカーボン・オフセット―東北夏まつりネットワーク―

青森ねぶた祭や仙台七夕まつりなど東北6県で行われる夏祭りの開催に伴い電力・燃料使用により排出されるCO_2排出量を地域内の国内クレジット制度を活用してオフセットする取り組みである。具体的に、東北経済産業局と協賛企業10社から構成される国内クレジット制度東北地域推進協議会は、東北緑化環境保全㈱に対して「東北夏まつりカーボン・オフセット」事業を委託し、オフセット支援をする。東北緑化環境保全は、東北の35商工会

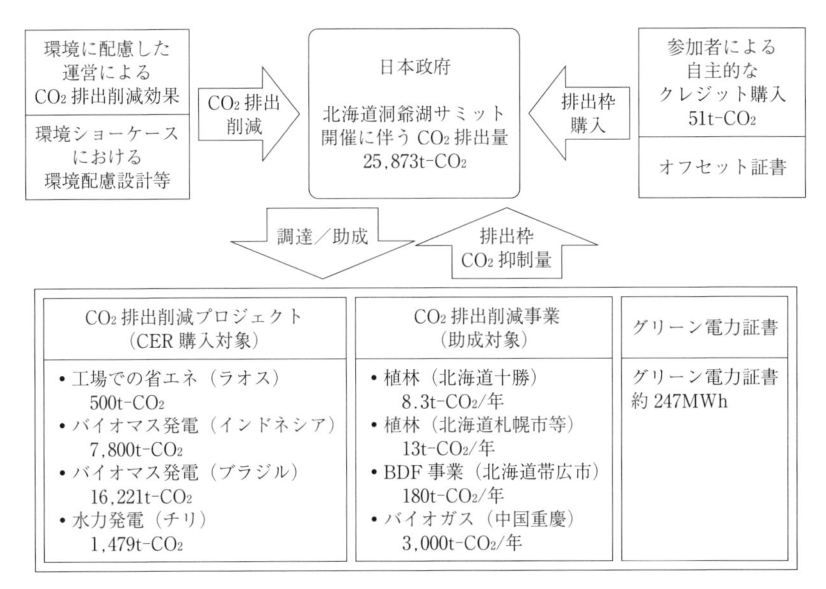

図5－3－6　洞爺湖サミットにおけるカーボン・オフセット仕組み図

（出所）　スマートエナジー編（2009）p. 219を参照し作成。

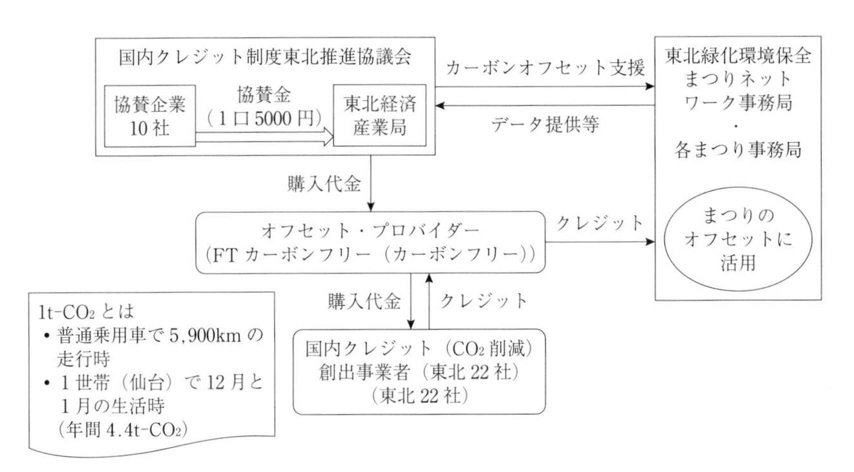

図5－3－7　東北夏まつりカーボン・オフセット仕組み図

（出所）　経済産業省　東北経済産業局　プレスリリース　2012年7月14日付。～東北夏祭りネットワークとの連携によるカーボンオフセット～を参照し作成。〈http://www.tohoku.meti.go.jp/s_shigen_ene/syo_energy/topics/pdf/120714〉

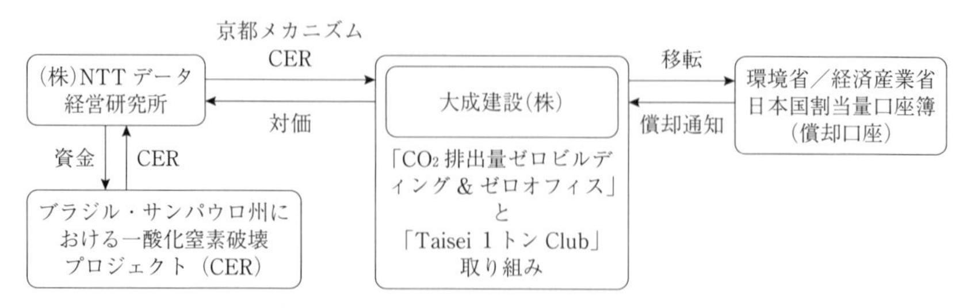

図5－3－8 「CO_2 排出量ゼロビルディングとゼロオフィス」＆「Taisei 1トン Club」仕組み図

（出所） 大成建設(株)・(株)NTT データ経営研究所プレスリリース 2010年4月19日付。「会社と社員の家庭でカーボン・オフセットを同時に実現」を参照し作成。〈http://www.taisei.co.jp/about_us/release/2010/1266480756791.html〉

議所と夏祭り40団体で組織する「東北まつりネットワーク」と連携し、東北の夏まつり（各祭りの平均参加者数：106万人）で排出される CO_2 排出量（29t-CO_2）を東北の22企業が省エネルギー事業によって削減された CO_2 削減量をクレジットとして購入しオフセットした。クレジットの購入費用は、当該夏まつりの協賛企業10社の寄付によって賄われた[18]。その仕組みは、図5－3－7に示される。

5-3-8 CO_2 排出量ゼロビルディング＆ゼロオフィス―大成建設(株)―

5-3-8-1 Taisei 1トン Club ―大成建設(株)― （類型Ⅱ-d-Ⅰ）

大成建設(株)は、①2010年に CO_2 排出量をオフセットしたビルディングとオフィスを実現した。同時に、②同社の社員の日常生活（家庭での電力などの使用エネルギーからの1人あたり CO_2 排出量）をオフセットするために、社員参加型の仕組み「Taisei 1トン Club」を立ち上げた。その仕組みは、図5－3－8に示される。

第1に、「CO_2 排出量ゼロビルディング＆ゼロオフィス」の取り組みは、次の通りである。大成建設(株)の技術センター事務所棟、および、札幌支店ビルおけるエネルギー使用により排出される年間800トンの CO_2 排出量をオフセットするために、それに相当するクレジットをブラジル・サンパウロ州における一酸化窒素破壊プロジェクトから創出されたCERを購入する。

その費用は、大成建設が全額を負担しオフセットし、両施設は2010年度においてCO_2排出量をオフセットしたビルディングとオフィスにて運営されることになった。

第2に、社員参加型の「Taisei 1ton Club」は、同社の社員個人の日常生活におけるCO_2排出量一人当たり1.965トンのうち、1トン以上ついてオフセットを支援するために、社長以下の社員655名（全社員9,131名の7.2%）、合計973トン（多い社員は10トンを購入）に相当するクレジットを購入、その費用は、社員が全額負担する仕組みである。

オフセットのために用いるクレジットは、同会社が上述の800トンと合わせて一括購入した。つまり、ブラジルのサンパウロ州における一酸化二窒素（N_2O）破壊プロジェクトにより創出されたCERを㈱NTTデータがパイロット事業により開設された「CO_2排出権オンライン仲介サイト」を通じて、1トン当たり1,800円で購入した。このように企業が自社の社員個人のオフセットに必要なクレジット購入を、会社のオフセット分と合わせ一括で購入することは日本初の取り組みである。

なお、大成建設の会社施設には、「自主的オフセットマーク」が㈱NTTデータ経営研究所より付与され、また、「Taisei 1トンClub」においては、京都メカニズムのクレジットを購入した社員一人ひとりに対して、クレジットのシリアルナンバー付きのステッカーが配布される。社員それぞれが自由に選択した、日常生活におけるカーボンオフセットの対象とする場所（例えば、自宅や、自家用車など）にこのステッカーを貼ることができる。同社では、このような企業と社員が一体となった取り組みで、CO_2排出量削減を実現し、2012年までの3年間で、会社と個人で合わせて6,000トンの償却を目標とした[19)]。

5-3-9　高知県と㈱ルミネのJ-VERを用いたカーボン・オフセット事業

東京都内のショッピングセンター事業の管理及び運営会社である㈱ルミネは、高知県と共同でカーボン・オフセットモデル事業を実施した。本事業は、我が国のJ-VER制度の第1号である[20)]。具体的に、㈱ルミネは、環境活動のさらなる活動として、同社社員の通勤ルート（通勤時における徒歩・

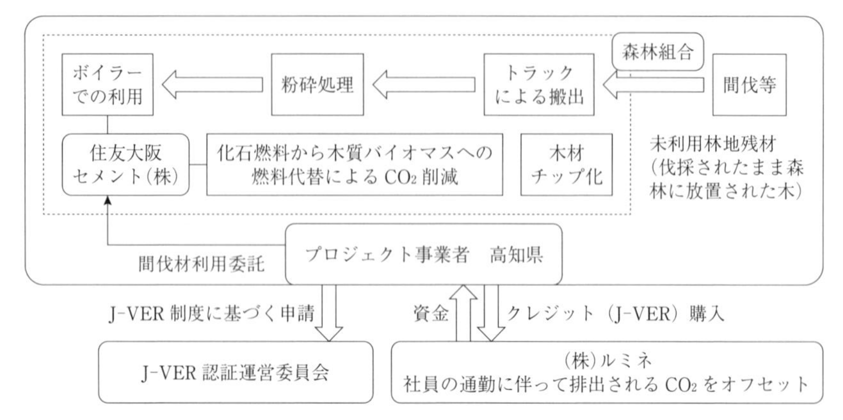

図5－3－9　高知県と㈱ルミネのJ-VERを用いたカーボン・オフセット事業仕組み図

（出所）　オフセット・クレジット（J-VER）制度について（詳細版）p. 18を参照し作成。

自転車、バス、バイク、自転車、電車の使用による CO_2 排出量を対象）を検討した。例えば、乗車区間の短縮（電車一駅分徒歩）、エコなルートの選択などの削減努力を行ったうえで、どうしても減らせない CO_2 排出量をオフセットするために、2007年に高知県の CO_2 排出削減事業（高知県木質資源エネルギー活用事業プロジェクト）から創出された CO_2 排出削減量（J-VER）を購入した。クレジットの収益は、燃料転換に必要な当該林地残材の運搬を地元の森林組合に委託するための費用等に充当する[20)]。その仕組みは、図5－3－9に示される。

5-3-10　新潟県佐渡市「トキの森」整備事業―㈳新潟県農林公社―

㈳新潟県農林公社は、2008年4月～2013年3月にトキが暮らす佐渡の森づくりを造林するために、「京都議定書第3条4項森林経営」にあたる間伐作業による森林経営活動により、CO_2 吸収量を増大する「トキの森」整備事業を実施した。本事業は、都道府県J-VERプログラとして初めて認証された新潟県カーボン・オフセット制度の第1号であり、その仕組みは、図5－3－10に示される。

「トキの森」整備事業に参加する加盟店において、レジ袋の製造・廃棄お

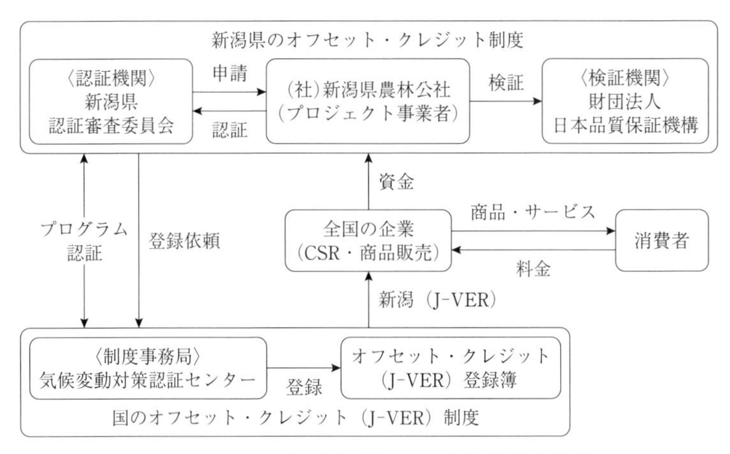

図5－3－10　新潟県佐渡市「トキの森」整備事業仕組み図

（出所）「トキの森プロジェクトについて」―社団法人新潟県農林公社―を参照。
〈http://www.tokinomori.jp/project/index.html〉

よび自動車利用等によって CO_2 が排出される。その CO_2 の排出量をオフセットするために CO_2 を吸収する森林整備に資金供給する。この取り組みはトキの生息に必要な森を整備することに寄与する。具体的には、レジ袋の有料化で得た資金の一部や旅行などでの使用する貸し切りタクシーの収益の一部を「トキの森」整備事業に資金供給する。資金調達は、モデル事業に参加する加盟店が実施する次の4つの方法である[21]。①有料化したレジ袋の製造・廃棄に伴い発生する CO_2 排出量をオフセット、②旅行でのワンボックス貸切タクシー走行に伴って発生する CO_2 排出量をオフセット、③和太鼓集団「鼓童」が行う国際芸術祭「アース・セレブレーション」の電気使用に伴い発生する CO_2 排出量をオフセット、④新潟市内の印刷会社の印刷・製本に伴い排出する CO_2 排出量をオフセット、である。

「トキの森」整備事業の概要は、次のとおりである。㈳新潟県農林公社が事業主体となり、佐渡市（新穂、佐和田、金井、畑野、真野地区など）において、間伐作業による森林経営活動を行い、森林の CO_2 吸収量を増大させる。本事業の対象の森林面積計約154ha、CO_2 の吸収量、計約6,685トン-CO_2（5年間の平均約1,337トン-CO_2）である。具体的な目標は、①CO_2 吸収量の確保による温暖化対策の推進、②カーボン・オフセットの資金による森林整備

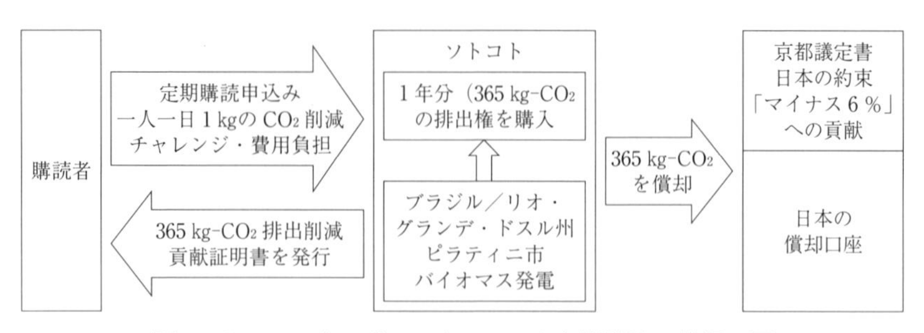

図5－3－11　カーボン・オフセット定期購読の仕組み図

（出所）　スマートエナジー編（2009）p. 95を参照し作成。

の促進、林業の活性化、雇用の創出、③森林生態系の保全とトキの生息環境の向上である。そこでのCO_2吸収量「トキの森クレジット」（1t-CO_2あたりの希望単価は15,000円）は、検証機関を通じて、新潟県のプログラム認証後、新潟県J-VERとして発行され、それを企業や団体向けに販売され、企業は、それをカーボン・オフセット商品に使用することができる。そこから得た収益は、再び佐渡の間伐等の森林整備等に活用されて資金が循環する[22]。このことが本事業の特徴の一つである。

5-3-11　カーボン・オフセット定期購読―㈱木楽舎―

㈱木楽舎が発行している、月刊「ソトコト」は、定期購読者が1人、1日、1kgのCO_2排出量のオフセットを支援するために、2007年10月号・創刊号から、排出権（クレジット）を付与した「カーボン・オフセット定期購読」を実施している。具体的には、㈱木楽舎は、「ソトコト」の定期購読者が、1人、1日、1kg（年間365kg）のCO_2排出をオフセット支援するために、それに相当する排出権を購入する。つまり、ブラジル／リオ・グランデ・ドスル州ピラティニ市にてコブリッツ社が行っている木質バイオマス発電プラントから創出されたCERである。排出権の費用は、木楽舎が年間定期購読料の一部から負担する。なお、定期購読者には、木楽舎よりCO_2排出削減の貢献証明書を定期購読者に対して個別に発行する仕組みである[23]。それは、図5－3－11に示される。

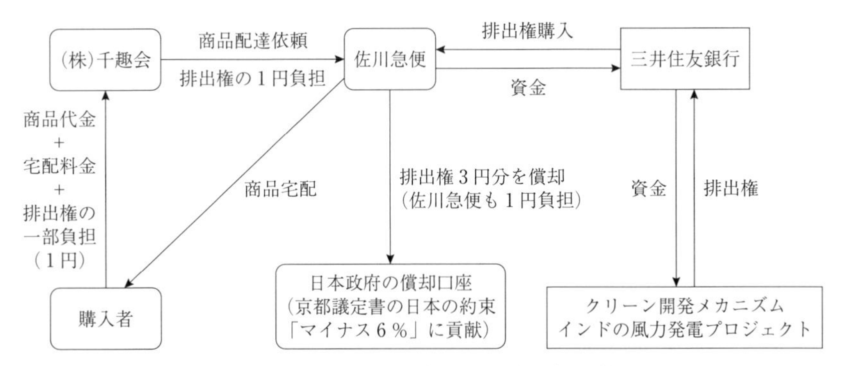

図5－3－12　CO_2 排出権付き飛脚宅配便の仕組み図

(出所)　スマートエナジー編（2009）pp. 206-207を参照し作成／佐川急便(株)「CO_2 排出権付き飛脚宅配便」を参照し作成。〈http://www2.sagawa-exp.co.jp/newsrelease/detail/2008/1014_411.html〉

5-3-12　CO_2 排出権付き飛脚宅配便（通販利用で宅配時、顧客が排出権購入）―佐川急便(株)―

佐川急便(株)は、2008年9月1日～2009年6月30日の期間限定で「CO_2 排出権付飛脚宅配便」を実施した。それは、消費者が商品の宅配に伴う CO_2 排出量をオフセットするために、佐川急便が三井住友銀行を通じて、それに相当する排出権をインド・タミル地方の風力発電プロジェクトから創出された CO_2 排出量を排出権（1万トン）として、購入する。その仕組みは、図5－3－12に示される。

具体的に、消費者が、千趣会(株)のインターネットショッピングサイト「ベルメゾンネット」で購入する際に、「CO_2 排出権付飛脚宅配便」を選択することで、排出権購入の一部1円を負担する（これは宅配便1個当たりの輸送にかかる CO_2 排出量346グラムに相当する）、加えて同額分を千趣会ならびに佐川急便がそれぞれ負担することで、合計1,038グラム（3円相当量）の CO_2 排出権を佐川急便が購入する。当該サービスは2008年9月から始まり、2009年4月現在、このサービスの利用によって佐川急便が購入した排出権1万トンのうち、86.76 tが日本国政府に償却された。この量は、サービスが提供されている半年間で考えると、約480人の CO_2 排出を一人当たり1kg削減した量に相当する。「ベルメゾンネット」における「CO_2 排出権付き飛脚宅

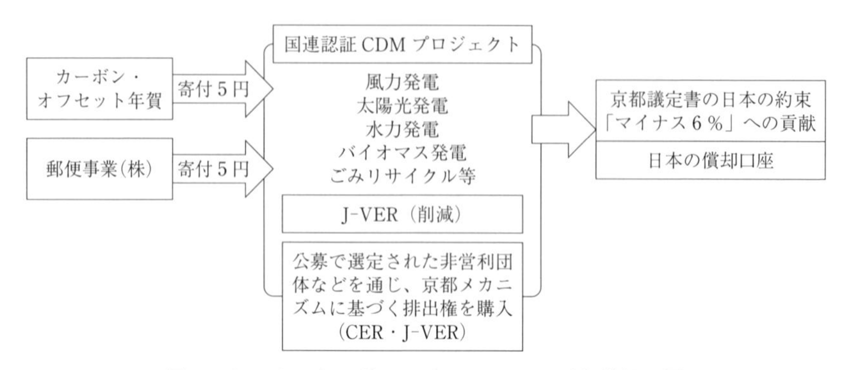

図５－３－13　カーボン・オフセットはがき仕組み図

（出所）　スマートエナジー編（2009）p. 204 を参照し作成。

配便」は、導入１カ月で 11,000 個を超え、2009 年５月 19 日の配送で 10 万件（CO_2 排出量：約 100 t 相当）を突破したのである[24]。

5-3-13　カーボン・オフセットはがき

郵便事業㈱は、2007 年に 2008 年年賀用よりカーボン・オフセット年賀の販売を開始した。それは、通常の年賀はがき 50 円に対して５円分高く設定しており、この５円が CO_2 排出削減のための寄附になる。すなわち、寄附の目的を地球温暖化防止に限定した「カーボン・オフセットはがき」を個人・団体等が購入することにより、各購入者が排出した CO_2 をオフセットすることが出来るので、主として、環境意識の高い人々によって購入される。その制度の内容は、次のとおりである。

「カーボン・オフセットはがき」に付加された寄附をもとに郵便事業㈱は、オフセットのためのクレジットを購入し、同はがき購入者の日常生活からの CO_2 排出量を寄附金額に応じてオフセット支援する。その仕組みは、カーボン・オフセット寄附金付きはがきに付加された１枚当たり５円の寄附金を同はがき購入者が負担し、郵便事業㈱が同額をマッチング寄附金として寄附する。この合計額 10 円が同はがき１枚当たりの寄附金となる。それを「カーボン・オフセット事業助成プログラム」の公募団体（公益法人・NPO）などに配分し、最終的に、その団体がクレジットを購入し、政府の償

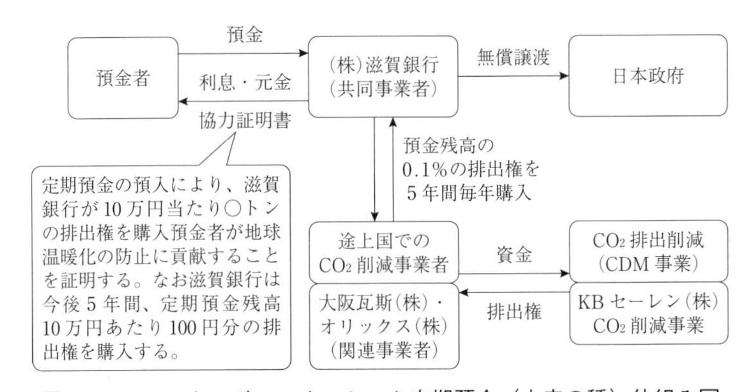

図5－3－14　カーボン・オフセット定期預金（未来の種）仕組み図

（出所）「滋賀銀行の取り組み　国内クレジット事例先進事例セミナー」2009年6月8日資料を参照し作成。〈http://jcdm.jp/link/data/seminar/osaka_02.pdf#search〉

却口座に寄附する[25]。その仕組みは、図5－3－13に示される。

5-3-14　カーボン・オフセット定期預金（未来の種）―(株)滋賀銀行―

(株)滋賀銀行の「カーボン・オフセット定期預金「未来の種」は、環境意識の高い預金者から集め、銀行が預金者の定期預金一定金額に応じ、排出権を購入するものである。具体的に、金利は、スーパー定期、スーパー定期300の店頭表示金利を適用、預け入れ期間は5年間である。約60億円を上限に募集し、滋賀銀行が預入金額の0.1%にあたる600万円相当を負担して200トン分のCO_2削減事業による京都メカニズムのCERもしくは国内クレジットを購入する。その仕組みは、図5－3－14に示される。

国内クレジットの概要は、次のとおりである。(株)滋賀銀行が共同事業者となりKBセーレン(株)長浜工場における省エネルギー事業（石炭・重油ボイラーから都市ガスボイラーへの更新）によって生じたCO_2削減量（クレジット）を購入する。加えて、滋賀銀行も自らの負担（マッチング）で、今後5年間、定期預金残高10万円あたり100円分の排出権を購入する。預金者には「協力証明書」が発行される。2008年4月1日より販売されたカーボン・オフセット定期預金「未来の種」は、当初募集予定金額の60億円を超える62億30百万円（2008年9月3日現在）に達した[26]。なお、カーボン・オフセット定

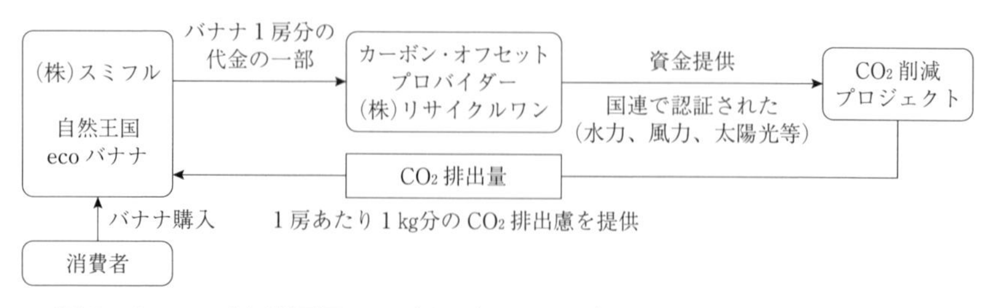

図5－3－15 「自然王国エコバナナ」のカーボン・オフセット運動仕組み図
(出所) (株)スミフルwebサイトより「自然王国ecoのカーボンオフセット運動」を参照し作成。
〈http://www.sumifru.co.jp/line_up/eco_banana/index02.html〉

期預金(未来の種)によって集められた資金は、環境配慮型企業融資「未来の芽」の原資となる仕組みである。

5-3-15 「自然王国エコバナナ」カーボン・オフセット運動 ―(株)スミフル―

(株)スミフルは、2008年9月に、消費者の日常生活から排出される1日1kgのCO_2排出量をオフセットするために、自然王国エコバナナを販売した。消費者は、そのバナナ1房を購入することによって1日1kg分のCO_2排出量をオフセットすることに参加できる取り組みである。そのためのクレジットは、京都クレジットのCER(水力、風力、太陽光等のプロジェクト)を購入し、その調達費用は、バナナの価格に含まれている。すなわち、消費者負担である。また同社は、エコバナナの栽培・加工および製造に伴うCO_2排出量を算定し、カーボンフットプリントを実施する予定である。その仕組みは、図5－3－15に示される。なお、2013年12月現在、自然王国ecoバナナのCO_2削減量は26,748kg、累計5,424,498kgである。例えば、ブナの木が1年間に吸収するCO_2量を換算すると、上述の累計量は、約493,136本に相当する[27](ブナの木1本が1年間に吸収するCO_2を約11kgとして換算)。

5-3-16 排出権付き自動車リース―排出権信託・三菱オートリース(株)―

企業による環境意識の高まりを反映して、自動車流通関連業界においてもCO_2の排出量を他分野・他地域での削減量と相殺するカーボン・オフセッ

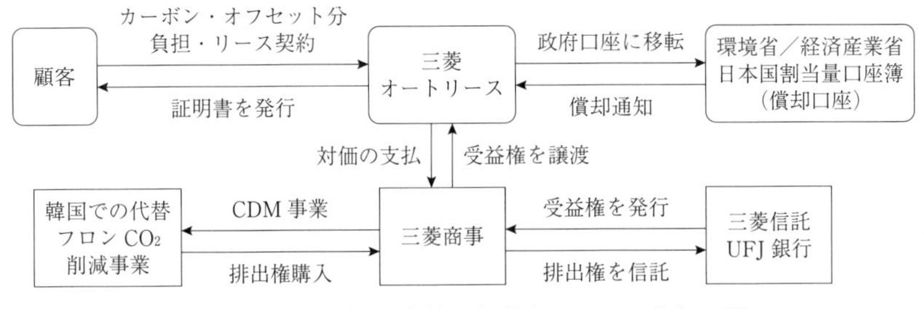

図５－３－16　排出権付き自動車リースの仕組み図

（出所）　スマートエナジー編（2009）p. 202 を参照し作成／三菱オートリース(株)「排出権付き自動車リース」〈http://www.mitsubishi-autolease.com/service/col.html〉を参照し作成。

トを導入する動きが活発化している。排出権付きの自動車リースとは、リース期間中に車両の運行に伴う CO_2 排出量をオフセットするために、顧客がそのクレジット費用を上乗せしてリース料を支払うという仕組みである。そのためのクレジットを三菱オートリース(株)は、三菱商事(株)が実施する韓国での代替フロン CO_2 削減事業によって創出された CER（三菱商事が三菱 UFJ 信託銀行に信託した信託受益権を利用）を購入し、それによって、実質的に顧客が排出する CO_2 の全部もしくは一部をオフセットする[28]。その仕組みは、図５－３－16 に示される。

当該仕組みにおいて、2007 年「地球温暖化対策の推進に関する法律」（温対法）が一部改正され、排出権が財産権の一種であると明示されたことに伴い、排出権を法的に譲渡や信託対象にできるようになった。三菱商事は、韓国の代替フロン分解事業から排出権を調達する。それを三菱 UFJ 信託銀行に信託し、同銀行は、管理や保管を担当するが、温暖化ガスの排出を相殺できる権利は「受益権」として分離し、三菱商事向けに「受益権」を発行する。三菱商事は、その受益権を利用して三菱オートリースに排出権を小口販売し、三菱オートリースが一定期間内にそれを日本政府の口座に無償譲渡するという仕組みである。その年度の日本の CO_2 排出量削減効果があり、顧客が排出した CO_2 を相殺することができる。

5-3-17　CO_2 オフセット運動―(株)ローソン―

(株)ローソンは消費者の日常生活からの CO_2 排出量のオフセットを支援

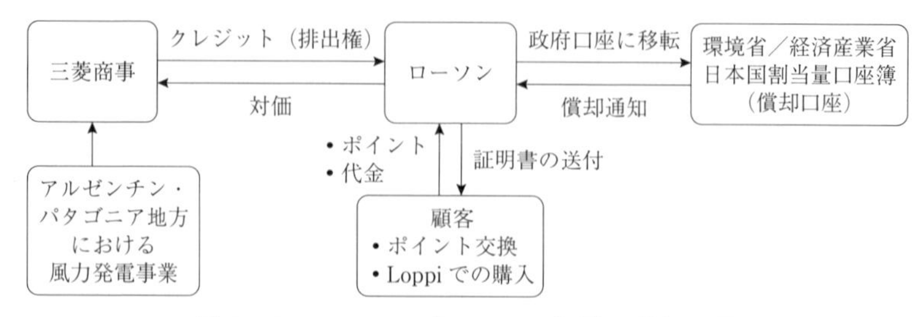

図 5 - 3 - 17　CO_2 オフセット運動の仕組み図
（出所）　スマートエナジー編（2009）p. 184 を参照し作成。

するために、2008 年 4 月に消費者に代わって CO_2 排出権を三菱商事がアルゼンチン・パタゴニア地方における風力発電事業によって創出された CER を調達し、国の CO_2 削減量として計上された状態で、後から消費者に任意で費用を徴収するという「CO_2 オフセット運動」を開始した。

同社は商品の購入時に付与されるポイントを排出権の購入費用に充当することに着目した。排出権購入費用は、ポイントだけでなく現金での支払いも可能である。現金で支払う場合、CO_2 換算で「200 kg」1,050 円、「500 kg」2,500 円、「1 トン」4,500 円の 3 種類がある。購入方法は、同社の店舗に設置した情報端末「Loppi（ロッピー）」にて申し込むことができ、およそ 1 週間後に購入者に対して、排出枠の識別番号が入った証明書が送付される[29]。その仕組みは、図 5 - 3 -17 に示される。

5-3-18 「カーボン・オフセット農産物」―南アルプス市―

南アルプス市は、CO_2 認証ラベルを貼付した農産物のサクランボ（1 パックあたりに 5kg CO_2-2,300 パック）とシンビジューム（1 鉢あたりに 5kg-CO_2 × 1,500 鉢）を市場で販売した。消費者は、日常生活から排出される一人当たり CO_2 排出量 5kg をオフセットするために、それらを購入する。

同市は、CO_2 認証を取得するための CO_2 削減量（クレジット）は、地場の金山沢川水力発電所の「南アルプス市の清らかな水からの J-VER 創出プロジェクト」から創出されるものを取得する。このような水力発電からの J-VER 創出は、国内初の取り組みである。クレジット購入費用は、農産物の価格に上乗せし、オフセットを支援する[30]。加えて、同農産物は、南アルプ

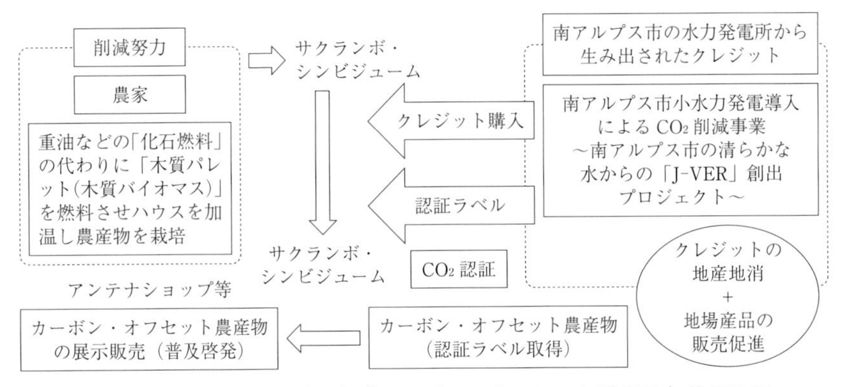

図5－3－18　南アルプス市「カーボン・オフセット農産物」仕組み図

（出所）「オフセット・クレジット（J-VER）制度について（詳細版）」p. 20を参照し作成。環境省webサイト〈http://www.env.go.jp/earth/ondanka/mechanism/carbon_offset/conf5/02/ref06.pdf#search〉

ス市がCO_2削減事業（加熱燃料を化石燃料から木質バイオマスに代替）を実施したハウス栽培による農産物であることも注目される。なぜなら、本取り組みは消費者のオフセットの支援のために、南アルプス市が地場産品の販売促進を行いつつ、当地で創出されたJ-VERを活用し、クレジットの地産地消を実現しているからである。その仕組みは、図5－3－18に示される。

5-3-19　森のエコステーション（資源回収ステーション）のカーボン・オフセット

本システムの管理及び運営会社である㈱環境思考は、消費者がリサイクル資源を「エコステーション」に持ち込む際に発生するCO_2の排出量をオフセットすることを支援するために、それに相当するクレジットを当地の「三重県大台町宮川流域における持続可能な森林管理プロジェクト」から創出されたJ-VERを購入する。その購入費用は、消費者が、リサイクル資源を持ち込むことによって付加されるポイントの一部を用いてオフセットする。同時に輸配送業者においても、リサイクル工場にそれを搬入する際に発生するCO_2の排出量をオフセットするために、森のエコステーション運営会社が、上述のクレジットを同様に購入する。クレジットの購入費用は、輸配送業者が負担する[31]。本取り組みは、資源の地産地消を実現していること

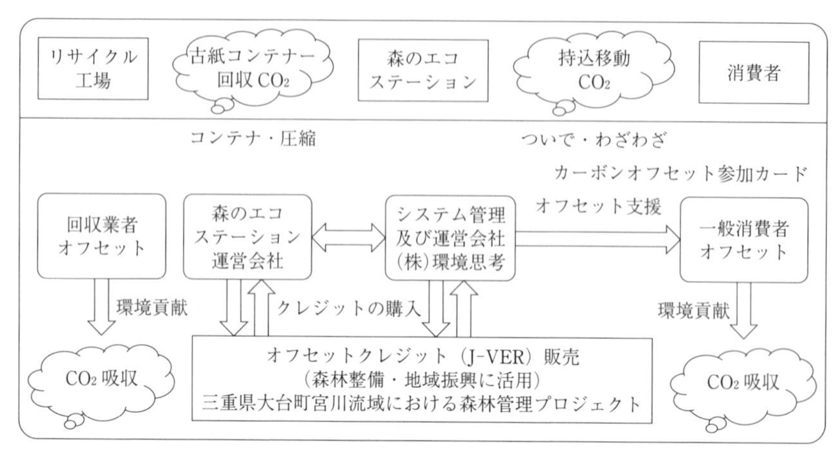

図5－3－19　森のエコステーション（資源回収ステーション）のカーボン・オフセット仕組み図

（出所）　環境省（2012）p.3を参照し作成。

が特徴の一つである。その仕組みは、図5－3－19に示される。

5-3-20　新宿区と伊那市の連携によるカーボン・オフセット ―新宿区―

新宿区と伊那市は、地球環境を保全するために2008年に「地球環境保全のための連携に関する協定（基本協定）」を締結し、2009年5月に「伊那市市有林整備実施に関する協定」、「新宿の森の使用に係る協定」および「森林整備協定」を締結した。同協定に基づき、新宿区は区民が排出する CO_2 をオフセットするために当区自らが財政支出を行い、間伐を要する伊那市の市有林の森林整備を図る。具体的には、伊那市の森林組合等に対して事業委託により、森林整備・植林活動を実施する。その事業から森林の CO_2 吸収量を増加させることによってオフセットを完結させる[32]。

新宿区は、「省エネルギー環境指針」を定めており、区内の CO_2 排出量を2010年度で約10万トン、2008年で約34万トン削減する目標を掲げている。カーボン・オフセットに取り組む意義は、住民相互の交流や環境学習の機会を増やし、区民の環境問題への意識を高めることである。したがって、伊那

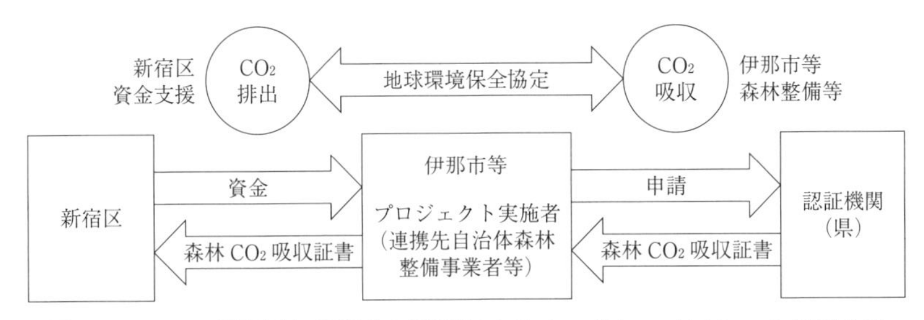

図5－3－20　新宿区と伊那市の連携によるカーボン・オフセット仕組み図

（出所）　環境省「特定者間完結型カーボン・オフセットの主な取組事例　資料(2)自治体間協定（新宿区・伊那市）資料　pp. 3-4 を参照し作成。〈www.env.go.jp/earth/ondanka/mechanism/carbon.../ref01.pdf〉

市の森林を活用した環境学習事業には、新宿区民が参加し、それぞれの啓発を図る機会となっている[33]。その仕組みは、図5－3－20に示される。

5-3-21　きこりんと Project EARTH ～植林による住宅カーボン・オフセット～―住友林業(株)―

住友林業(株)は、従来より山林環境事業を通じて、高度な植林技術を培っている。同社の戸建て住宅の主要構造材利用（伐採、製材、輸送、建設工事）に伴う年間の CO_2 排出量は、約 60,000 トン-CO_2 である（住宅1棟あたりの主要構造材利用に伴う CO_2 排出量は約 6 ton-CO_2 であり、年間約1万棟の住宅を建築している）。それをオフセットする場合、300 ha の植林面積に約 30 万本の植林を必要とし、植林後 10 年間かけて育林を行うことで必要な CO_2 を吸収する。1棟当たりに必要な植林面積は、当社の平均的な戸建住宅の延べ床面積（147 m^2/棟）の2倍となる。2009 年から5年間の引渡し済み戸建住宅をオフセットするために、インドネシアにおける植林活動（育林期間も含めて、合計 14 年）を実施することによりオフセットを完結する[34]。その仕組みは、図5－3－21に示される。

5-3-22　西友と「ハッピーロード大山商店街」CO_2 削減事業

東京都板橋区の「ハッピーロード大山商店街振興組合」は、2009 年に「ハッピーロード大山商店街」の照明を水銀灯から LED に更新する省エネ

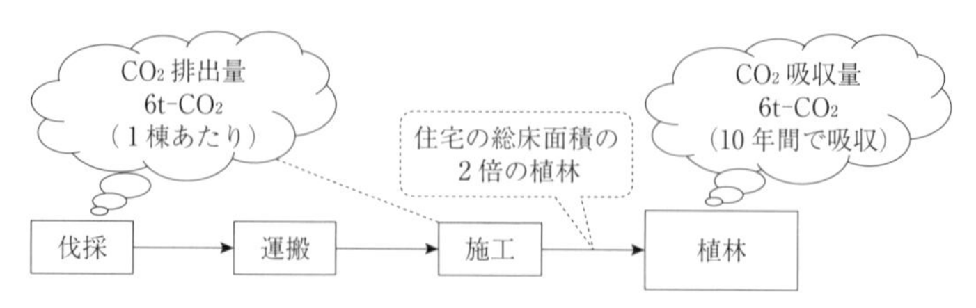

図5－3－21　きこりんとProject EARTH～植林による住宅カーボン・オフセット～の仕組み図

（出所）　住友林業(株)ニュースリリース　2012年3月2日付　～住友林業における環境配慮への取り組み。“Project EARTH”～建築した住宅の2倍の面積をインドネシアの荒廃地に植林～　を参照し作成。〈http://sfc.jp/information/news/2012/2012-03-02.html〉

ルギー事業に際して、環境活動に積極的な大手スーパー西友から資金供給を受け実施した。西友は、その事業によって削減されたCO_2排出量（年間あたり85%、約300トンのCO_2）をクレジットとして取得し、それを経団連の環境行動計画の目標達成等のために活用する[35]。このような商店街のCO_2排出量を企業に売却するのは、国内初の取り組みである。商店街と大手スーパーが連携してCO_2削減に貢献していくモデルケースとして、今後全国各地の商店街にも活用が期待される。その仕組みは、図5－3－22に示される。

5-3-23　カーボン・オフセット県民運動―岐阜県―

岐阜県は、2007年6月1日から2008年3月31日までの期間限定で、地球温暖化防止推進活動センターと協働し「カーボン・オフセット県民運動」を実施した。具体的には、県内の市民1世帯あたり日常生活や事業活動で排出された年間約5トンのCO_2排出をオフセットするために、岐阜県が大気環境木の植林を実施する。それに相当する植林に必要な資金を県民が寄付金として供給する仕組みである。それは、図5－3－23に示される。

大気環境木は、成長すると年間約27 kg CO_2を吸収するとされるが、これは、例えば毎日2時間テレビ（液晶32型）を見た場合のCO_2排出量に相当し、そのオフセットのために植林に要する費用は約500円である[36]。2008年度カーボン・オフセット事業報告書によれば、県は、募金額が57,063円に達したので、大気環境木を3本購入し、岐阜県内の山県市立高富小学校に

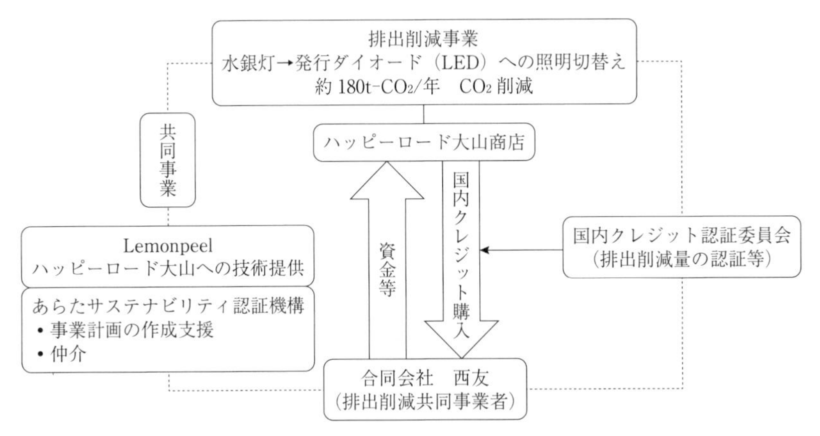

図5－3－22　西友と「ハッピーロード大山商店街」における CO_2 削減事業の仕組み図

（出所）　経済産業省「国内クレジット制度事例集」事例⑥「国内クレジット制度」を活用した中小企業者の省エネ事業―板橋区大山の商店街での事例―を参照し作成。〈http://jcdm.jp/case_study/〉

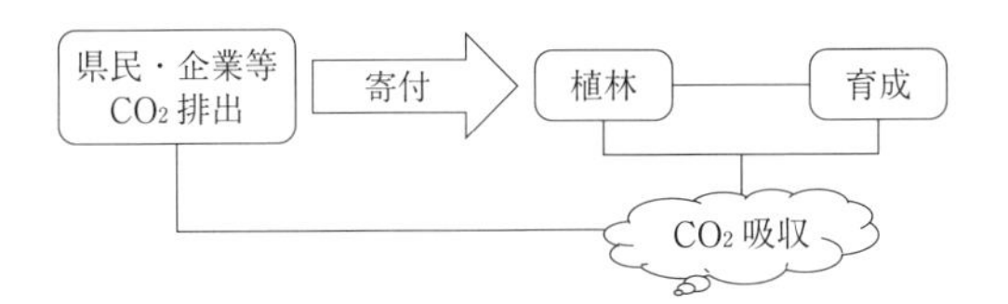

図5－3－23　岐阜県「カーボン・オフセット県民運動」の仕組み図

（出所）　地球温暖化防止推進活動センター「2008年度カーボン・オフセット県民運動　事業報告書」参照し作成。〈http://gifu-ondanka.org/contents/page61.php〉

植栽された。なお、2008年度からは、より多様な地球温暖化防止活動（植栽）を支援するために、地球温暖化防止活動推進センターに「岐阜県地球温暖化防止活支援基金（G-Eco基金）」が設置された。それは、各種イベントなどにおける県民からの募金および団体や企業からの募金により、植栽を進めていく資金になる。その募金目標額は、200,000円である[37]。

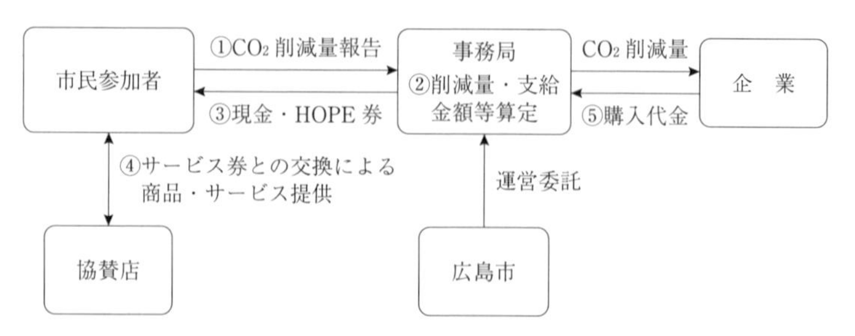

図5－3－24　広島市「市民参加のCO_2排出量取引制度」仕組み図

（出所）「市民参加のCO_2排出量取引制度の実施等について」広島市プレスリリース（2011年5月30日）参照し作成。〈https /www.city.hiroshima.lg.jp/www/contents//1306751598600/index.html〉

5-3-24　市民参加のCO_2排出量取引制度―広島市―

2010年、広島市は家庭での省エネルギー（電気、都市ガス）によって削減したCO_2排出削減量（以下、市民クレジットと表記する）を市が市民クレジットとして買い取り、それを大企業に売却するという「市民参加のCO_2排出量取引制度」を導入した。具体的に、広島市は、市民が世帯で電気、都市ガスによって削減した削減量をCO_2削減1kgあたり5円でクレジットとして買い取り、それを市内の大企業に売却する制度である。参加者には、省エネルギーによって削減したCO_2排出量に応じて現金やサービス（HOPE）券を支給する仕組みである。自治体が市民のCO_2削減に対して現金を支給する制度は、注目すべき取り組みである。なお、実施期間は2010～2012年度であり、企業への削減量の販売は2012年度以降の開始とした[38)]。

その取り組みの対象者は、広島市の同じ場所に1年以上在住している1000世帯である。これら応募者は家庭での電気と都市ガスの省エネに取り組み、11月、12月分の電気・都市ガスの使用量（検針票）のコピーを事務局（財団法人広島県環境保健協会）に提出する。市は、今年度は11月と12月分の使用量を前年同月に比べてどれだけ削減したかを検針票で確認して、その相当分を参加者に現金振り込みにて支給する[39)]。その仕組みは、図5－3－24に示される。

小　括―消費者の環境意識の高まりと期待できるカーボン・オフセット―

環境問題に対する消費者の意識変化を分析している「電通グリーンコンシューマー調査2013」によれば、「“環境問題への配慮と生活を楽しむことは両立できると思う”という意識は、2009年度の56%から、この5年間で着実に高まり66%となった」と指摘されており[40]、このことは、消費者の環境意識の高まりを示している。一方、環境庁（当時）国立環境研究所「地球環境問題をめぐる消費者の意識と行動が企業戦略に及ぼす影響（消費者編：日独比較）調査の概要について」によれば、我が国の消費者はドイツに比べて環境意識は高いけれども、環境行動が伴わないというギャップがあると指摘している[41]。では、消費者は、そのギャップを解消するためには、どのような行動をとればよいのであろうか。上述したことを踏まえて、さまざまな分野において、環境配慮型行動を実践することが重要であり、とりわけ、消費者（市民）と企業・企業市民が協働して取り組むカーボン・オフセットの普及が求められる。本書で取り上げたさまざまな取り組みのなかで、カーボン・オフセットの評価すべき点は、次の如くである。

まず第1に、消費者や企業が、自助努力では削減が困難なCO_2排出量をオフセットする機会を提供し、そのことがさらに人々の環境問題への意識を高めることにつながる。第2に、消費者や企業は、市場メカニズムを活用することによって、より費用対効果の高い方法で、いっそうのCO_2排出削減を進める方途が開けるとともに、そのような取り組みがカーボン・オフセットの市場および社会で評価されることにより、さらなるCO_2排出削減に向けた動機付けになる。第3に、オフセットのためのクレジットは、制度開始当初、クレジットの信頼性の点から、主としてCDM由来の京都メカニズムクレジット（CER）が活用されてきた。その場合は、CO_2削減プロジェクトが途上国等で実施されるため、そこでのCO_2排出削減に寄与するけれども、一方で、国内のカーボン・オフセット商品は、主として環境意識の高い消費者や企業を購入対象と想定し、その商品にクレジットを付与して販売される

表5－5　カーボン・オフセットを普及させるための取り組み事例

取り組み事例	特　徴
カーシエアリング「プチレンタ」	• オフセットの対象範囲を的確に算定できる仕組みである。 • 社会全体の車両数の減少やモーダルシフトに寄与する。 • 課題は省エネ・CO_2 排出抑制に繋がる新たな公共交通システムを構築することである。
カーボン・オフセット定期預金（未来の種）	• 地域の中での資金の流れに寄与する。 • 金融機関の環境配慮型行動として注目される。 • 環境定期預金が、環境配慮型融資の原資となっている。
カーボン・オフセットはがき	• 環境意識の高い人々が購入対象となるため、当該はがきの販売数前年比から「環境意識の高まり」の指標となる。 • 個人等が容易にアクセスでき、CO_2 排出削減への環境意識を高めることができる。 • 環境活動団体への支援にも繋がっている。
カーボン・オフセット農産物	• クレジットの地産地消を実現している。 • CO_2 排出削減への農業モデルとして普及が予想される。 • 課題は都市部の資金が還流する仕組みの構築である。

ことから、当該商品を購入する環境意識の高い消費者や企業の資金が国内に留まらず、国外に流出していると考えられる[42]。しかし、近年、J-VER 制度におけるプロジェクトの場合は、国内の森林整備のために利用されるクレジットのため、その資金が森林整備に向けられ地域に資金が還流し、副次効果も期待できる[43]。さらに言えば、そのプロジェクトは、CO_2 の排出削減・吸収するものであると同時に、国内生態系や生物多様性の保全等も促進するものであることが望ましい。他方、J-VER 購入者および利用者に対しても、多様な環境への貢献をアピールすることができる。第 4 に、環境省（2008）の指針によれば、課題として、カーボン・オフセットの算定範囲・算定方法の明確化、削減努力の強化、クレジットの信頼性の確保、無効化までの期間短縮などが挙げられている。また、こうした課題を段階的に向上させていくとしているが、その解決策として、認証とラベリングの必要性が指摘されており、第三者認証基準において、さらなる内容の充実が求められる[44]。最後に、われわれの主張を再述したいことは、消費者の環境意識の高まりが、カーボン・オフセットするための手段を求め、一方で企業が本書で示したように、消費者に対して広範な分野での主体的なオフセット商品を提供するこ

とは、消費者によるCO_2排出削減の取り組みのサポートをすることになる。このような相乗効果によって多種多様なカーボン・オフセットの取り組みの進化発展が期待できる。

なお、消費者の環境意識の高まりによって、カーボン・オフセットを普及促進させるために、上述したものの中から、今後、われわれが期待し、推奨する取り組みを4つ挙げておく（表5-5）。その4つのモデルは、これをベースに応用展開できる可能性がある代表的な事例である。低炭素社会の実現に向けて、さまざまな分野において、広範なカーボン・オフセットの取り組みのさらなる増加が期待される。

注

1）和田謙一（2008）「地球温暖化対策におけるセクター別アプローチ―セクター別アプローチに寄せられる期待、求められる役割、そして課題―」日本エネルギー経済研究所　IEEJ 7月　p. 11〈http://eneken.ieej.or.jp/data/pdf/1711.pdf〉

経団連は、2007年4月ポジションペーパーの中で、「地球規模でCO_2排出の抑制・削減の鍵となるのは、技術であり、継続的な技術の普及と確信的な技術開発の推進に向けて、産官学との連携、国際協力の柔術・強化が必要である。米国における「クリーンな開発と気候に関するアジア太平洋パートナーシップ（APP）」のような、セクター別アプローチは、産業界の知見の共有と普及を効率的に推進する実効ある仕組みである。実効性のある対策の具体的実践のためには、ボトムアップ型の対策を着実に推進することが重要」との認識を示している。

2）カーボンフットプリント制度の在り方（指針）改定版」カーボンフットプリント・ルール検討委員会（2010年7月16日）〈www.cms-cfp-japan.jp/common/.../51_2guideline_20100716〉

中庭知重（2009）「海外の取り組みとその事例」『カーボンフットプリント―LCA評価手法でつくる、製品別「CO_2排出量見える化」のしくみ―』（株）工業調査会 2章　p. 23。カーボンフットプリントとは、「商品のライフサイクル全般（資源採掘から廃棄まで）で排出されたCO_2量で表したもの。商品に表示（見える化）することで、事業者の温暖化対策を消費者にアピールするとともに、消費者自身のCO_2排出量の自覚を促す」とされている。

3）「オフセット・クレジット（J-VER）制度の創設について」VER（Verified Emission Reduction）プレスリリース（2008年11月14日）環境省webサイト〈http://www.env.go.jp/press/press.php?serial=10418〉

「オフセット・クレジット（J-VER）制度とは、国内排出削減・吸収プロジェクトにより実現された CO_2 排出削減・吸収量をJ-VERとして認証する制度である。オフセット・クレジット認証運営委員会によって認証されるクレジットを言う。」

「オフセット・クレジット（J-VER）制度について」2008年　環境省webサイト〈https://www.env.go.jp/earth/ondanka/mechanism/carbon_offset/j-ver.html〉

4） 環境省（2008）「我が国におけるカーボン・オフセットのあり方について（指針）」p. 3〈http://www.env.go.jp/earth/ondanka/mechanism/carbon_offset/guideline/guideline080207.pdf〉

5）「既存の環境家計簿の現状について」環境省　webサイト

「環境家計簿とは、主として市民によって、家庭の活動による CO_2 排出実態を把握するものとして開発され、自らの生活を点検し、環境との関わりを確認するための有効な試みとして広がった。webサイト上で公開されている環境家計簿は、環境省、地方自治体、及び民間企業等によって作成されている。」〈www.env.go.jp/council/37ghg-mieruka/.../ref02.pdf〉

「環境会計ガイドライン2005年版」2005年2月　環境省webサイト

「環境会計とは、企業等が、持続可能な発展を目指して、社会との良好な関係を保ちつつ、環境保全への取組を効率的かつ効果的に推進していくことを目的として、事業活動における環境保全のためのコストとその活動により得られた効果を認識し、可能な限り定量的（貨幣単位又は物量単位）に測定し伝達する仕組みである」と定義している。〈https://www.env.go.jp/policy/kaikei/guide2005.html〉

6） 京都クレジット（CER）の「無効化」とは、クレジットの権利を行使するための効果をなくしてしまうことをいう。カーボン・オフセットをするためには、クレジットが他者に渡らないようにする必要がある。その方法は、クレジット購入者（企業やオフセット・プロバイダー等）が、国別登録簿において日本国政府の「取消口座」もしくは「償却口座」にクレジットを移転させることである。その方法は2種類ある。「取消」は、排出枠の権利を放棄することで、京都議定書の枠組みを超えて CO_2 の抑制に貢献することをいう。一方「償却」とは、京都議定書の国別目標を日本国が達成できるよう、日本国に無償譲渡、すなわち「日本国政府への寄付」として手続きを行う。我が国では、「償却」が一般的である。

7） 本田大作（2009）「カーボンフットプリントとカーボン・オフセット」『カーボンフットプリント―LCA評価手法でつくる、製品別「CO_2 排出量見える化」のしくみ』（株）工業調査会　第5章　pp. 138-149。

8）「カーボン・オフセット第三者認証基準Ver. 1.2」カーボン・オフセット制度運営委員会　2013年。環境省サイト〈www.env.go.jp/earth/ondanka/mechanism/carbon_offset/guideline/cc-tpc.pdf〉

9）「カーボン・オフセットの市場動向」カーボン・オフセットフォーラム事務局〈http://www.j-cof.go.jp/cof/market.html〉

10）「カーシェアリング事業でカーボン・オフセット取り組みを開始」オリックス自動

車(株)・オリックス環境(株)プレスリリース（2008年7月1日）～「環境省・自主参加型国内排出量取引制度」を活用した国内初の取り組み～〈http://www.orix.co.jp/auto/press/pdf/release_080701.pdf〉。

「カーボン・オフセットの経過報告」オリックス自動車(株) webサイト〈http://www.orix-carsharing.com/cgidir/web_pub/webdir2/9.html〉

11）「We Love Green」商品15種類のCO_2排出量をオフセット～「カーボン・オフセットキャンペーン」を実施～　(株)ファミリーマート　ニュースリリース（2009年12月10日）。

「被災地支援型カーボン・オフセットキャンペーン」実施。(株)ファミリーマート　ニュースリリース（2012年08月07日付）。

「環境配慮型プライベートブランド「We Love Green」の製造時GHG排出をオフセット」〈http://www.family.co.jp/company/news_releases/2012/120807_1.html〉

12）「JALカーボン・オフセット」サービスを導入！～お客さまが、ご希望により航空機利用にて排出したCO_2をオフセットすることを可能に！　日本航空(株)プレスリリース（2009年1月5日）第08126号　日本航空webサイト〈http://press.jal.co.jp/ja/uploads/JGN08126.pdf〉

「JALグループのカーボンオフセット」JALグループのCSR情報〈http://www.jal.com/ja/csr/environment/carbon_offsetting/detail01.html〉

13）「CO_2排出量の算出根拠は何ですか？」リサイクルワンwebサイト〈http://www.ico2-zero.co.jp/JAL/qa.html〉

「CO_2排出量の算出根拠は、国連の関連団体である国際民間航空機関（ICAO）が公開している航空利用によるCO_2排出量の算定ガイドラインに基づき、JAL社の航空便データを用いて算出。ICAOロジックの基本的な考え方は次の通りである。

①路線毎の燃料使用量から航空機全体での排出量を算出。

②航空機全体の排出量を最大座席数で割り一席当たりの排出量を算出。

③1席当たりの排出量に路線別の搭乗率と貨物の積載率を加味した係数をかける。

- 搭乗率が低い路線は排出量－大
- 搭乗者に関係無い貨物が多い場合は排出量－小

④プレミアムシートはエコノミー2席分として2倍（運航距離が3,000km以上）

14）「カーボン・オフセット商品」(株)岩井化成webサイト〈http://www.iwaikasei.co.jp/offset/index.html〉

15）「GREENSHOES — CO_2ゼロ旅行—」(株)JTB関東webサイト〈http://www.jtbcorp.jp/jp/csr/eco/jirei_02.asp〉

16）「カーボン・オフセット」北海道洞爺湖サミット　カーボン・オフセットwebサイト〈http://www.smart-offset.com/g8summit/〉

17）スマートエナジー編（2009）p. 219。

18）「東北の夏まつりで排出されるCO_2を埋め合わせしよう！」～東北夏まつりネッ

トワークとの連携によるカーボンオフセット～経済産業省　東北経済産業局　プレスリリース（2011 年 7 月 14 日）〈http://www.tohoku.meti.go.jp/s_shigen_ene/syo_energy/topics/pdf/120714.pdf〉 環境省（2012）pp. 6-7。

19）「会社と社員の家庭でカーボン・オフセットを同時に実現」大成建設(株)／(株)NTT データ経営研究所プレスリリース（2010 年 4 月 19 日）。
　大成建設(株)web サイト〈http://www.taisei.co.jp/about_us/release/2010/1〉

20）「高知県と(株)ルミネの J-VER を用いたカーボン・オフセット事業」。
　JVER を活用したカーボン・オフセットの事例(2)［地産外消］高知県と(株)ルミネの取り組み／社員の通勤活動におけるカーボン・オフセット
　「オフセット・クレジット（J-VER）制度について（詳細版）」 p. 18。環境省 web サイト〈http://www.env.go.jp/earth/ondanka/mechanism/carbon_offset/conf5/02/ref06.pdf#search〉
　石堂徹生（2009a）pp. 78-81。
　内村直他（2011）pp. 38-44。

21）石堂徹生（2009b）pp. 76-79。

22）「トキの森プロジェクトについて」(社)新潟県農林公社〈http://www.tokinomori.jp/project/index.html〉
　「トキの森プロジェクトの概要」新潟県庁 web サイト〈http://www.pref.niigata.lg.jp/HTML_Article/490/181/04_tokinomori,0.pdf〉
　新潟県県民生活・環境部環境企画課（2009）pp. 22-25。

23）「世界初、カーボン・オフセットマガジン　お得な定期購読」ソトコト web サイト〈http://www.sotokoto.net/jp/subscribe/〉
　本郷尚（2008）「関心高まるカーボン・オフセット—確定排出権が生み出す新しい環境貢献—」JOIC　1 月　pp. 39-41〈http://www.joi.or.jp/modules/downloads.../index.php〉
　スマートエナジー編（2009）pp. 194-195。

24）「千趣会・佐川急便　ベルメゾンネットにおける“CO_2 排出権付き飛脚宅配便”取り扱い好調導入 1 ヶ月 11,000 個を突破」佐川急便ニュースリリース（2008 年 10 月 14 日）〈http://www2.sagawa-exp.co.jp/newsrelease/detail/2008/1014_411.html〉。
　「ベルメゾンネットにおける“CO_2 排出権付き飛脚宅配便”環境の意識の高まりで 10 万件突破」千趣会・佐川急便ニュースリリース（2009 年 5 月 25 日）〈http://www2.sagawa-exp.co.jp/newsrelease/detail/2009/0525_463.html〉。
　スマートエナジー編（2009）pp. 206-207。

25）「環境の世紀を歩む道筋—(ウ)二酸化炭素排出量を削減するための需要と供給—」『環境白書／平成 20 年度版』第 1 部 3 章　pp. 87-89、スマートエナジー編（2009）pp. 203-204。

26）「国内初、定期預金の金額に応じて滋賀銀行が温室効果ガス排出権を購入」(株)滋

賀銀行 web サイト〈http://www.shigagin.com/news/service/182〉
「滋賀銀行の取り組み」国内クレジット事例先進事例セミナー資料（2009年6月8日）〈http://jcdm.jp/link/data/seminar/osaka_02.pdf#search〉
「滋賀銀行：預金と融資を地球環境保全で結ぶ〜未来の種から芽へ〜」地球温暖化防止活動推進センター web サイト〈http://www.jccca.org/trend_region/activity_case/h20/h20_10.html〉

27）「自然王国 eco のカーボン・オフセット運動」（株）スミフル web サイト〈http://www.sumifru.co.jp/line_up/eco_banana/index02.html〉
スマートエナジー編（2009）pp. 214-215。

28）スマートエナジー編（2009）p. 202。
三菱オートリース「排出権付き自動車リース」三菱オートリース web サイト〈http://www.mitsubishi-autolease.com/service/col.html〉
「排出権国内で小口販売　三菱商事など数千トン単位」日本経済新聞（2007年4月25日朝刊）。
平健一（2007）「信託機能を活用した排出量取引」『季刊環境研究マーケット化する環境政策』No. 146　pp. 60-65　排出権信託の詳細は、ここに詳しい。

29）「環境保全・社会貢献活動　CO_2 オフセット運動」（株）ローソン web サイト〈http://www.lawson.co.jp/company/activity/co2/〉
スマートエナジー編（2009）p. 184。

30）「南アルプス市カーボン・オフセット農産物」の取組み　カーボンオフセット推進ネットワーク web サイト〈http://www.carbonoffset-network.jp/award1st/entry_data.html?id=28〉
「南アルプス市の清らかな水からの「J-VER」創出プロジェクト」（2014年4月10日）南アルプス市 web サイト〈http://www.city.minami-alps.yamanashi.jp/kurashi/kurasu/kankyou/ondanka-taisaku/j_ver_project.html〉
「J-VER を活用したカーボン・オフセットの事例(4)［地場産品の販売促進］」南アルプス市の取組　地域の J-VER を活用した特産品として販売し、地場産品をブランド化 「オフセット・クレジット（J-VER）制度について（詳細版）」 p. 20。〈http://www.meti.go.jp/committee/kenkyukai/sangi/carbon_neutral/pdf/001_s02_02_04.pdf#s〉
「カーボン・オフセットさくらんぼ：南アルプス市産、販売　食べて CO_2 削減に貢献、小水力発電で排出権創出」山梨毎日新聞（2012年4月25日）〈www.evic.jp/evi/pdf/sakuranbo_web_news.pdf〉

31）「三重県資源リサイクルのカーボン・オフセットにより、森と町をつなぐ―森エコステーション（資源回収ステーション）のカーボン・オフセット」巻頭特集カーボン・オフセットの取組事例　環境省（2012）pp. 3-5。

32）「国内クレジット制度事例集」事例⑤　都市と地方の自治体連携によるカーボン・

オフセットの取組（新宿区） 経済産業省 web サイト〈http://jcdm.jp/case_study/〉。

「特定者間完結型カーボン・オフセットの主な取組事例—自治体間協定(2)自治体間協定（新宿区・長野県伊那市）資料 pp. 3-4 環境省 web サイト〈www.env.go.jp/earth/ondanka/mechanism/carbon.../ref01.pdf〉

石堂徹生（2009b）pp. 76-79。

33）「新宿区のカーボン・オフセット協定について」共同調査研究事業成果報告会事例発表（2012 年 6 月 1 日）環境清掃部環境対策課環境計画係〈http://www.f-jichiken.or.jp/tyousa-kenkyuu/seikahoukokukai/sinjukuku_carbon_offset.pdf〉

34）「インドネシアの植林によるカーボン・オフセット～住友林業(株)における環境配慮への取り組み "Project EARTH"～建築した住宅の 2 倍の面積をインドネシアの荒廃地に植林～」住友林業(株)ニュースリリース（2012 年 3 月 2 日）住友林業(株) web サイト〈http://sfc.jp/information/news/2012/2012-03-02.html〉

35）「国内クレジット制度」を活用した中小企業者の省エネ事業—板橋区大山の商店街での事例 国内クレジット制度事例集」事例⑥ 経済産業省 web サイト〈http://jcdm.jp/case_study/〉（2009 年 12 月 9 日）、地方自治体による国内クレジット制度活用推進フォーラム資料。

「西友とハッピーロード大山商店街振興組合による商店街におけるアーケードの照明設備の更新事業」国内クレジット制度 排出削減事業地域マップ 全排出削減事業一覧 申請受付 No. 0142 経済産業省 web サイト〈http://jcdm.jp/items/map.html?mode=1&PREF_AREA13=13〉

「国内クレジット（CDM）制度について」の概要は、第 3 章注 23)を参照。

36） 角倉一郎（2007）「カーボン・オフセット市場の活性化による地球温暖化対策の推進—キャップなき排出量取引の展望と課題—」『季刊環境研究 マーケット化する環境政策』日立環境財団 No. 146 p. 47。

37）「2008 年度カーボン・オフセット県民運動事業報告書」地球温暖化防止推進活動センター web サイト〈http://gifu-ondanka.org/contents/page61.php〉

38）「広島市、市民参加の排出量取引を試行」日本経済新聞（2010 年 9 月 17 日）〈http://www.nikkei.com/article/DGXNASJB1603S_W0A910C1LCA000/〉

39）「市民参加の CO_2 排出量取引制度の実施等について」広島市役所プレスリリース（2011 年 5 月 30 日）取り組みの結果は、ここに詳しい。〈https://www.city.hiroshima.lg.jp/www/contents/0000000000000/1306751598600/index.html〉

40）「電通グリーンコンシューマー調査 2013—エコと楽しい生活の両立へ。8 割以上が「買うなら環境配慮型」、スマートハウス、エコカー、エコ家電に注目—」（2013 年 4 月 11 日）p. 2 (株)電通 web サイト〈http://www.dentsu.co.jp/news/release/pdf-cms/2013048-0411.pdf〉

41）「地球環境問題をめぐる消費者の意識と行動が企業戦略に及ぼす影響（消費者編：日独比較）調査概要について」環境庁（当時）国立環境研究所（1999 年 5 月 27 日）

〈http://www.nies.go.jp/whatsnew/1999/990527.pdf〉

42）生田孝史（2009）pp. 15-16。

43）小林（2011）は、今後、地方自治体での制度整備が進むことから、J-VERのクレジット供給が増加すると予想される。それを解決するためには、企業等の需要が増え需給バランスのとれた市場を形成することが課題である。そのJ-VERの有効な活用方法として、①地方自治体の排出量取引の対象とすること、②地方自治体の条例による企業の削減目標に繰り入れを認めることが考えられると指摘している。

44）「カーボン・オフセットの取組に対する第三者認証機関による認証基準　Ver. 2.0」（2012年6月11日）環境省webサイト〈http://www.env.go.jp/press/file_view.php?serial=17359&hou_id=13707〉

第6章

都市近郊における里山保全

―市民による共同管理―

序　文

近年、身近な自然環境への関心の高まりから、里山保全活動が全国的に見られる。行政による取り組みに加えて、市民や事業者等による保全活動も活発化している。政府は、2010年10月、生物多様性条約第10回締約国会議（COP10）において、国際社会に対し、農業や林業など人の営みを通じて形成・維持されてきた二次的な自然環境における生物多様性の保全とその持続可能な利用の両立を目指すという「SATOYAMAイニシアティブ」を提唱し、採択された。それに呼応して、「生物多様性国家戦略2012―2020」を策定し、「新たなコモンズ」すなわち、私有地および公有地での共同管理システムが重要であるとしている。主唱者として、多様な主体による国内の里山の保全活用を促進していくことが求められている。

1960年以降、二次的自然である里山は、その特性（人為による十分な管理）から、放置された里山は、畑地、水田と異なり、経済的価値が見込めないという問題が生じてきた。そのことは、市民が身近な自然として里山の価値を再評価することになり、大都市近郊においては、市民による主体的なボランティアによる里山管理が実施されている。これは、人間と自然と関係の構築が、二次的自然における生物多様性や審美的・文化的価値の維持に重要であることを市民が再認識する大きな契機となった。またそのようにして管理された里山が都市緑地の整備において重要な役割を果たすことになった。

里山を取り巻く自然的・社会的状況を考えると、これまでの担い手である農林業者や地域コミュニティだけでは、その保全活用が困難となっている状況である。自然資源を共有の恵みと捉え、共有の資源、すなわち新たな共同管理[1)]として都市住民や企業など多様な主体が管理と利用に関わっていく新たな枠組みが求められている。今後の里山の保全活用は、このような「新しい公共」[2)]の価値観に立って、幅広い主体の参加と協働による国民的取り組みとして進めていく必要がある。

そのようななか、都市部や都市近郊（以下、都市地域と表記する）では、里山放置林の保全に対して行政、土地所有者、事業者等との協力のもと、市民が活動の中心となる「市民の共同管理」方式の動きが活発となっている。その活動を促すためには、民間土地所有者や公共機関が所有する里山に、市民が維持・管理の主体として関わることを可能にする仕組みづくりが必要であり、現在そのための取り組みが多様に創出されてきている。里山保全に関する先行研究には、以下のようなものがある。

熊谷哲（2014）は、里山という日本語が“SATOYAMA”と表現され、生物多様性条約第10回締約国会議（COP10）を契機に里山の生物多様性の観点から、環境保全に関わる役割が評価され、日本国内のみならず世界へと広がってきた。一方、日本において多くの里山が存在する地方は、過疎化の進行で保全の担い手がいなくなり、荒廃し、多くの里山が放置されてきた。その里山放置林の再生において、市民活動の重要性がますます増えてきている。里山再生を参考に、市民活動の在り方や方向性を指摘している。

呉尚浩（2000a）は、里山保全活動に取り組む市民には、現実社会に対する足元からの問題提起が存在し、「循環・共生」の在り方を体験的に学ぶことができる「環境・生活・市民教育の場としての里山」だからこそ、「自然と人間の共生」を目指す社会創造へのアイデアとそれを担う人々が育まれると指摘している。そして、市民による里山保全を「コモンズ」論の観点から捉え、それを「市民コモンズ」として位置づけることで、市民による里山管理の重要性を明確に提示し、包括的な視点から考察している。また、市民による里山保全活動を、市民と市民、市民と行政等、互いに新たな「共通意識」に基づく活動のあり方を育む場として捉えることを提案している。

呉尚浩（2000b）は、都市近郊に残された里山を保全するために、市民が活動の中心となる「市民の共同管理」方式を整理し、その現状と課題を考察している。具体的には、里山の現状、保全活動の新たな担い手として市民が登場してきた背景と意義、市民共同管理による保全活動の手法を類型化し、その事例を紹介しつつ、市民による保全を支援するための国や地方自治体の制度的枠組みと市民による里山保全の全般的な課題を指摘している。

小寺正一（2008）は、我が国の国土全体の4割に及ぶ面積を占めるといわれる里地里山は、純然たる原生的自然ではなく、人間の手によって管理された二次的な自然であり、原生を重視する自然保護研究・行政等の中で従来十分な位置づけが与えられてこなかった。二次的な自然環境の視点から、保全に向け適用可能な現在の我が国の法制度を整理、確認すると共に、新しい取り組みを紹介している。

武内和彦・奥田直人（2014）は、「自然共生社会」という考え方が、日本のみならず世界の自然環境政策の長期目標となったことの意義を論じている。東日本大震災の大災害を教訓として、恵みでもあり脅威でもある自然と向き合うことこそが本来の意味での「自然共生」と捉えるべきとの立場から、自然災害に対するレジリエンスを高めていくことにも貢献するという、自然共生社会を目指す必要があると指摘している。

南眞二（2008）は、法制度の視点から里山保全の方向性を論じている。里山は国土の2割を占めることから、そのすべてを保全できるわけではなく、里山それらの持つ価値を十分に吟味したうえで、価値に応じた保全策を講じるべきである。緑地保全を定めた都市緑地法の改正により、現行の仕組みを里山保全に活用できる余地はあるが、地域事情に配慮した住民の自主活動を支援していく仕組みが十分ではないことから、各地で条例が制定されている。何れにしても条例を支援する枠組みが必要であると指摘している。

森本幸浩（2008）は、生物多様性の危機とその保全、里地里山への関心が高まっている。しかし、生物多様性の保全と里地里山再生の論理が必ずしも万人に共有されているとはいえない。多様性および安定性の議論を振返り、絶滅危惧、機能的多様性を指標として保全戦略や、総合的な指標としての美しい景観（ランドスケープ）を手掛かりとした里山再生を指摘している。

森本幸浩（2011）によれば、里山は、本来水田耕作のバックヤードとしての山林を意味したが、近年、生物多様性のホットスポット、循環型モデル、美しい心の故郷として、山林部分のみならず、水田、畑、灌漑施設、農家などを含めた里地里山（里山ランドスケープ）として評価されている。日本人が考える里は、森林型、混在型、水田型、その他農地型、都市近郊型、海辺型に区分でき、極めて多様な社会生態学的生産ランドスケープを形作ってきたとしている。

守分紀子（2014）は、世界と日本の生物多様性の損失と現状を概観し、日本が世界の生物多様性に与えるインパクトについて論じている。また、生物多多様性から得られる恵みを生態系サービスとして捉え、地球規模での評価を試みた「ミレニアム生態系評価」について解説している。さらに、生物多様性に配慮した経済社会を構築するための、生態系と生物多様性の経済学や、生物多様性分野への民間参画による取り組みの重要性を強調している。

以上のなかで、仕組みに関する先行研究は、南と呉である。南は、法制度の観点から、現行の仕組みを工夫すれば、里山保全に活用できる余地はあるが、地域事情に配慮している。何れにしても条例を支援する枠組みが必要であることを指摘している。一方、呉は、仕組みについて、市民が保全活動の中心となる「市民の共同管理」を類型化し、その事例を挙げるとともに、今後の展開と課題について論じている。しかし、市民を中心とする共同管理を分析するためには、両者のように仕組みについて分析しているものの、市民と市民の関係形成を分析するだけでは、十分とはいえない。また、南、呉には、企業市民[3)]として期待される企業を含めていない。そこで、本書では、里山保全の管理主体を「新しい公共」に求めることとする。

「新しい公共」とは、人々の支え合いと活気のある社会を作ることに向け、「国民、市民団体や地域組織」、「企業やその他の事業体」、「政府」等が、一定のルールとそれぞれの役割をもって一市民として参加し、協働する場であると、内閣府は定義している（内閣府『「新しい公共」宣言』より抜粋　2010年6月4日第8回「新しい公共」円卓会議資料）。すなわち、「新しい公共」の概念のなかには、企業・事業体が入るのである。例えば、神奈川県大和市においては、2002年6月に「大和市新しい公共を創造する市民活動推進条例」が制定されている（2008年9月29日施行）。この条例は、市民が考えた素案を基本に策定されたことが大きな特徴であり、また、「新しい公共」という新たな公共の理念や、「市民事業」、「協働事業」、「提案制度」といった理念を実現するための仕組みが盛り込まれている。そのなかで、新しい公共を「市民、市民団体、事業者及び市が協働して創出し、共に担う公共をいう」（第2条）と定義している[4]。さらに、公共には官（公）の担う公共（公的公共性）と民が担う公共（私的公共性）があるとする考え方が広く認められつつある。その狭間には官と民が協力・協働して担う公共（私・公の混合領域）がある。狭義にはこれを「新しい公共」と呼び、広義にはこのような公共性のパラダイムの転換を新しい公共と定義することが出来る[5]（寄本勝美 2001）。里山保全における仕組みの管理主体を上述の「新しい公共」に求め、南、県が捉えていなかった企業を含めて議論を展開する。なぜなら、企業を含めることによって、里山の維持管理を継続するために必要な支援、すなわち基金や団体等を通じて、資金の確保が見えてくるからである。

以下、6-1では、二次的な自然の視点から、里山の定義を整理したうえで、里山の現状を概観する。6-2では、里山保全の必要性と市民活動の意義を吟味する。6-3では、「市民による共同管理」の類型化と代表的な仕組みを明らかにする。6-4では、6-3において試みた類型に基いて、「市民による共同管理」の取り組み事例を考察する。最後に、さまざまな事例の中から、今後、進化発展が期待できる市民による共同管理の取り組みを提示したい。

6-1　里山の現状

6-1-1　里山の定義と特性

里山という用語は、森林生態学者である四手井綱英[6]の提唱によるものとされる。しかし、この語源を探れば、宝暦9年（1759年）に、名古屋藩の木曾御材奉行補佐格の寺町兵衛門が記した『木曾山雑話』に「村里家居近く山をさして里山と申し候」と記されている[7]。つまり、里山とは、官の用材生産の山林ではなく、里人が燃料や農業生産のための緑肥や木材採集を行っている山林を指している。したがって、近世では、里山とは語源が官の山と里人が利用する山との区別から始まっていることになる。現代の里山は、厳密にいえば、人々が日常的に集落（里）からあまり遠くない山に立ち入り、山の産物利用を繰り返すことにより、植生が里人の生活に役立つ山野に二次的に改変されたものをいう[8)]。

昭和30年代後半には、「農用林」と呼ばれていた農家の裏山の丘陵や低山地帯の森林を指し、奥山に対して里山と名付けている（四手井綱英 1998）。四手井によれば、里山は、里に近い森、水田耕作のためのバックヤードであり、水田に敷きこむ刈敷や草木炭を収穫し、農業資材を供給するとともに、主に農家の燃料としての薪炭を調達する農用林のことである。まとまった用材を生産する人工林でもなければ、野生動物を育む深山幽谷の原生林でもない（森本幸裕 2011）。阪本寧男（2007）は、人里近くに存在する山を中心に、隣接する雑木林・竹林・田畑・溜め池・用水路などを含み、人びとが生活してゆく上で様々な関わりあいを維持してきた生態系をまとめて「里山」と定義している[9)]。里山を形成する概念として、雑木林やマツ林などの二次林、つまり薪炭林や農用林、加えて採草地と限定した上で、それをまとめて伝統的農村景観を構成してきた里山・農地・集落・水辺を含めた全体を「里地」と称する考え方も存在する（武内和彦 2001）。環境省は、「里地里山は、集落を取り巻く農地、溜池、二次林と人口林、草原などで構成される地域であり、相対的に自然性の高い奥山自然地域と人間活動が集中する都市地域との中間に位置している。里地里山の環境は、長い歴史の中で、さまざまな人間の働きかけを通じて形成され、動的、モザイク的な土地利用、循環型資源利用が行われてきた結果、二次的自然の生物相・生態系が成立し、多様な生態系サービスを享受しつつ、自然と共生する豊かな生活文化が形成されてきた」と定義している。これに相当する国土は全体の4割程度（二次林約800万ha、農地等約700万ha）の面積を占める。言葉の定義は必ずしも確定していない（環境省 2010b）。なお、法律において里山を定義したものは現在のところ見当たらないが、近年里山を条例によって保護する動きが各地で見られ、地域性を反映した多様な定義が条例でなされている（南眞二 2008）。

里山を保全の観点からみると、原生的な自然保護とは異なり、人工的な自然、すなわち人為による十分な管理が加わることによって初めて成立する「自然」、つまり二次的な自然[10)]である。とりわけ、二次的な自然の保護は私有林が多いこともあり、原生的自然を重視する自然保護研究・行政、法制度等においても、これまで十分な位置づけが与えられてこなかった[11)]。いずれにせよ、重要なことは、里山は純然たる原生自然ではなく、人間の手によって管理された二次的自然であるということである。

本書では、呉尚浩（2000b）同様に、「里山」は、「里山林」のことを指している。そして、「里地里山」を指す場合には、「里山環境」と示すことにする。それに対して、「里山保全活動」という場合には、「里山林」のみを保全する活動に加えて、「里山林」を中心としながらも、「周辺の農的自然環境」保全を視野に入れる、もしくは具体的に保全している活動を含める。ただし、里山林の保全を行わない活動は、含めないこととする。

6-1-1-1　里山の意義・機能

里山は、農林業の場、生活の場として維持活用されることが重要であり、近年、生き物と共生する場として、生物多様性の重要性が高まっている。

里山の意義・機能として、生物多様性の保全、新たな資源としての価値、景観や伝統的生活文化の維持、環境教育・自然体験の場、地球温暖化の防止を挙げている（環境省 2010b）。また、里山の環境保全効果として、気象緩和（ヒートアイランド現象）、災害防止（防火効果・防音効果・保安林）、環境指標（警報木の役目）、快適性（レクリエーション、人間性の回復、教養・教育の場）の提供などが特徴であり、重要なものである。とりわけ、生活の快適性の提供というメンタル効果こそが、その本質と考えるべきである（只木良也 1996）。

6-1-1-2　「ミレニアム生態系評価」―里山が提供する生態系サービス―

里山は、農林業を通じて合理的な自然への働きかけ、換言すれば、人々が生態系サービスの持続的利用の結果として、維持されてきたものである。したがって、里山は人類に生態系サービスを提供するという観点からも注目される。人類は生きていくうえで欠かせないさまざまな便益を生態系から享受している。生態系サービスの変化が人間の福利にどのように影響するのかということを、国連大学研究所によって検証されたものが、「ミレニアム生態系評価（MA: Millennium Ecosystem Assessment 2005）」である。生物多様性がもたらす生態系サービスは、人間の福利を形成するうえで、欠かすことができないものである[12)]。では、その里山においては、どのような生態系サービスが提供されているのであろうか。生態系サービスは、以下の4つに分類される。つまり、「供給サービス」、「調整サービス」、「文化的サービス」、および「基盤サービス」である。その具体的な内容は、以下のとおりである。

まず第1に、供給サービスは、自然の恵み、すなわち人類が生態系から享受するさまざまな便益であり、そのなかには食料・水・木材・繊維、遺伝資源などを提供するものが含まれる。それは、人間社会に対する悪影響を生態系が緩和してくれるサービスである。外部から攪乱が加わっても、それほど大きな状況にならないように抑制する。例えば、森は天然のダムであり、洪水が起こらないようにしてくれる。

第2に、調整サービスは、生態系プロセスの調節から得られる便益であり、気候の調整、洪水制限、自然災害の防止、土壌侵食の抑制、水の浄化と廃棄物処理、病害虫の抑制などを調整するものが含まれる。我が国では、農林水産物との結合生産物として生じ、市場を経由せずに提供される便益（多面的機能）として評価が進められてきた。とりわけ森林は、植物の働きかけにより大気浄化機能を発揮し、気候緩和にも貢献する。森林は、国土の約7割、里山の中核をなす二次林だけでも国土の約2割の面積を占めるため、より広域スケールでの気候調節に寄与する。

第3に、文化的サービスは、レクリエーション・審美的享受、精神的充足感などや教育的な恩恵を与えるもの、エコツーリズムなどが含まれる。それによって、多種多様な価値への認識が高まっている。実際、里山は現在、自然とのふれあいの場を提供するとともに、自然への認識を高めるための教育的価値なども見いだされ、新たな市民活動や都市交流の場となっている。

第4に、基盤サービスは、栄養塩の循環、土壌形成、植物による一次生産など、光合成による酸素供給などのように、ほかの生態系サービスの基盤となるものが含まれる。これは、空気・水・土の栄養である。人類を含めてすべての生物が生存するための基盤となっているような環境を、今ある形に維持するものである。光合成は、二酸化炭素を取り入れて酸素を出すという形で、大気の組成を保っている。

6-1-1-3　里山の状況

明治初期から現代にかけて、対象地域の里山は、植生や土地利用の面から、大きな変貌を遂げてきた。明治初期には、樹林地が地域の40%を、農地（畑地・水田）が15%を占めていたものが、1990年代には、それぞれが、

17%から8%へと大きく減少し、樹林地が市街地に置き換わった（武内和彦 2001）。また、明治時代からデータのある宅地面積（民有地）の推移について見ると、その年間増加面積は、1940年までの50年間の平均と比べ、1960年代で10倍強、1970年代で20倍弱と、1960年頃を境に急激に面積が増えている。土地利用面積の変化でみると、1960年代から2000年代にかけて宅地も含めた都市が約2倍に拡大している（環境省 2010c）。1960年代における高度成長期以降、里山は、産業構造や生活様式が急激に変化するなかで、とりわけ都市近郊において著しく減少する。関東近郊では、1970年からの30年間で64%の里山が消失した[13)]。里山の減少の要因は、次のようなものが挙げられる。まず第1に、燃料としての薪炭等や草、カヤの利用の停滞、衰退である。昭和30年代中頃から、家庭燃料のプロパンガス化が始まり、薪炭から、石油等、化石燃料への転換により、薪炭材は放置され、草山も雑木林へと変化した。加えて農業生産において、化学肥料の普及・農業の機械化による落葉堆肥の消費減少から、その存在理由は希薄化した。

第2に、宅地・ゴルフ場等の造成、リゾート開発等による自然の改変である。都市近郊においては、住宅・商業用地として市街化区域および工業用地の拡大・開発のみならず、産業廃棄物処理場、高速道路建設等によって、樹林地、農用地等ともに存亡の危機に立たされていることが多い。また、里山の開発圧力が進む背景として、農業近代化の過程で、里山の維持・管理を放棄したり、多額の相続税を課せられ、やむをえず農林業をやめ土地を売却せざるを得ない農家・林家の状況が挙げられる[14)]。

第3に、人口流出による里山地域の過疎化、高齢化である。里山の維持に必要な労働力確保が困難になった。我が国の65歳以上である老年人口の割合（2005年）は、全国で20.1%、地方圏では22.1%、うち郡部では25.2%と、今後も全国的に高齢化が進むと考えられる[14)]。産業構造の変化の観点から、産業別就業人口の推移を見ると、第一次産業に就業している人口割合は、戦後しばらくの間50%弱であったが、戦後50年の1995年には6%、2010年には約4%と大幅に減少した。その間、基幹的農業従事者数は、1960年の1,175万人が1995年には256万人、2011年には186万人となり、高齢者の割合は、1980年代までは20%前後だが、1995年に40%となり、

2011年に59%となり大きく増加している。我が国の総人口は、2004年にピークを迎え、今後減少していくものと予測される。2060年には、総人口が約8,700万人になり、65歳以上の高齢者が39.9%にも上るという人口減少・高齢化社会が予測されている（環境省 2013）。

第4に、人工林化の進展とその後の外材輸入拡大に伴う森林資源利用の縮小である。戦後の建設需要に応えるための格大造林政策によって、アカマツ林や雑木林は、杉やヒノキの人工林に置き換えられたが、安価な輸入材による木材自給率の低下、林業生産活動が停滞することによって、木材価格が低迷し放置されることになった。

日本の国土の約4割を占める里山に広がっていた薪や炭をつくるための草地などは、かつては経済活動に必要なものとして人為的に維持管理され、こうした環境に適応した多様な生き物の生息・生育の場となってきた。ところが、近年の産業構造の変化、資源利用の変化や人口減少・高齢化に伴い、管理の担い手が不足することによって、里山が管理・利用されなくなった。その結果、里山が荒廃し、さらに里山に特有の生物の生息域の消滅と生物種が減少し、動植物が絶滅の危機にさらされるなど、生物多様性の損失が進行している（環境省 2010b）。上述のように、里山は人間の介在により維持されてきた二次的な自然環境であるので、山林等を管理するために、林内の日照確保等を目的として、下刈り、つる切り、除伐、枝払い、落ち葉かきなどの作業を継続的に実施しなければならない。多くの里山は、それだけの作業コストを払ってまでも維持する経済的価値のある対象とは見なされておらず、放置されているのが現状である。

近年、二次的自然において初めて維持され得る生物多様性の存在が認識され、また、絶滅危惧種が集中して生息する地域について、動物RDB[15]種集中地域の49%、植物RDB種集中地域の55%が里地里山の範囲に分布していることが明らかになった。このことから、里山は絶滅危惧種をはじめとする生物多様性における重要な地域であると考えられる（守山弘 1998・環境省 2001）。さらに、日本列島は、国際的なNGOであるコンサベーション・インターナショナルにより、世界的に生物多様性が高く、同時に消滅にさらされている「ホットスポット」の一つに指定されるなど、世界的に生物多様性保全上の重要な地域とみなされる。

関東・近畿各地方の400以上の自治体を対象にしたアンケート調査[16)]では、里山が以前に比較して利用されなくなり問題が生じているとする自治体が、近畿地方で約6割、関東地方では約8割に達した。具体的に発生している問題として、①廃棄物の投棄、②鳥獣害、③竹林の拡大、④管理担い手不足、⑤境界管理が困難、⑥生態系衰退、⑦開発、⑧治安悪化等である。とりわけ鳥獣害は、都市地域で強く顕在化する傾向があった、としている。

6-2　里山保全の必要性と市民活動の意義

6-2-1　里山保全の必要性

前節において、里山は、かつて農用林・薪炭林として利用されてきた森林が、農業による化学肥料の普及や燃料転換等により利用されなくなり、放置されることによって、里山の植生が変化し、生物多様性の損失が進んでいることを検証した。そのことは、国民が自然環境への関心を高めるとともに、全国的な里山保全活動が活発化する契機になった。

従来の里山は、土地技術の関係で住宅開発などにおいて、少しは樹林が残ってきた。しかし、近年、土木技術の進化により住宅開発等において、里山の樹林地を残すことにも困難がある。それを防止するためには、国や行政が土地を買い取り、公園化したり、緑地保全地区や市街地調整区域等の土地規制を実施するなど、何等かの保全的な施策によって、里山林の面的保全を図らなければ、今後とも里山林の減少は続くと考えられる。

われわれが享受している物質的に豊かで便利な国民生活は、過去50年の国内の生物多様性の損失と国外からの生態系サービスの供給の上に成り立ってきた。生物多様性の危機構造として、第1の危機（開発による危機）、第2の危機（里地里山などの管理不足の危機）、第3の危機（外来種・環境ホルモンなど）、および第4の危機（地球環境の変化による危機）という4つの新たな危機を挙げている。2010年以降も、過去の開発・改変による影響が継続すること（第1の危機）、昭和30年代以降の農業とライフスタイルの変化によってもたらされたとされる里山などの利用・管理の縮小が深刻さを増していくこと

（第2の危機）、一部の侵略的な外来種の定着・拡大が進むこと（第3の危機）、気温の上昇等が一層進むこと（第4の危機）などが、さらなる損失を生じさせると予想され、間接的な要因も考慮した対応が求められる。そのためには地域レベルの合意形成が重要である、としている（環境省 2010c）。

現状を踏まえて、政府は、「21世紀環境立国戦略（2007年6月1日閣議決定）」において、「SATOYAMAイニシアティブ」と名付けて世界に提案し、国土の約4割を占める里地里山地域のうち、未来に引き継ぎたい重要な里地里山について検討を進めるとともに、里地里山保全リーディングプロジェクトの推進を図る。環境教育の場やバイオマスの利用など、新たな利活用方策を検討し、都市住民や企業など多様な主体が新たなコモンズ（共有の資源）として管理し、持続的に利用する枠組みを構築するとしている。

2010年10月に開催された生物多様性条約第10回締約国会議（COP10）において、我が国は、国際社会に対し、農業や林業など人の営みを通じて形成・維持されてきた二次的な自然環境における生物多様性の保全とその持続可能な利用の両立を目指す「SATOYAMAイニシアティブ」を提唱し、採択された。その重要なコンセプトとして、まとめられたのが、私有地および公有地での資源の共同管理の仕組みづくりの重要性であった。

6-2-2　市民活動の意義—管理の担い手としての市民の台頭—

1960年以降、二次的自然である里山は、その特性（人為による十分な管理）から放置された里山は、畑地、水田と異なり、経済的価値が見込めないという問題が生じてきた。そのことにより、市民は身近な自然として市民が里山の価値を再評価することになった。このことは、人間と自然との再構築が、二次的な自然における生物多様性や審美的・文化的価値の維持に重要であることを市民が再認識する大きな契機となった。またそのような管理された里山が、都市緑地の整備において重要な役割を果たすことになった。

1960年代の自然保護運動においては、原生的自然の開発に反対する運動にかえて、身近な自然を守る運動が盛んになった。身近な自然を守るための手法は、「自然観察会」などによって、自然のすばらしさを多くの市民に理解してもらうことであったが、1980年代後半に里山の開発圧力から守るために、里山を市民の手で管理する2つの保全活動が出現した。ひとつは、山地を対象とした森林支援活動であり、すなわち管理の担い手の不足による人口林を支援する林業的色彩の強い活動である。もう一つは、里山保全活動で雑木林を対象としたものであった。上述のような里山保全活動に市民が参加することは、原生的自然保護などの自然保護運動とは異なり、身近な自然との間も主体的な関わりを持ち、保全活動に参加する点に新たな意義が見出される。具体的には、以下の点が挙げられる。①農林業の結果としての二次的な自然の保全であり、伝統文化を継承する、②循環型社会構築に向けて、資源の循環的利用に焦点が充てられる、③ライフスタイル変革への原動力となる、④生態系サービスの享受、⑤余暇を活用し、地域のボランティア活動に参加することは、地域内のコミュニケーションに寄与する、⑥保全活動を通じて、精神的な充足感が生まれると同時に、参加することによって相互のネットワークが構築される、等である。

6-2-3　ボランティアと里山保全

近年、環境問題への関心の高まりから、各地でボランティアや企業による森林整備及び保全活動が拡大している。林野庁「森林づくり活動についてのアンケート集計結果（2010年3月調査）」によれば、森林の整備・保全活動を実施しているボランティア団体数は、1997年度277団体から、2011年度には、3,152団体へと増加している。各団体の活動の目的としては、「里山林等身近な森林整備・保全」や「環境教育」を挙げる団体が多い。また、内閣府の「森林と生活に関する世論踏査」では、里山林や都市近郊林の居住地近くに広がる森林については、「子供たちが自然を体験する場としての役割」や「地域住民が活用できる身近な自然の役割」として期待する回答が多かった。里山林の保全・再生のためには、地域住民が持続的に里山林と関わる仕組みをつくることが必要である。市民による里山保全活動の団体数に限定すれば、1998年時点で約150団体であった[17)]。「里地里山の活動団体及び活動フィールド」調査によれば、972団体（上位4都道府県の保全団体数は、愛知県53、埼玉県48、千葉県38、兵庫県35）である（環境省 2001）。

また、地球温暖化対策等や生物多様性保全への関心が高まるなか、CSR

（Corporate Social Responsibility：企業の社会的責任）活動の一環として、企業による森林の整備・保全活動が広がっている。企業による森林づくり活動の実施個所は、2004年度の433カ所から、2012年度の1,414カ所へと増加している。具体的な活動として、地域住民、NPO法人等との協働による森林整備・保全活動、基金や財団を通じた森林再生活動に対する支援、企業の所有森林を活用した地域貢献等が行われている[18)]。

林野庁によれば、ボランティア団体調査を組織形態の割合で比較すると、2009年度では、任意団体が65%である。これは全体の半数を占めているが、1997年度からその割合を減らし、NPO法人や事業体制が増加している。その理由は、政府のボランティア活動の推進施策として、1998年に非営利活動促進法（NPO法）が制定されたことが影響しているからである。つまり、法人化して組織形態を確立させることで、これらのボランティア活動が、より活性化すると考える団体が増えたためである。

環境省（2009）「里地里山保全活動推進効果に関するアンケート」によれば、市民が里山保全活動の取り組む目的として、「良好な景観の保全、修復が主目的」19%、「環境教育やエコツーリズムでの利用」が同じく19%であり、「文化的サービス」主目的とする取り組みが里山保全の主要なものとなっている。また、里山保全の取り組み主体として、市民やNPO等が40.4%、関わっている主体と合わせて61.6%の割合となっている。一方、従来の里山管理主体と考えられる伝統的なコミュニティは、主な取り組み主体として17%、関わっている主体と合わせて30.3%となり、市民・NPO等の半分適度となっている。このことにより、里山保全活動はボランティア団体や市民活動による寄与度が高く、近年はNPO法人等による市民主体の活動が大きな役割を占めていることがわかる。

上述のように、都市地域において、残された里山が開発等にさらされ、農業のあり方が大きく変質した状況のなかで、従来の農家・林家による経済的活動を主目的とした自家および共同の里山の維持・管理のみでは、保全が不可能な状況になってきている。そのため、近年、「文化的サービス（環境保全やレクリエーション等）」を享受するための公益的な目的による新たな里山保全の担い手として、市民が保全活動に参加するようになってきた。

そのような里山保全の担い手と保全の形態として、⑴市民が中心となるもの、⑵市民と行政、もしくは市民と土地所有者が共同で行うもの、または行政、市民、土地所有者が共同で行うもの、⑶行政と土地所有者が共同で行うもの、⑷企業が中心となるもの等、に整理することができる。本書では、市民が主体となる取り組みとして、「新しい公共」の概念のもと⑴、⑵および⑷に焦点を充てる。実際、都市近郊において、市民グループが公益的な目的として、市民による里山保全活動の取り組みが全国的に展開されつつある。

6-3 「市民による共同管理」の類型と仕組み

都市地域の「市民による共同管理」は、実際、どのような形態で実施されているのだろうか。それを整理するためには、⑴保全の対象地の所有形態、⑵実施における維持・管理主体、⑶資金調達（費用負担）に注目することが重要である。土地所有者や行政が所有する里山に対して、市民が管理可能にするための仕組みを⑴に基づいて類型化すると次の4タイプに分類できる。

A 「市民共有地における共同管理」

B 「公有地（都市公園や公有林・国有林等）における共同管理」

C 「民有地（自治体・市民・土地所有者の契約）における共同管理」

D 「企業における共同管理」

Aタイプは、「市民共有地における共同管理」である。主として、ナショナル・トラスト[19]などにより、保全すべき土地の市民の共有地化を実現し、トラスト地を市民グループが維持・管理、利用するタイプである。

例えば、都市地域に残された身近な緑地（雑木林等）を少しでも多く保全し、次の世代へ引き継ぐために、都道府県等あるいは保全活動団体が寄付等を募って土地の買い上げをしたり、寄贈を受け入れたり、土地所有者の協力を得て緑地の保存契約を行って特定の緑地を共有化していく仕組みである。その緑地を市民グループが森林ボランティア（主として雑木林や人工林を対象）として維持・管理実施し、利用するタイプである。①市民が中心となるもの、②自治体と市民が協働で進めるものがある。その代表的な仕組みは、図6－3－1に示される。

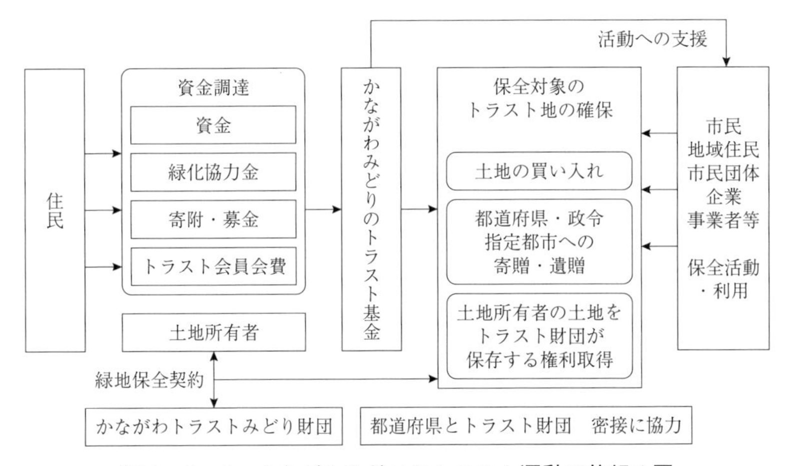

図6－3－1　かながわみどりのトラスト運動の仕組み図

（出所）「多様な主体で支える地域の里地里山づくり―里地里山における「新たな共同利用」推進のために― “2-2 トラスト活動”」を参照、一部加筆し作成。
環境省 web サイト〈http://www.env.go.jp/nature/satoyama/conf_pu/kyoudouriyoutebiki.pdf〉

Bタイプは、「公有地（都市公園や公有林・国有林等）における共同管理」である。都市公園や国公有林等の公的所有地に存在する里山を、市民グループ等が維持・管理を実施し、利用するタイプである。都市公園内の里山については、(1)計画当初から公園区域にあるもの、(2)新たに「都市林制度」[20]によって、緑地を都市公園として整備するもの、(3)自治体等が、保全を必要とする土地を都市計画公園区域等として確保し、市民が利活用できるように公園（里山公園）として整備するもの、がある。

(1)と(2)については、自治体や緑地管理機構（公益財団法人や一般財団法人）が公認・組織した市民グループに運営を管理委託するという形式をとり、資金調達は、主として、自治体からの活動費等と森林ボランティア会員からの会費等で賄われることが多い。(3)については、「管理指定者制度」[21]（2003年6月地方自治体法改正に伴い創設）を活用して、管理運営を東京都議会より選定された「指定管理者」に委ねる。複数の指定管理者によるパートナーシップを構築する場合もあり、それは多様な主体によって管理する仕組みになっている。とりわけ、公園の維持・管理においては、住民協働と位置付けられ、市

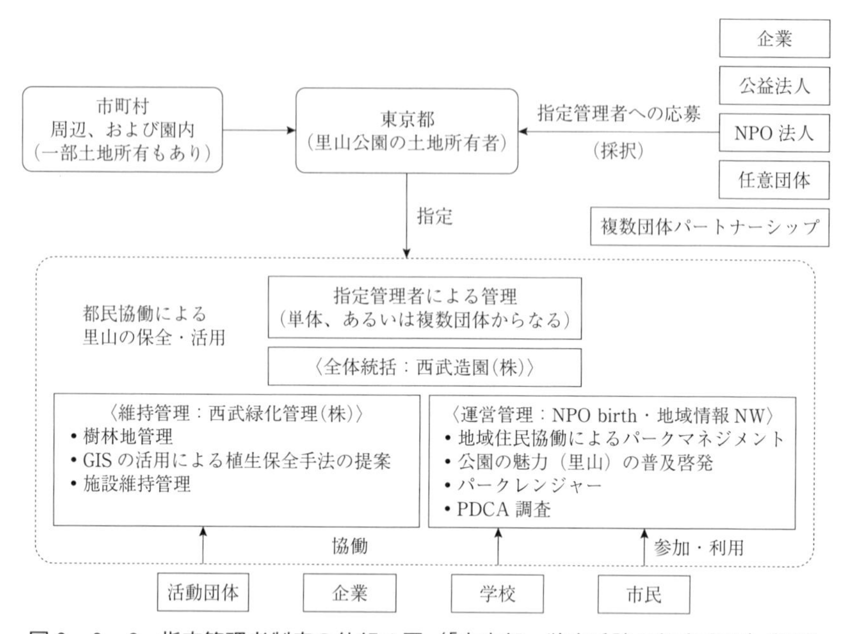

図６－３－２　指定管理者制度の仕組み図（「東京都　狭山丘陵の都立公園」事例）

（出所）「多様な主体で支える地域の里地里山づくり―里地里山における新たな共同利用推進のために― “6-2　里山公園化による活動拠点の整備”」を参照、一部加筆し作成。
環境省 web サイト〈http://www.env.go.jp/nature/satoyama/conf_pu/kyoudouriyoutebiki.pdf〉

民グループが主体的に学校、企業、NPO 法人等の活動団体とともに公園内の保全活動を実施し、利用する。資金調達は、当該企業等の事業費、東京都よりの指定管理料、および公園利用料収入等が挙げられる。その「指定管理者制度」の仕組みは、図６－３－２に示される。

Ｃタイプは、「民有地（自治体・市民・土地所有者の契約）における共同管理」である。主として、民有地のみどりを創出するために、自治体・市民・土地所有者の契約によるものである。代表的な里山保全活動協定の認定の仕組みは、図６－３－３に示される。

自治体レベルの制度面では、市町村において緑の基本計画を策定し、その中で決定された「市民の森制度」[22]に基づくもの、国政レベルでは、1995 年に都市緑地保全法の改正により創設された「市民緑地制度」[23]を活用するも

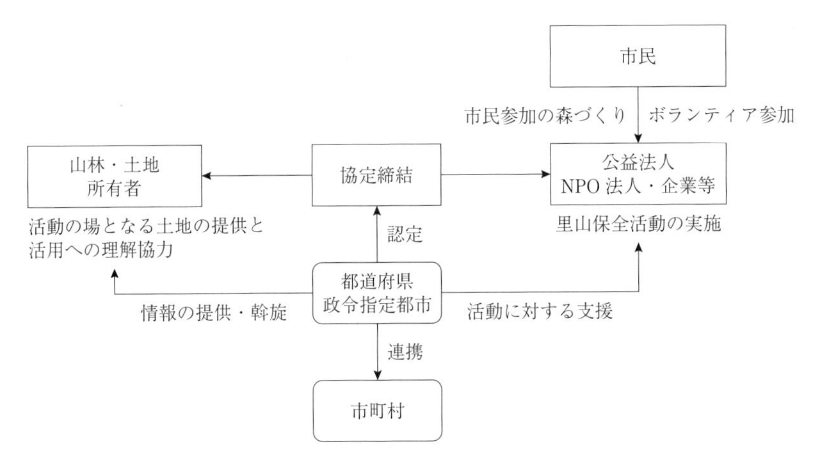

図6－3－3　里山保全活動協定の認定の仕組み図

（出所）「多様な主体で支える地域の里地里山づくり―里地里山における新たな共同利用推進のために―“5-1　土地所有者と活動団体を結びつける活動協定の認定”」を参照し作成。
環境省webサイト〈http://www.env.go.jp/nature/satoyama/conf_pu/kyoudouriyoutebiki.pdf〉

のである。「市民の森制度」においては、自治体と土地所有者の間で、①土地使用賃貸契約（土地所有者には固定資産税・都市計画税の減免等の優遇措置）や、②土地賃貸借契約（固定資産税・都市計画税相当額の借地料の優遇措置）を交わす。一方、都市緑地法のもと「市民緑地制度」においては、都道府県等や緑地管理機構が土地所有者や建築物等の所有者との間で、管理協定（市民緑地契約）を締結することにより保全の枠組みが作られる。土地所有者は、管理上の負担が軽減されるとともに、税制上の優遇措置を受けることができる。

Dタイプは、「企業の森における共同管理」である。企業における共同管理には、企業の所有地を対象にして、森林の維持管理を実施するものと、企業が都道府県や市町村等土地所有者と覚書を交わし、企業の名前を冠した森（企業の森）を維持管理するものがある。後者の場合は、例えば、大阪府の企業等と土地所有者のマッチング、「アドプトフォレスト制度」を活用して、森林づくり活動を実施する場合がある。

その仕組みとして、まず関与する主体間で、森林づくり活動協定（森林保有者・企業・都道府県・市長村の4者協定）を締結する。例えば、大阪府の「アド

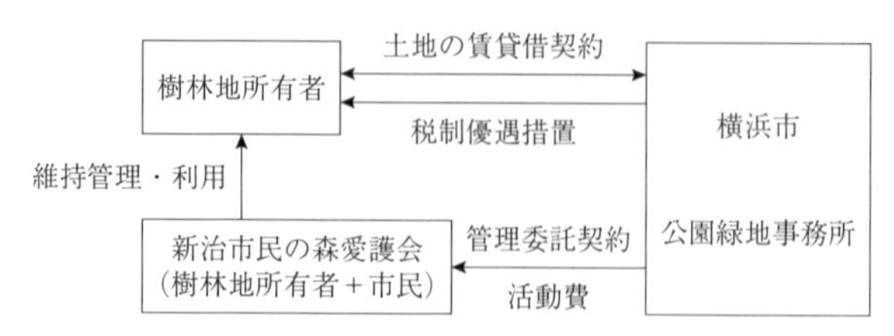

**図6－3－4 「市民の森制度」を活用した仕組み図
(「新治市民の森愛護会」事例)**

(出所) 「新治市民の森」を参照し、筆者作成。
横浜市環境創造局 web サイト〈http://www.city.yokohama.lg.jp/kankyo/green/shiminnomori/shimin-niiharu.html〉

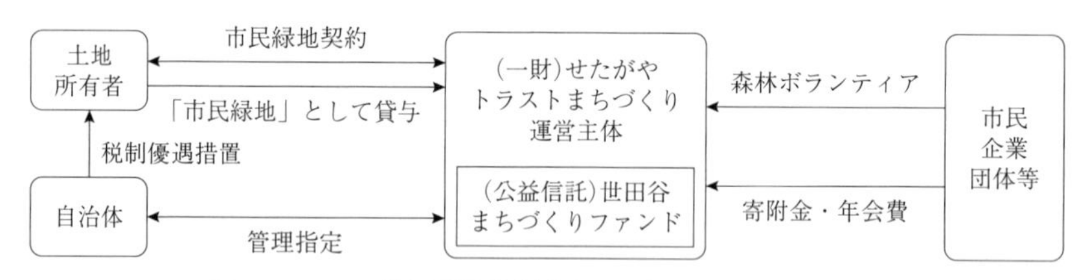

**図6－3－5 「市民緑地制度」を活用した仕組み図
(「せたがやトラストまちづくり」事例)**

(出所) 「民有地のみどりの保全と創出―市民緑地制度―」を参照、一部加筆し作成。
(一財)せたがやトラストまちづくり web サイト
〈http://www.setagayatm.or.jp/trust/green/cgs_system/index.html〉

プトフォレスト制度」の場合では、①大阪府が希望する事業者と森林所有者の仲人となり、活動場所を決める、②活動場所となる市町村と大阪府・森林所有者・事業者における4者間で、森林づくり活動協定を締結し活動内容や役割分担等を含む「4者協定」を結ぶ。③事業者等は対象地域で間伐や植樹、下草刈り等もりづくり活動を実施(期間5年間)する。その際、里山保全活動を計画的かつ継続的に推進するために、全体コーディネートを都道府県等が担うことが、重要である。

同活動協定後、企業は森林管理者と管理委託契約を交わし、森林保全活動を実施する。企業における維持・管理の手法は、①社員等による実践的な森づくり活動、②森づくりの普及啓発・地域交流、③森林環境教育の実施からリーダー育成、④資金提供、⑤本業と一体となった環境活動 CSR (Corporate

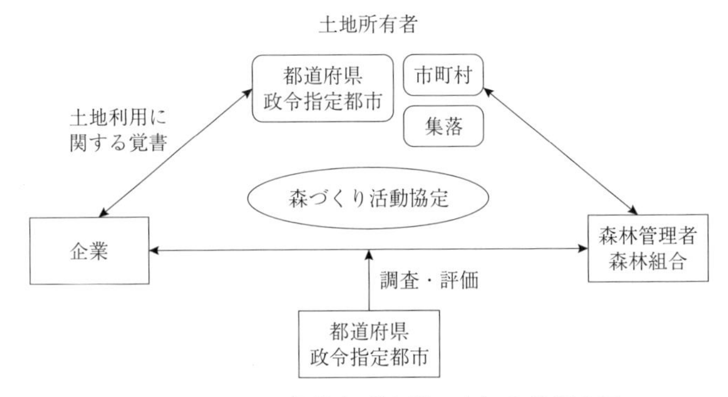

図６－３－６　一般的な「企業の森」の仕組み図

（出所）「多様な主体で支える地域の里地里山づくり―里地里山における新たな共同利用推進のために―　"企業の森づくり"」を参照し作成。
環境省 web サイト〈http://www.env.go.jp/nature/satoyama/conf_pu/kyoudouriyoutebiki.pdf〉

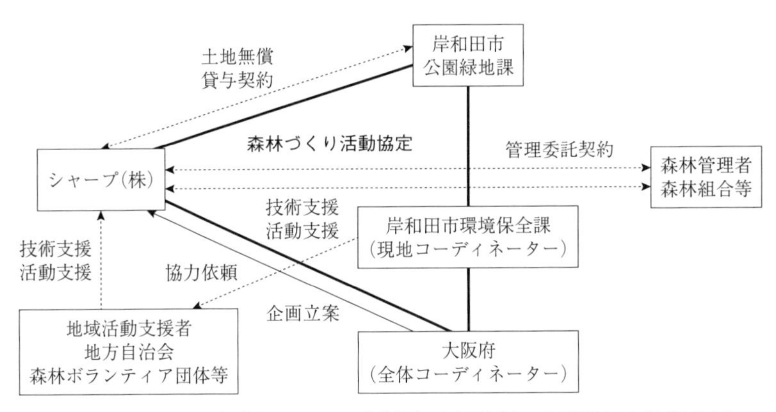

図６－３－７　アドプトフォレスト制度（大阪府）を活用した仕組み図（「シャープの森」）事例

（出所）企業等と土地所有者のマッチング「アドプトフォレスト制度」参照、一部加筆し作成。
堺市役所 web サイト〈www.city.sakai.lg.jp/.../midori_bukai_23_04_s2_2.pdf〉

Social Responsibility: 企業の社会的責任）の一環として行われており、多様化している。企業が主体となることで、里山を含む森林の維持管理に社員等の労力や資金提供が確保される。また、適切な管理活動が継続されることで、地域全体に貢献する活動としても推進する意義は大きい。一般的な「企業の

表6－1　市民による共同管理の類型

			保全対象地の所有形態
A		市民共有地	
B	B_1	公有地	都市公園
	B_2		国公有林
C	C_1	民有地	山林所有者
	C_2		自治体・市民・土地所有者との契約
D		企業	

→

	維持・管理主体
(1)	市民グループ
(2)	公益法人
(3)	NPO法人
(4)	企業
(5)	任意団体
(6)	複数団体パートナーズ

→

	資金調達（費用負担）
①	当該団体（当該会費）
②	基金(法人・個人：寄附金)
③	自治体(活動費・補助金)
④	団体（助成金）
⑤	企業（自己資金）
⑥	物品販売・利用料収入

表6－2　市民による共同管理の取り組み事例

	類　型	団体名	活動内容
1	A-(2)-①②③⑥	(公財)トトロのふるさと基金	狭山丘陵の自然保護・「トトロの森」の環境整備
2	A-(2)-①②③	(公財)かながわトラストみどり財団	かながわのナショナル・トラスト運動「トラスト地」の緑地保全
3	A-(2)-①②③	(公財)さいたま緑のトラスト協会	さいたま緑のトラスト運動「緑地保全」
4	A-(2)-①②③④⑥	(公財)鎌倉風致保存会	鎌倉市内の緑地保全
5	B_1-(6)-①③⑤⑥	西武・狭山丘陵パートナーズ	狭山丘陵の「都市公園」保全
6	B_1-(3)-①③④	(NPO法人)かわさき自然調査団	川崎市「生田緑地」保全
7	B_1-(1)-①③	桜が丘公園雑木林ボランティア	「東京都立桜ヶ丘公園」保全
8	B_1-(1)-①②③④	なごや東山の森づくりの会	名古屋市「東山の森」保全
9	B_2-(1)-①③④	神於山保全活用推進協議会	岸和田市「神於山地区」保全
10	B_2-(3)-①③	(NPO法人)もりづくりフォーラム	フォレスト21「さがみの森」保全
11	C_1-(3)-①②③	(NPO法人)みのお山麓保全委員会	箕面市「みのお山麓」保全
12	C_2-(1)-①③	新治市民の森愛護会	横浜市「新治市民の森」保全
13	C_2-(2)-①②③	(一財)世田谷トラストまちづくり	世田谷のトラスト運動「市民緑地」
14	D-(4)-⑤	シャープ(株)	「神於山シャープの森」保全
15	D-(4)-⑤	トヨタ自動車(株)	エコの森プロジェクト

森」の仕組みは、図6－3－6、アドプトフォレスト制度（大阪府）を活用した事例の仕組みは、図6－3－7に示される。

表6－1をベースにして、市民による共同管理の取り組みを類型化すれば、表6－2のように整理できる。次節では、表6－2で示した具体的な取

り組み事例を考察する。

6-4　類型に基づく「市民による共同管理」の取り組み事例

6-4-1　(公益財団法人)トトロのふるさと基金
―狭山丘陵の自然保護・「トトロの森」の環境整備―

(公財)トトロのふるさと基金は、狭山丘陵の自然保護・「トトロの森」の環境整備を市民が中心となり、進めている取り組みである。狭山丘陵は、東京都と埼玉県の境にある丘陵（東西約11km、南北約4km、面積約3500ha）である。映画「となりのトトロ」で取り上げられたことにより、一般に「トトロの森」と称されている。「トトロの森」の多くは雑木林であり、これらは長い歴史を通じて人々の生活とともに形づくられた二次林というべきものである。自然の恵みは人々の生活を支え、自然を利用することによる循環型の生活は、雑木林を擁する里山の環境にこそ、存在したといえる。その周辺の里山や平地林の保全をするために、市民・団体・企業の協働の取り組みが進められ、事業主体は、「トトロのふるさと基金」[24]である。当該基金の2015年度事業計画書によれば、「狭山丘陵の土地や文化財をナショナル・トラストの手法により取得する活動をメインの事業としつつ、里山管理事業等を推進し、狭山丘陵における自然環境の保護及び整備推進に寄与する」としている。

狭山丘陵では、戦後のレジャー施設開発にはじまり、1960年代後半には、中規模な宅地造成が進行した。1960年代から地元住民が取り組んできた環境保全活動と1990年から開始したナショナル・トラストを合わせて引き継ぐ形で、1998年4月20日に「トトロのふるさと財団」が設立された。その後、2011年4月には、(公財)トトロのふるさと基金になった。当該基金は、保全するためのトラスト基金を運営しており、同基金に対する個人・企業・団体等からの寄附は1990年の基金創設以来、総額4億7,552万7,596円（2014年3月31日現在）である。集まった寄附金は、所沢市内を中心に宅地開発が進み、里山が保全されなくなるおそれがある狭山丘陵の土地28箇所、面積：約52,064m^2、金額：3億5,792万9,707円（2014年12月16日現在）

の土地の購入に活用された（表6－3：資料9）。

また、保全地を森林ボランティアの市民による下草刈り・清掃等の活動を通じて、それを広く社会にアピールすること、より広い面積が保全されることを目指している。資金調達は、上述の市民・企業・団体等の寄附金のほか、会員による会費（正会員のほかに、家族会員、賛助会員、法人会員）、自治体からの補助金・助成金、そして、物品事業販売による収益等がある。

6-4-2 （公益財団法人）かながわトラストみどり財団
―「トラスト地」の緑地保全―

神奈川県においては、身近なみどりを次世代に引き継ぐために、県内の優れた自然環境及び歴史的環境を県と県民と協働で「かながわのナショナル・トラスト運動」を進めている。具体的には、神奈川県民から広く寄附等を募り積立て、それを資金として、乱開発等から保全すべき土地等を取得する。また土地所有者から寄贈や遺贈も受け入れて、トラスト地として緑地保全活動を実施する。

その仕組みは、当該運動の推進組織として、「かながわトラストみどり財団」[25]（1985年設立）、また、当該運動の資金面を支援するのは、県が設置する「かながわトラストみどり基金」（1986年設置、原資は県の積立金、緑の協力金、市民・企業・団体等の寄付金等）である。その両者が一体となり、「トラスト地の緑地保全」の活動を推進する。具体的な役割として、「かながわトラストみどり基金」により、保全すべき緑地の買い入れや寄贈により取得した緑地を保全する。当該運動の推進組織である「かながわトラストみどり財団」（1985年設立）は、土地所有者との緑地保存契約の締結による緑地保全を図り、その緑のトラスト地を県民や市民活動団体等の森林ボランティアが、維持管理活動（下草刈りや清掃など）を実施する。県民や市民活動団体等は、当該財団のトラスト会員に登録をすることによって、会費や寄付等の支援をするとともに森林ボランティア活動に参加することができる。「かながわトラストみどり基金」への寄附累計額は、12億8,547万8,547円であった（2014年3月31日現在）。それは、トラスト緑地28箇所、面積86haを超える土地の購入に活用された（表6－4：資料10）。

トラスト会員には、普通会員に加えて、「トラスト緑地保全支援会員制度」(2008年1月に開設) のもと、普通会員が任意で加入して、特定の緑地を指定して支援を行う「トラスト緑地保全支援会員」がある。前者は、かながわのみどりを守り育てる運動を支える会員であり、会費は緑地保全や地域の緑化のほか、財団の運営に充当される。後者は、会員が指定した緑地の自然再生や管理作業費用に、会費の全額が充当されることが特徴の一つである。そのモデル緑地として、小網代の森緑地 (三浦市)、久田緑地 (大和市)、桜ヶ丘緑地 (横浜市) が選定されている。そこでは、森林ボランティアである市民団体の協力を得て、自然再生や維持管理活動が行われ、良好な自然環境が保全されている。資金調達は、県の積立金による基本財産運用益、緑化協力金、市民・企業・団体等からの寄附金、自治体よりの委託金、そして、トラスト会員による会費である。その会費のタイプは、上述のように、「トラス会員(普通会員)」と「トラスト緑地保全支援会員 (任意加入)」があり、それぞれ個人・家族・法人・団体の種類がある。

6-4-3　(公益財団法人) さいたま緑のトラスト協会
—さいたま緑のトラスト運動「緑地保全」—

6-4-2と同様に、埼玉県においても、「さいたま緑のトラスト運動」を、県が主導し、県民が主体となり協働で進めている。具体的には、埼玉県民から広く寄附を募り積立、それを財源に保全すべき土地等を取得して公有地を進めるとともに、土地所有者からの寄贈や遺贈も受けて、緑地保全活動を実施している。2012年現在、「さいたま緑のトラスト」保全地は、12カ所、面積：58.6haである (表6－5：資料11)。

その仕組みは、埼玉県に設置された、当該運動の推進組織として、「さいたま緑のトラスト協会」[26] (1984年に発足)、当該運動の資金面を支援するのが、「さいたま緑のトラスト基金」(1985年発足・2012年4月に公益財団法人) である。その両者が連携し「さいたま緑のトラスト運動」の緑地保全活動を進めている。それぞれの役割として、「さいたま緑のトラスト協会」は、県民や市民活動団体等の森林ボランティアの協力を得て、緑のトラスト保全地の維持管理活動 (下草刈りや清掃など) を行うだけでなく、トラスト運動の輪を広げていくために、広報紙の発行や自然観察会の開催などの普及啓発活動を実施している。その活動には、会員の市民ボランティアが企画の段階から参加しているのが特徴の一つである。

資金調達は、県の積立金、個人・企業・団体等の寄附金、会員の会費（個人・家族・グループ・法人会員）等である。トラスト運動への寄附は、「トラスト協会への寄附」と「トラスト基金への寄附」の2種類ある。「トラスト基金」への寄附は、埼玉県への寄附となるので、次のような税制優遇措置がある。法人の場合は、全額損金算入ができる。個人の場合は、優れた政策に対して寄付を集める、「市民が用途指定できる税」として制度化された「ふるさと納税制度」が適用となった。寄附金額から2千円を引いた額を確定申告をすることにより、所得税と住民税（住民税所得割額の10%上限など条件がある）の控除がある。

「ふるさと納税制度」を活用した同県の宮代町の注目したい取り組みがある。同町は、「緑の推進事業」として、第5号地「山崎山の雑木林」を周辺地域と一体的に管理し、そこでの自然のふれあいを通した体験事業を推進するために、2001年度に13,216平方m^2を約1億4,100万円（かながわがみどりのトラスト基金3分の2、宮代町3分の1）にて取得した。そのトラスト地（里山）の整備及び今後の保全活動等の経費の資金調達に際して、「ふるさと納税」で全国に寄附を募ったことである。当初、募集金額（必要経費）は500万円であったが、環境意識の高い市民によって、775名の方より9,394,000円の寄附が集まった[27]。このことは、自治体が政策を呼びかけ、事業を示して推進していく、新たな自治のあり方を提示していると言える。

6-4-4 （公益財団法人）鎌倉風致保存会―鎌倉市内の緑地保全―

（公財）鎌倉風致保存会は、鶴岡八幡宮後背の山林「御谷（おやつ）」の自然を守る運動を展開した市民や文化人が中心となって1964年12月に設立された団体である。鎌倉の自然の風光と豊かな文化財を後世に伝えるために、鎌倉市内の緑地保全を神奈川県と県民が協力して進めている取り組みである。そこで、「御谷山林」1.5haを保全するために、市民等からの寄附金900万円と鎌倉市からの600万円にて買い上げ保全地としたことにより、我が国のナショナル・トラストの第1号と言われている。その後、1966年には「古都保存法」が制定され、鎌倉は乱開発から守られることになった（現在の会員数443名）。

その仕組みは、（公財）鎌倉風致保存会の活動を資金的に支援するため、鎌倉市が管理及び処分に関する条例に基づき、「風致保存基金」[28]（2013年度風致保存基金及び運営補助金、累計額11,863,000円）を設置し、当該保存会は、その基金を活用して緑地の確保し、それを保存会員により維持・管理を実施し利用している。当該保存会の主な事業は、緑地保全事業、建造物等保存事業、普及啓発活動事業等である。緑地保全事業の取り組みは、当該保存会所有の緑地4カ所：御谷山林（1.567ha）、笹目緑地（1.179ha）、十二所果樹園（5.035ha）、扇ガ谷庭園（0.26ha）をはじめ、国指定史跡の北条氏常盤亭跡、東勝寺跡、朝夷奈切通や史跡に続く寺院の背後の緑地等において、当該会員と市民による「みどりのボランティア」の活動（下草刈り、枝はらい、倒木の整理などの作業）によって維持管理されている。

鎌倉市の「みどりの計画（平成26年度版）」[29]によれば、具体的な活動内容として、当該保存会所有の緑地、市や寺が所有する史跡内緑地の保全作業は、本会員を中心とするボランティアにより年120回以上実施した。また、本会員以外による緑地保全「みどりのボランティア」等もさまざまな活動を行っている。例えば、2013年度において、「みどりのボランティア」とともに、史跡指定地などで下草刈りや倒木処理などの緑地保全作業を実施（計36回・述べ980人参加）した。また2014年3月1日、十二所果樹園において、当該保存会会員が、クリ20本、コナラとミズナラ10本、カエデ3本、タチバナ2本、エドヒガン2本等を植樹した、としている。

6-4-5　西武・狭山丘陵パートナーズ―狭山丘陵の「都市公園」保全―

狭山丘陵にある都立4公園（野山北・六道山公園・狭山公園・東大和公園・八国山緑地）は、「指定管理者制度」（2003年6月地方自治体法改正に伴い創設）のもと、2006年4月1日より「西武・狭山丘陵パートナーズ」が指定管理者として公園の運営管理を実施している[30]。「指定管理者制度」とは、公園の管理について民間事業者等のノウハウを活用して、利用者の多様なニーズに応え、質の高いサービスの提供を図り、効果的・効率的な管理運営を目指すものである。同制度においては、当該団体に施設の使用許可や料金設定の権限が与えられ、利用料を収入にすることができる。このことが、本取り組みの特徴の一つである。

「西武・狭山丘陵パートナーズ」は、民間事業者とNPO法人等4つの団体により構成された複数パートナー型の団体である。その仕組みは、運営管理の全体統括を西武造園㈱が担い、樹林地・施設等の維持管理を西武緑化管理株式会社、協働のコーディネイトを(NPO法人)birth、そして自然保全再生を(NPO法人)地域自然情報ネットワークが、それぞれ役割を分担して担っている。維持管理においては、園内を適正な状態に維持し、自然環境の保全と活用を考えた植生管理を目指している。運営管理においては、ボランティア・市民団体との協働による公園運営を進め、また、パークレンジャーによる園内のパトロール、自然環境の保全を実施する。

当該事業計画書（概要版）によれば、特に重視する管理運営の方針として「里山の価値を都民協働によって次世代に伝える」ことが掲げられており、実際、公園内の維持・管理は、都民協働と位置づけられており、イベントを担当するNPO法人が、多くの森林ボランティアを育成し公園管理につなげている。具体的には、幅広い都民参加「里山クラブ」を設立し、活発に都民協働を展開するとともに、環境教育プログラム「里山学校」を展開し、公園管理運営を担うとしている。さらに、既存ボランティア団体との連携によりネットワークを構築し「協議会」、「公園ボランティア会議」を開催し、諸活動の連絡、調整などコーディネーターとして、より良い公園の活用を図る。雑木林の管理に関しては、里山としての自然環境を保全・回復するため、今まで東京都が実施していたモニタリング調査結果等をもとに地域の特性や自然の回復力を生かした里山林の育成や樹林地の管理を行い、里山林や草地、水辺の管理では都民・公園ボランティアの支援を得つつ、多様な生物が生息する里山の存続を図るとしている。なお、都民は、公園ボランティアに1年間、登録をして、主体的な里山保全活動に参加できる。年間登録費は、1,200円（ボランティア保険料、消耗品費、通信費など）である。

6-4-6 （NPO法人）かわさき自然調査団―川崎市「生田緑地」保全―

川崎市第1号の都市計画緑地である「生田緑地」とその周辺エリアには、里山的自然環境を保全するために、行政と多数の市民団体が協働して活動を実施している。具体的な取り組みの一つに公園内の維持管理や動植物を守るための活動があり、とりわけ重視していることは、生物の棲息環境保全を考慮した里山管理を進めていることである[31]。

主な取り組み概要として、2005年に策定された川崎市の「生田区緑地管理計画」[32]に基づき、「生田緑地」に係る市民・活動団体・川崎市が連携し、生田緑地の管理・運営のために、「生田緑地植生管理協議会」が設立された。翌年、生田緑地（多摩区側）の雑木林の植生管理を進めるために、個々の市民活動の調整を図る「生田緑地植生管理協議会市民部会」を発足させ市民合意のもと、詳細な植生管理等を行い、順応的な管理活動に取り組んでいる。

その仕組みとして、活動の実施主体は、（NPO法人）かわさき自然調査団[33]（市民の合議による植生管理計画を作成）が担い、実際の植生管理は、生田緑地植生管理協議会市民部会（生田緑地の雑木林を育てる会、生田緑地雑木林勉強会、飛来谷戸の自然を守る会、ホタルの里の畑を守る会、生田緑地の谷戸とホトケドジョウを守る会等）がフィールドにおいて、植生管理を計画、一定の管理作業を実施、その結果を調査、評価するというサイクルで行う。また、市民活動として生田緑地の植生管理を適切に進めていくためのシステムの構築と、生田緑地で活動している市民団体以外の一般市民が公園利用することによって、植生管理に参加する機会を提供し、市街地における里山の新しい保全管理を実践する。例えば、「生田緑地の雑木林を育てる会」[34]は、活動の年次計画を策定し、多摩区道路公園センター、および生田緑地で活動する他のボランティア団体との情報交換・意見調整を図りながら、下草刈り、間伐、植林等の整備作業を会員の自主参加により実施する。保全・整備活動は「安全」を重視し、作業に使用する機器（チェーンソー、刈払機）用具（鋸、剪定鋏、刈込み鋏）などの正しい使用法、手入れの仕方についての指導も行う。資金調達は、団体助成金等、多磨区役所道路公園センターが法的管理とともに財政的な支援をサポートしている。

6-4-7　桜が丘公園雑木林ボランティア―「東京都立桜ヶ丘公園」保全―

東京都立桜ヶ丘公園は、東京都が所有している雑木林を東京都と市民が協働で管理している事例である。その活動を担うのが、桜が丘公園雑木林ボランティアである[35)]。桜ヶ丘公園は、多摩丘陵の多摩ニュータウンの東縁に位置し、その中の2haの雑木林「こならの丘」が雑木林ボランティア活動の場である。活動は、1991年に開始され、雑木林ボランティアの定期募集は、年1回3月頃に都の広報紙に掲載され、毎年公募によって80名ほどのボランティアが登録されている。毎月2回の土曜日を活動日としており、会費は1200円（ボランティア保険700円、茶菓子代500円）となっている。わずか2haの雑木林を10年間に延べ数百人の市民が参加したことは意義深い。また、冬に実施するどんぐり祭り（木工クラフト、落ち葉遊び、焼芋等）や、もちつきイベントを行いつつ、区民に対して、広く一般公開している。

桜が丘公園雑木林ボランティアの活動は、多様な市民が自分のペースで参加できるようになっている。その活動内容は、作業・調査・自然教室・研修に分類され、さらに作業については、雑木林の手入れ（間伐・下草刈り、清掃等）と手入れ後の「産物利用」に分けられる。産物利用は、雑木林の手入れに伴って発生した林や刈り草を活用し、伐採や炭焼き等を体験するとともに、雑木林の直接的な管理を無理せず、ゆったりとしたペースで進めるうえでも不可欠である。本ボランティアの募集に際しては、ボランティアが本人の意思によるものゆえ、委託関係ではなく、本人の意思による登録というシステムになっており、登録条件は本人の意思を尊重するため、①積極的に雑木林に関わる意思があること、②自分の責任で活動できることの2点である。

桜が丘公園雑木林ボランティアの構成は、10代から80代まで、年齢、職業、性別とも多様である。ボランティアは、さまざまな年齢や職業をもった市民から構成されている方が、豊かなネットワークが形成できるとともに、活動にも広がりがもてる。それぞれにできる範囲のことで参加できる活動ならば、多様な市民が参加し続けることが可能となる。また、主として、多摩市に在住の都民が多いが、桜が丘公園の通常の利用者の範囲を越えて、葛飾区や大田区からの参加者もあり、職業もさまざまで造園関係のコンサルタント、大学生、主婦、および定年退職者等多様な人々が参加している。

6-4-8　なごや東山の森づくりの会―名古屋市「東山の森」の保全―

土地所有者から名古屋市が寄贈を受け、同市が管理する東山公園・平和公園において、市民・団体・企業で結成される市民協働組織「なごや東山の森づくりの会」によって、雑木林、竹林、田んぼ、畑、ため池、炭焼きなどの里山の管理活動が行われている[36]。本取り組みは、名古屋市の「緑のまちづくり条例」で定められた「緑のパートナー認定」及び「緑のまちづくり活動に関する協定」に基づいて実施されている。通常は公園管理者以外が主体的に管理運営行為を行うことはできないが、緑のまちづくり活動に関する協定を結ぶことにより、森づくりの会が主体となって樹林管理や湿地管理等の管理運営行為の一部を担っている。概ね、里山環境の管理活動は6カ所、総面積として約110ha（平和公園南部約58ha、天白渓22haなど）である。なお、森づくりの会には、5つの班・部（平和公園里山班・なごや東山南部里山班・子ども東山の森づくり隊・調査活動班・ハンノキくらぶ）があり活動している。会員数は、186名（2014年1月現在）である。また、名古屋市内の公園・緑地において自然環境の保全や再生取り組む市民活動団体と名古屋市が協力して「なごやの森づくりパートナーシップ連絡会」を設立し、団体相互の情報交流を行い、課題の共有化や活動の活性化、仲間づくりを進めている。資金調達は、当該会員の会費、イベント収益、市からの委託金、助成金、寄附等（2007年度の収入：4,492,404円）であった。

6-4-9　神於山（こうのやま）保全活用推進協議会
―岸和田市「神於山地区」保全―

2005年6月、里山としては、全国で初めて「自然再生推進法」に基づき、大阪府岸和田市の神於山（こうのやま）の保全・再生を目指した計画が実施された。この実施計画は、竹林やくずに覆われる等植生が急激に変化、荒廃しつつあった里山の状況を受け、本来の樹種を保全育成し、里山の生態系を再生することを長期的目標として掲げ、短期的には竹林の適正な整備を目標とするものである[37]。

「神於山の保全・活用（約180haの区域）」については、「神於山地区」に放置された竹林の繁茂や、不法投棄等を防止するための森林整備等に、市民、ボランティア、企業、自治体（岸和田市）が協働で、2004年に「神於山保全活用推進協議会」（神於山保全くらぶ「WOOD・木・樹」、大阪府「魚庭の森」づくり協議会、シャープ(株)、光明連合座中など43団体）が設立され、「神於山の里山再生」を推進している。この再生事業は、「神於山保全くらぶ」による保全活動（タケの除去等）、「大阪府漁連青年部」による森づくり活動、「春木川をよくする市民の会」による定期的な清掃活動が実施されるなど、多様な主体が保全活動に関与している。神於山の所有・管理関係として、神於山の所有権は岸和田市の公園緑地課、管理は大阪府（治山事業：遊歩道や保安林の整備）、全体のコーディネートは岸和田市の環境保全課である。また、企業の環境CSR活動の一環として、2006年2月以降、シャープ(株)が植栽等に参加している。「神於山シャープの森」に関しては、6-4-14において後述する。

6-4-10 (NPO法人)もりづくりフォーラム
—フォレスト21「さがみの森」保全—

フォレスト21「さがみの森」は神奈川県津久井郡津久井町「仙洞寺山国有林」内にあり、“市民参加の森づくり”を行政・NPO・市民の協働によって推進していくためのモデル事業であり、この森を市民が維持管理している。本取り組みは、緑の募金法制定の記念事業として行われており、三者協定による共同事業である。具体的には、関東森林管理局東京分局より国有林用地の提供を受け、実施主体であるNPO法人森づくりフォーラムが企画・運営を担い、(公益社団法人)国土緑化推進機構より、緑の募金記念事業（開始時期：1997年2月～事業費：500万円）として資金供給を受ける[38]。

それぞれの役割において、行政は、仙洞寺山国有林の提供を行い、NGOが作成した森林計画及び試行計画についての協議を行う。(NPO法人)もりづくりフォーラムは、上述の三者協定に基づき、森林の維持管理に関する全ての責任を負う。具体的には、毎月第二火曜日に「フォレスト連絡協議会」を開き実行計画を決定、「市民参加の森づくり」の促進に必要な事業を行うとともに、新しいグループの組織化を支援する。市民は、森林の多面的な価値を最大限に活用するための労力を提供し、里山保全作業に参加する。

本取り組みの主な目的は、市民参加の森づくり活動を普及啓発すると共に、市民が森林計画、ならびに利用計画を作成し、未来の「モデルフォレスト」として、「多様性と継続性」をキーワードに森林の総合利用に携わり、「森林と共に暮らす社会」の実現を目指している。5年間を1クールとして計画を遂行する。第1ステージは、4.5haの伐採跡地にさまざまなタイプの森林を育成しており、各地で活動する市民参加グループのほか、フィールドをもたない個人が参加している。ここでは、企業や学校などの団体実施体験指導も受け入れている。第2ステージは、用地面積を約20haに拡大することで、幅広い活動が可能となる本格的な森林総合利用に取り組んでいる。

6-4-11　(NPO法人)みのお山麓保全委員会―箕面市「みのお山麓」保全―

みのおの山麓を保全するために、箕面市は1999年10月、山林所有者、市民、行政、学識経験者などにより「箕面・山麓保全検討委員会」を設立し、当該委員会は、箕面市と山麓保全のための「協働協定」を締結し、みのお山麓の保全活動を実施している[39]。

「箕面・山麓保全検討委員会」では、計画を実現していくための山林所有者と市民の相互理解及び合意形成を図るために、山林所有者や市民の意見を反映した山麓保全のための計画「山麓保全アクションプログラム（2002年3月）」の策定作業を行い、そこに参画した市民を中心に、「みのお山麓保全委員会（2003年8月“NPO法人”）」が2002年4月から組織され、そこでは、“箕面の山を守り育て活かす”さまざまな活動を展開している。同時に、「みのお山麓保全活動」の資金面での支援として、公益信託「みのお山麓保全ファンド」が設立され、当該ファンドは、山林所有者、市民、団体（助成の受益者）が行う「みのお山麓保全活動」に対して助成する。

「みのお山麓保全委員会」2012年度事業報告書によれば、山林整備サポートを28件行い、山林所有者と市民とをつなぐ活動として、山林所有者、市民団体、「みのお山麓保全委員会」の3者の協働により、「石丸地区」の民有林を対象として、2つの市民団体による新たな山林保全活動を行う取り組みが実施された。また、2012年度、(公益信託)みのお山麓保全ファンドより、山林所有者に対する助成を78件、金額6,683,000円を助成したとしている[40]。なお、2012年度（12年4月～13年3月）における当該山麓ファンドへの募金額は、1,013,000円（前年比93.4%）、それには、箕面市のふるさと寄附金（山麓保全目的）258,000円を含む。毎年1,000円以上の寄付者「箕面の森の守りびと（山麓ファンドサポート会員）」の募集を行い、108名（前年より24名増）から、303,600円の募金を受けた。

6-4-12　新治市民の森愛護会―横浜市「新治市民の森」保全―

横浜市は、緑の環境をつくり育てる条例に基づき、保存すべき緑地を「市民の森」として指定し設置することにより、民有緑地を保存し、市民に憩いの場を提供することを目的に掲げた「市民の森制度」を制定した[41]。それを活用して、都市近郊の地価の高い未利用の雑木林の土地所有者が、横浜市に土地を提供し、市は簡単な整備を行ったうえで、市民に公園として開放し、その緑地の維持管理は、「市民の森愛護会員」が実施するという、横浜市と市民との協働の取り組みである。「市民の森愛護会」の活動地域は（2015年1月31日現在）、42カ所（約507ha）を指定している（表6－6：資料12）。

その仕組みは、横浜市が土地所有者から樹林地を借り上げ、そこを「市民の森」に指定し、制度指定後、市が散策路や広場の整備をしたうえで市民に公開する。市は、土地所有者と土地の賃貸借契約を締結し、施設整備を行い、その後、公園緑地事務所と市民の森愛護会が「管理委託契約」を締結し、土地所有者及び市民によって構成された「市民の森愛護会」が公園の管理・保全に取り組む。土地所有者は、固定資産税相当額が免除され、更新時に継続一時金の交付（予算の範囲内で、10年毎に300円/m^2）、緑地育成奨励金の交付（毎年30円/m^2）がなされる。市は土地取得費が不要となるメリットがある。一方、市民の森に指定後は、開発及びその土地の形質の変更等は禁止となり、また所有権移転・権利設定をする場合には、市長と協議（協議申出書）が必要等の制限がある。

「新治市民の森」は、2000年に横浜市内では23番目の「市民の森」である[42]。横浜市緑区の西部、新治町・三保町に位置する。かつて緑区は、横浜一緑の多い、田園風景の広がる地であったが、昭和40年代後半から始まった宅地開発や土地所有者の高齢化などによって、次々に緑地が消滅した。そのようななか、「新治市民の森」は、横浜市の北部で唯一まとまって残された“最後の森”と言える貴重な場所である。その自然環境を将来に継承していくために、行政と市民が協働し、新しい形の保全・管理組織による森の再生モデルを創造することを目指している。維持管理主体は、「(NPO法人)新治市民の森愛護会」が担い、当該会員（土地所有者との市民から構成）によって里山保全活動が実施されている。資金調達は、会員による会費、同市よりは、活動費（面積2ha未満15万円/年、面積2ha以上20万円/年）が交付される(横浜市市民の森設置事業実施要綱：2013年6月20日)。

6-4-13　(一般財団法人)世田谷トラストまちづくり ―世田谷のトラスト運動「市民緑地」―

世田谷区に存在する水辺などの自然環境や、近代建築などの歴史的文化遺産などを区民共有の財産として、次世代に引き継いでいくために、(一財)世田谷トラストまちづくり（緑地管理機構）が運営主体となり世田谷のトラスト運動が実施されている[43]。世田谷区内のみどりはその約6割以上が民有地によって占められており、良好な環境を今後も維持していくためには、都心に近い高地価の世田谷区において、寄附金を集めて土地の買い取りを進めることは困難であると考えられる。それゆえ、当該財団は、「市民緑地制度」を活用して、みどりの保全活動を実施している。2015年2月28日現在のトラスト支援者数4,968名（賛助会員、特別会員、子ども、学校、寄附者、ボランティア）である。現在、13区画の市民緑地（300 m^{2}以上の広さを持つ、ひとかたまりの民有地）や、22箇所を「小さな森（50 m^{2}以上でひとかたまりの民有地）」を超える開設実績や、延べ500人を超えるボランティアとの環境保全活動は、都市型トラスト運動のモデルとしても全国で注目を集めている。現在、13区画、面積：16,089.09 m^{2}の市民緑地が保全されている（表6－7：資料11)。

「市民緑地制度」とは、都市に残された民有地のみどりを保全し、地域に憩いの場を提供することを目的とした都市緑地法によって定められている制度である。地方自治体もしくは指定を受けた民間団体（緑地管理機構）とが「市民緑地契約」を交わし、一定期間その土地の維持管理を行う。これを地域に公開することにより、区民に親しまれる憩いの場としてみどりが活かされるという仕組みである。また市民緑地に指定されると土地所有者には、みどりの維持管理の手間や費用の軽減や一定の条件のもとで、固定資産税・都市計画税の非課税、相続税の軽減の税制優遇措置が受けられるメリットがある。

当該財団は、1992年、資金調達のためのトラスト基金「(公益信託)世田谷まちづくりファンド（以下、ファンドと表記する）」を設立した[44]。本ファンドの特徴は、助成による資金的支援によって、区民のまちづくり活動を応援する、全国に先駆けて始まった、まちづくりの市民参画型ファンドである。まちづくりは、何よりも地域に暮らす人々が主体となって取り組むことが大切であり、その活動の輪を広げ、地域コミュニティの課題解決力を高めるとともに、行政や企業との連携・協働の取り組みが必要である。そのために、同ファンドは住民、行政、または企業のいずれにも属さない独立した立場から、地域の発想に根ざした区民主体のまちづくり活動を支援している。資金調達は、基本財産運用収益、市民・企業・団体等の寄附金、トラスト会員の会費、補助金等である。寄附者29名9団体等から、総額777,140円（2015年2月28日現在）の寄附が集まった。

6-4-14　シャープ(株)―「神於山シャープの森」保全―

6-4-9で述べたように、企業のシャープ(株)が、CSRの一環として、神於山の里山再生の取り組みに参加して、「神於山シャープの森」づくりの活動を開始した[45]。シャープ(株)の“企業の森”取り組みは、2006年4月1日に大阪府が推進する、企業等と土地所有者のマッチング「アドプトフォレスト制度」の第1号、そして、里山においては全国で初めて「自然再生推進法」を踏まえ、実施されたものである。

その仕組みとして、里山を再生するための「森林づくり活動協定（4者協定：岸和田市・大阪府・事業者・神於山保全活用推進協議会）」を締結し、その協定書に基づき、対象地域で間伐や植林、下草刈りなど、森づくり活動を行う（期間：5年間）を実施する。また、シャープ(株)は、企業市民として社員等を里山保全活動にボランティアとして実施するだけでなく、資金面からの支援することも可能である。具体的な活動として、同社の社員・OB等（2,000～3,000人が岸和田市に居住）は、下草刈りを行った後、大阪府・岸和田市をはじめとする神於山保全活用推進協議会の協力を得て、里山再生に相応しい樹種としてクヌギ、コナラ、ヤマザクラの苗1,800本を社員とその家族305名が植樹する活動を実施した（2006年4月15日現在）。

6-4-15　トヨタ自動車㈱―「エコの森プロジェクト」―

トヨタ自動車は、1998年5月に、当該企業の所有地（豊田市のフォレスタヒルズ・モデル林40haとその周辺：トヨタの森）を整備したことをきっかけに、生物や自然環境を調査するとともに、自体験の場として、そこを地域に開放し、森づくりに関心のある市民と㈳日本環境教育フォーラムとの協働で、「エコの森プロジェクト」の取り組みを実施している[46]。具体的に、トヨタの森は、地域の森林整備ボランティア活動の場として活用されており、1996年11月から当該地を「エコの森クラブ」と称して、トヨタ自動車の社員やOB、地域住民が一緒になって月1回の森林除伐・整備活動を続け、多くの人々に「里山」に触れる地域の拠点としている。

また、「トヨタの森」を1997年に一般公開し、森内を自由に散策、森あそびイベントや、地域の小学生向けの自然ふれあい体験プログラムを行っている。活性化の指標として「樹木の成長量」と「種の多様性」を掲げ、効果把握のため「エコモニタリング」を10年間実施した。再生された里山は、自然ふれあい体験学習など環境教育・学習の場として提供し、多くの学童が利用している。加えて、1998年から7年間にわたり、㈳日本環境教育フォーラムとの共催で里山保全の専門人材育成のための環境教育プログラム「エコのもりセミナー」を開催し、約3,000名の方々が参加した。とりわけ、環境教育では、周辺住民や市民団体と協働したことが功を奏した。当該企業は、里山保全をCSR活動の一環として行われており、緑地保全活動に対する人的・物的支援等を行うとしている。したがって、本プロジェクトに係る運営費用は、全て自己資金にて賄われている。

小　括—成果が期待できる市民による共同管理—

本章では、その解決の一つの手法として、土地所有者や行政が保有する里山を市民が管理可能にするための「市民による共同管理」を考察した。それを土地保有形態から類型化し、タイプ別の取り組み事例を明らかにした。具体的には、Aタイプ「市民共有地における共同管理」は、市民が中心になるものとして、「トトロのふるさと基金」が該当した。市民と行政との協働のものとして、「かながわトラストみどり財団」、「さいたま緑のトラスト協会」、および「鎌倉風致保存会」の3つが該当した。次に、B_1タイプ「公有地（都市公園や国・公有地）における共同管理」は、従来から都市公園区域内の取り組みとして、「（NPO法人）かわさき自然調査団」、「なごや東山の森づくりの会」、ボランティア公募型の「桜が丘公園雑木林ボランティア」、複数のパートナー型の「西武狭山丘陵パートナーズ」が該当した。とりわけ、特徴的なことは、「西武狭山丘陵パートナーズ」において、運営主体を指定管理者制度による「指定管理者」に委ねたことである。そして、B_2タイプ「公有地における共同管理」は、自然再生推進法を活用した「神於山保全活用推進協議会」、国有林を対象にしたものに、「（NPO法人）もりづくりフォーラム」が該当した。さらに、C_1グループ「民有地での共同管理」では、山林所有者と行政との協働による「（NPO法人）みのお山麓保全委員会」が該当し、また、C_2グループ「行政と市民・土地所有者との契約のよる共同管理」においては、市民の森制度を活用した「新治市民の森愛護会」、市民緑地制度を活用した「（一財）世田谷トラストまちづくり」が該当した。最後に、Dグループは、「企業における共同管理」では、企業の社有地における取り組みとして、トヨタ自動車（株）、「企業の森制度」を活用したシャープ（株）、それぞれにおいて森林の維持・管理を当該社員が担い、整備後は、Cグループ同様に、地域住民に一般公開することが求められている。

「新しい公共」の価値観のもと、市民、市民団体、地域住民だけでなく、企業市民の概念を入れることによって里山保全の仕組みについての分析が、より客観的な事実を捉えることができる。すなわち、企業が主体となることで、里山の維持・管理に社員等の労力や資金提供が確保されることになった。また、適切な管理活動が継続されることで、企業は社会的評価を受けると共に、地域全体に貢献する活動としても推進する意義は大きい。

上述の取り組みのなかで、進化が期待される取り組みの手法として、「ナショナル・トラスト」方式が最も効果を発揮する方法であると考えられる。なぜなら、土地を買い取ることで、保全が実施されるために、市民の意志や主体性が最も生かされるからである。また「市民の森制度」、「市民緑地制度」の契約に基づく取り組みは、行政との協働により「文化的サービス」享受することを目的に、市民が自然とふれ合う場として位置づけ利用しつつ保全していくので、里山を保全するための重要な手法と考えられる。なぜなら、当初は土地の買い取りを行わないため、保全への取り組みに機動性があり、さらに土地所有者に不測の事態が発生した場合には、必要に応じて、行政が買い取りを行うために継続性が確保される可能性が高いと考えられるからである。最後に、都市公園の運営を民間のノウハウを活用し、維持・管理を都民協働で実施するという取り組みは、新たな手法として、今後の進化に期待できる。

今後、残された点は、COP10において「SATOYAMAイニシアティブ」を国際社会に提唱したことで、国際的なネットワークを構築する必要になってくる可能性があるので、外国での類似した「市民の共同管理」における手法の事例、そして、国内的には、自然資源の持続的な利用の観点から、生物資源に依拠した循環型社会を構築する必要がある。そのためには、里山にストックされている森林資源を新たな経済資源として活用することが求められる。例えば、間伐材や廃材等を利用したバイオマス発電等、それを活用した地域でのエネルギーの地産地消の仕組み、さらに、森林の公益的機能の回復・維持のための森林整備事業（里山保全を含む）を自治体で行い、その費用負担を住民に求める仕組み（森林環境税等）である。これらについては、今後の課題としたい。

注

1）「新たな共同管理」とは、里地里山の資源を生態系サービスなど多面的機能から人々の「共有の恵み」と位置付け、多様な主体の連携によって保全活用するしくみ。日本の里地里山を支えるしくみの一つである「入会による共同管理」に着目し、新たな形の入会、すなわち「共有の恵み」の享受のために、都市住民や企業など多様な主体が緩やかな共同体として里地里山の保全活用に関わるしくみを作ることにより、継続的な維持管理が行われることである。

環境省「里地里山保全活用行動計画（案）」 p. 38。環境省 web サイト〈www.env.go.jp/nature/satoyama/.../1-1Public(keikaku)..〉

2）「新しい公共」とは、政府は、人々の支え合いと活気のある社会を作ることに向け、「国民、市民団体や地域組織」「企業やその他の事業体」「政府」等が、一定のルールとそれぞれの役割をもって当事者として参加し、協働する場であると定義している。（内閣府「新しい公共」宣言』より抜粋　2010 年 6 月 4 日「新しい公共」円卓会議資料）〈http://www5.cao.go.jp/npc/pdf/declaration-nihongo.pdf〉

3）　企業は個人と同様に社会を構成する主体＝市民であり、社会における良き市民として、法的責任や経済的責任を越えて、教育や福祉、文化等、さまざまな社会問題の解決のために積極的に貢献すべきであるという企業観である。80 年代のアメリカにおいて発達し、90 年代に入り、日本でも注目されるようになってきた。『経済学辞典』有斐閣　2004 年　p. 204。

4）　神奈川県大和市 web サイト「大和市新しい公共を創造する市民活動推進条例」〈http://www.city.yamato.lg.jp/web/content/000022019.pdf〉

5）　寄本勝美（2001）p. 5。

山本耕平「新しい公共」について―ローカルガバナンスと協働―

（株）ダイナックス都市環境研究所 web サイト〈http://www.dynax-eco.com/repo/report-24.html〉

6）　京都大学名誉教授、1911 年生、四手井綱英（1993）pp. 74-77。

7）　所三男（1980）『近世林業史の研究』吉川弘文館　p. 887。

8）　有岡利幸（2004）『里山』Ⅰ・Ⅱ　法政大学出版局、日本民俗建築学会編（2010）『日本の生活環境文化大事典―受け継がれる暮らしと景観』柏書房。

9）　阪本寧男：京都大学名誉教授、民族植物学、1930 年生。

阪本寧男（2007）「里山の民族生物学」丸山徳次・宮浦富保編『里山学のすすめ』昭和堂　p. 28。

10）　武内和彦（2001）「1.1 二次的自然としての里地・里山」武内和彦他編『里山の環境学』東京大学出版会　pp. 2-3。

「文化的自然」という視点もある。丸山徳次「今なぜ「里山学」か」丸山徳次・宮浦富保編（2007）『里山学のすすめ』昭和堂　p. 14。

11）　我が国は国土の 70％に近い林野面積をもつ。自然保護は 2 つに大別される。一つは、原生状態の自然保護であり、もう一つは、住民の生活環境としての自然保護である。それは原生的な自然ではない都市近郊林や二次林のように、景観として、あるいはレクリエーションの場として親しみの持てる多分に人手に加わった自然である。原生的自然は、気候風土に対応するものであり、学術的な価値が重視されるべきもので、広く国土を覆う状態で各地に保存する必要がある。一方、二次的な自然の保護に対しては、これまで法制度など十分な置づけがなされてこなかった。自然は原生的であれ、二次的であれ、すべての自然に対し保護、保全が図られるべきであろう」。四手井綱英（1993）p. 60。

12）　サクリ、AH／麻衣子（2010）「ミレニアム生態系評価―生態系と人間福祉を考える―」小宮山宏編（サステイナビリティ学④『生態系と自然共生社会』東京大学出版会、守分紀子（2014）pp. 35-74。

13）　近郊における里山の面積は、1970年に約800 km^{2}あったのに対し、1990年には約390 km^2。2000年には約290 km^{2}と大幅な減少を示している。ただし、近年その減少の速度は鈍化しているとされる（武内和彦他「里山保全に向けた土地利用規制」『都市問題』97巻11号、2006.11、pp. 56-57.）。

14）　呉尚浩（2000b）p. 165。

15）　RDB：Red Data Book 絶滅のおそれのある野生生物について記載したデータブック。レッドブラックデータブックが刊行され、里山に生息する植物のなかにも絶滅危惧種が多いことが明らかになったことから、里山が生物多様性の保全に対して、大きな役割を果たしていたことが認識された。

「我が国における保護上重要な植物種および群落に関する研究委員会種分科会」（1989）『我が国における保護上重要な植物種の現状』自然保護基金日本委員会　p. 320。

16）　田中亘他（2005）「自治体における里山林の保全・管理・利用実態Ⅰ．Ⅱ．Ⅲ」『森林総合研究所研究報告』397　pp. 291-346。

17）　中川重年（1998）「市民参加の森づくりの状況・保全グループ一覧」倉本宣・内城道興編『雑木林をつくる―人の手と自然の対話・里山作業入門（改訂新版）』百水社。

18）　里山保護・保全活動として、市民主体の個別の活動に加えて、雑木林（里山）の再生保護・保全グループ、里山ネットワーク、(株)野鳥の会、(社)ナショナル・トラスト協会、「甦れ！　里山シンポジウムの開催」、ナショナルトラスト全国大会等の全国的な展開が挙げられる。

19）　自然環境保全法人。イギリスではナショナル・トラスト法に基づき設立されており優れた自然環境や歴史的環境の保全事業を行う。日本のおいては、一般に優れた自然環境などの保全事業を行う公益法人の意に用いられている。この自然保護法人に対する寄付金ついては、税制上の特例が設けられている『経済学辞典』　p. 961。

20）「都市林」とは、平成5年の都市公園法施行令の改正により新たな都市公園として加えられた、主として動植物の生息地又は生育地である樹林地等の保護を目的とする都市公園を示す（都市公園施行令第2条）。

21）「指定管理制度について」東京都総務局行政改革推進部庁 web サイト〈http://www.soumu.metro.tokyo.jp/02gyokaku/shiteikanrisyaseido.html〉

22）「市民の森制度」横浜市環境創造局 web サイト〈http://www.city.yokohama.lg.jp/kankyo/green/shiminnomori/shimin-mori-seido.html〉

横浜市の「市民の森制度」は、昭和 46 年度からスタートした横浜市独自の緑地を保存する制度であり、緑を守り育てるとともに、山林所有者の方々の協力により、市民の憩いの場として利用するものである。土地提供者には、市からの緑地育成奨励金、および、固定資産税・都市計画税が減免される。

23）「市民緑地制度」(一財)世田谷トラストまちづくり web サイト〈http://www.setagayatm.or.jp/trust/green/cgs_system/index.html〉

市民緑地とは、都市に残された民有地のみどりを保全し、地域に憩いの場を提供することを目的とした都市緑地法によって定められている制度である。(一財)世田谷トラストまちづくりが土地所有者の方と契約を結び維持管理を行う。これを地域に公開することにより憩いの場としてみどりが活かされる。また市民緑地に指定されると、所有者の方にはみどりの維持管理や固定資産税・都市計画税・相続税について優遇措置が講じられる。

24）「当法人の活動について」トトロのふるさと基金 web サイト〈http://www.totoro.or.jp/activity/index.html〉参照。

廣井敏男・山岡寛人（2004）『里山はトトロのふるさと』旬報社。

「2013 年度公益財団法人トトロのふるさと基金事業報告書」〈http://www.totoro.or.jp/activity/disclosure/img/2013_jigyou.pdf〉

「2015 年度公益財団法人トトロのふるさと基金事業計画」〈http://www.totoro.or.jp/activity/disclosure/img/2015jigyoukeikaku.pdf〉

トトロのふるさと財団編（2001）「都市近郊里山保全―里山保全への現代的な課題を考える」トトロブックレット　pp. 103-105。

25）「かながわのナショナル・トラスト運動」公益財団法人　かながわトラストみどり財団 web サイトより〈http://ktm.or.jp/contents/national/trust/index.html〉

「かながわのナショナル・トラスト運動について」神奈川県庁 web サイトより〈http://www.pref.kanagawa.jp/cnt/f349/〉

「かながわトラストみどり基金の推移（2014 年 3 月 31 日現在)」〈http://www.pref.kanagawa.jp/uploaded/attachment/716173.pdf〉

26）「自然を学ぼう・トラスト地」(公財)さいたま緑のトラスト協会 web サイト〈http://saitama-greenerytrust.com/〉

埼玉県庁 web サイト「さいたま緑のトラスト運動」・「さいたま緑のトラスト基金」〈https://www.pref.saitama.lg.jp/a0508/midorinotrust.html〉。

27）「電脳みやしろ」宮代町への寄付（ふるさと納税）

「山崎山トラスト地（里山）整備・保全事業」埼玉県宮代町 web サイト〈https:

//www.town.miyashiro.saitama.jp/machgoo.nsf?OpenDatabase〉
28）「風致保存会にご協力ください」鎌倉市役所 web サイト〈http://www.city.kamakura.kanagawa.jp/midori/huchikikinn.html〉
「緑地保全・緑化推進」・「緑の基本計画」〈https://www.city.kamakura.kanagawa.jp/midori/miki.html〉
29）「みどりの計画（平成 26 年度版）」鎌倉市役所 web サイト〈http://www.city.kamakura.kanagawa.jp/midori/documents/03-h26midori-jisseki.pdf〉
30）「狭山丘陵の都市公園について」、「指定管理者制度とは」西武・狭山丘陵パートナーズ web サイト〈http://www.sayamaparks.com/metropolitanparks/〉
西武・狭山丘陵パートナーズ「狭山丘陵グループ」事業計画書　概要版〈http://www.sayamaparks.com/common/pdf/111222kanriunei-gaiyou.pdf〉
31）“里なび”国内保全活用事例「都市周辺（地域）里山保全の活動事例5―b」地元と外部の協力・連携による取組を推進する仕組みづくり「生田緑地」環境省自然環境局自然環境。環境省計画課 web サイト〈http://www.env.go.jp/nature/satoyama/satonavi/initiative/kokunai.html〉
32）「生田緑地ビジョン」第1章　「生田緑地ビジョン策定にあたって」1―3　策定の趣旨、川崎市 web サイト〈ww.city.kawasaki.jp/530/cmsfiles/contents/0000003/3370/ikuta-vision.pdf〉
33）「かわさき自然調査団の活動」都市公園生田緑地、NPO 法人 かわさき自然調査団 web サイト〈http://www.geocities.jp/npo_konrac/〉
34）「生田緑地の雑木林を育てる会」生田緑地 web サイト〈http://www.ikutaryokuti.jp/hp/katsudo.html〉
35）倉本宣・麻生嘉（2001）「里山ボランティアによる雑木林管理―桜ヶ丘公園を例に―」『里山の環境学』東京大学出版会。
「桜が丘公園雑木林ボランティア」公園の四季を豊かに彩る雑木林　桜ヶ丘公園「ボランティア活動」東京都立桜ヶ丘公園 web サイト〈http://www.tokyo-park.or.jp/park/format/index065.html〉
36）「東山のもりづくり」名古屋市役所 web サイト〈http://www.city.nagoya.jp/ryokuseidoboku/cmsfiles/contents/0000010/10762/shin_kihonkeikaku_4.pdf#search〉
「なごや東山の森づくりの会」（公財）名古屋市みどりの協会 web サイト〈http://www.nga.or.jp/partnership/introduction/partner19.html〉
“里なび”国内保全活用事例　5）―a 地元住民に主体的取組を促進する仕組みや体制づくり「東山の森」東山の森（愛知県名古屋市）事例 No. 32. 名古屋市なごやの森「地域のおける里山の保全活活用の取組～「なごや東山の森づくりの会」を中心とした市民協働による都市の里地里山保全活動～」
37）再生ネットワーク「神於山保全活用推進協議会」環境省 web サイト〈https://www.env.go.jp/nature/saisei/network/law/law1_3_1/k4_b.html〉

「自然再生推進法に基づく自然再生協議会の概要」農林水産省 web サイト〈http://www.maff.go.jp/j/study/other/siezen_suisin/pdf/data01__170704.pdf〉
38) 「フォレスト 21 さがみの森」web サイト〈http://www.moridukuri.jp/sagami/forest_sagami.htm〉
「パートナーシップによる環境保全活動の事例一覧―フォレスト 21 さがみの森―」〈参考資料 2〉環境省 web サイト〈https://www.env.go.jp/council/02policy/y023-03/ref02.pdf#search=〉
39) 「みのお山なみネット」(NPO 法人)みのお山麓保全委員会 web サイト〈http://www.yama-nami.net/iinkai-image/yama-jigyo.html〉。
堺市役所 web サイト「南部丘陵における緑地確保の仕組みづくり」中間支援組織による市民団体等と土地所有者のマッチング：山麓保全ファンドによる活動組織（箕面市）pp. 32-35。https://www.city.sakai.lg.jp/shisei/gyosei/shingikai/kensetsukyoku/koen_ryokuchibu/midorinoseisaku/kaigiroku_shiryo/shingikai_h23/shingikai_h23dai1.files/midori_shingikai_23_01_12_04.pdf
40) 「みのお山麓保全委員会」2012 年度事業報告書（2012 年 4 月 1 日～2013 年 3 月 31 日）〈http://www.yama-nami.net/iinkai-image/hokoku/12jigyohokoku.pdf〉。
41) 「新治市民の森」横浜市環境創造局 web サイト〈http://www.city.yokohama.lg.jp/kankyo/green/shiminnomori/shimin-niiharu.html〉
田並静（1999)「横浜市『市民の森』制度」日本野鳥の会　pp. 92-96。
「パートナーシップによる環境保全活動の一覧―市民の森制度―」〈参考資料 2〉環境省 web サイト〈https://www.env.go.jp/council/02policy/y023-03/ref02.pdf〉
42) 「新治市民の森愛護会」web サイト〈http://homepage3.nifty.com/NIIHARU/〉
43) 「世田谷のトラスト運動」(一財)世田谷トラストまちづくり web サイト〈http://www.setagayatm.or.jp/trust/s_trust/index.html〉
(一財)世田谷トラストまちづくり平成 25 年度事業報告書〈http://www.setagayatm.or.jp/about/enterprise/report/report_h25.pdf〉
44) 「公益信託世田谷まちづくりファンド概要」〈http://www.setagayatm.or.jp/trust/fund/outline.html〉
45) CSR 報告書「神於山シャープの森（大阪府)」シャープ(株)web サイト〈http://www.sharp.co.jp/corporate/eco/social/forests/kishiwada/index.html〉
46) CSR 報告書「トヨタの森づくり―地域・社会基盤である森づくりに取り組む―」、“森に息吹を”里山を守る「トヨタの森」トヨタ自動車(株)web サイト〈http://www.toyota.co.jp/jpn/sustainability/social_contribution/feature/forest/index.html〉

第７章
県民債を活用した住民参加型太陽光発電事業の展開

序　文

近年、環境問題と電力の安定供給への対応から、地域分散型電源である再生可能エネルギーへの期待が高まっている。このようなエネルギー転換の流れのなかで、1995年に発生した阪神・淡路大震災の経験を活かし、兵庫県と淡路島３市（洲本市、南あわじ市、淡路市）において、エネルギー自給率100％を目指す「あわじ環境未来島構想」が実施されている。

淡路島地域においては、人口減少、高齢化、および経済の縮小という課題があった。そのようななか、1995年に発生した阪神・淡路大震災以降、将来世代に向けてのライフラインにおける危機感が生じたことが契機となり、同地域を活性化するための主体的な住民参加型の取り組みが実施されてきた。それを促すための手法として、適切な協働をもたらす社会的合意形成、およびネットワークの構築が図られている。同構想を推進するなか、淡路島におけるエネルギー自給率は、2010年の８％から2015年の27.7％へと大きく伸長した。数値目標として、2020年に20％、2030年に35％、2050年に100％を掲げている。そこでは、行政、住民、および第三セクターが協働して環境事業に取り組み、環境保全活動にとどまらず、安定した事業運営と地域活性化に成功している。

淡路島における主体的、かつ実践的な取り組み事例、および社会的合意形成を示す先行研究として、次のようなものがある。牛野正（1996）によれば、淡路島の三原地区における行政主導による住民主体の地区総合計画づくりのプロセスにおいては、公共の福祉に基づく土地秩序の形成や農用地の流動化を図りつつ、総合的な圃場整備事業を実施するための合意形成の必要性を指摘している[1]。また、武山絵美他（2004）は、兵庫県五色町の菜の花栽培の事例における農地の多面的機能強化プロセスにおいて、地域資源の複合的活用システムが多様な労働力や資金の活用などの合意形成を容易にする効果があることを明らかにし、同システムの必要性を明らかにしている[2]。次に、吉田国光（2009）は、三毛作農業を実践する淡路島地域の三原平野において、農業生産活動の形態や段階に応じて展開する重層的な農業者のネットワークを分析し、その結果、同経営に関わる主体が農業生産活動に対する役割、およびその効果が増加したとして、ネットワークの構築の重要性を強調している[3]。最後に、伊藤真之他（2010）は、地域社会における市民参加型の活動を支援する取り組みにおいては、持続可能な開発と教育の視点を重視し、実際、南あわじ市における市民が主体的に運営するサイエンスカフェを通じて、潜在的担い手の存在とコーディネータの必要性、および、取り組みの支援者として地域社会における大学の役割の重要性を指摘している[4]。このように主体的、かつ実践的な多様な取り組みが進むなかで、行政、住民、第三セクターの視点から制度進化を研究した事例は存在しない。

そこで、本書では、持続可能な地域社会モデルを目指す「あわじ環境未来島構想」のシンボル・プロジェクトとして実施された住民参加型太陽光発電事業に注目し、同事業を制度と住民の選好の共進化の過程と捉えつつ、同事業に資金供給する淡路島地域の住民の意識や行動がどのように政策や制度に影響を及ぼし、また行政による政策や制度によって、住民の意識や行動がどのように変化したのか、ミクロ・メゾ・マクロ・ループの理論枠組みを用いて、同地域の聞き取り・アンケート調査に基づき分析する。

以下、7-1では、エネルギー自給率100％を目指す、淡路島における「あわじ環境未来島構想」の概要を概観する。7-2では、「あわじ環境未来島構想」のシンボル・プロジェクトとして実施された住民参加型太陽光発電事業に焦点を絞る。2012年度に導入された再生可能エネルギー普及支援策である固定価格買取制度をベースに、県民債を発行（国債発行ではなく）するという地域レベルの市民参加型制度を資金調達ベースにした住民参加型太陽光発電所事業の仕組みを考察する。7-3では、メゾレベルにおける制度媒介として、（一般財団法人）淡路島くにうみ協会が同取り組みに対して、重要な役割を果たしていることを検証する。7-4では、ミクロの視点から、淡路島民の地域特性および環境に関する意識の変化を県民意識調査や県民債購入者に対するアンケート調査を通じて分析する。7-5では、その分析結果を踏まえ、住民参加型太陽光発電事業の成功要因を明らかにする。

7-1　あわじ環境未来島構想（淡路島モデル）の概要

淡路島は、古事記や日本書紀で「国生みの神話」の島、すなわち、日本で最初にできた地域とされる。瀬戸内海で最大の島であるばかりでなく、北方領土を除けば、全国でも沖縄本島、対馬についで大きく、東京23区やシンガポールとほぼ同じ面積である[5)]。

近年、淡路島地域において、少子高齢化、人口減少、および経済の縮小という危機感があった。とりわけ、人口は明治初期および終戦直後には20万人を超える時期もあったが、2015年には、約134,000人までに減少している。一方で、農産物、漁業、温暖な日照など豊富な地域資源のポテンシャルが存在する。また、農漁業を軸に積み重ねられてきた地域独自の知恵・文化、「国生みの島」を誇りとする住民の強い団結力と「環境立島」を目指す多彩な住民運動の蓄積、および住民運動を支えてきた熱い住民たちの存在の大きさがある。そのような状況が、「あわじ環境未来島構想」導入の背景にあると考えられる。

持続可能な地域社会モデルを目指す同構想は、上述の豊富な地域資源のポテンシャルを活かしつつ、3つの柱「エネルギーの持続」「食と農の持続」「暮らしの持続」のもと“持続する環境の島”の実現を目指している。とりわけ、淡路島におけるエネルギー自給率は、2010年の8％から2015年の27.7％へと大きく伸長した。今後、2020年に20％、2030年に35％、2050年に100％の数値目標を設定している[6)]（表7-1-1）。実際、2015年度における淡路島内の太陽光発電年間計画発電量は、131.72MW（36カ所）である。また、年間発電電力量は162,000MWh、それは一般家庭年間消費電力量約45,000世帯分の相当量である。

加えて、同構想は、2012年12月に「あわじ環境未来島特区（地域活性化総

表7－1－1　あわじ環境未来島構想：数値目標の設定

成果指標	当初（2010年）	淡路島現状（2015年）	あわじ環境未来島構想の目標		
			2020年	2030年	2050年
エネルギー（電力）自給率	8％（2010年）	27.70％（2015年）	20％	35％ 国目標 ▲20％	100％
CO_2 排出量（1990比）	▲19％（2010年）	▲41％（2015年）	▲39％ 国目標 ▲25％	▲55％	▲88％ 国目標 ▲80％

現在の状況：27.7％（2015年）、島内の太陽光発電年間発計画発電量：131.72MW（36か所）
年間発電電力量　162,000MWh＝一般家庭年間消費電力量　約45,000世帯分
（参考）　淡路島内世帯数：52,629世帯（2016年12月1日現在）
（「兵庫県推計人口より」あわじ環境未来島推進協議会　平成29年度議事録資料5－2）

合特区制度）」として国からの指定を受けて取り組みを推進し、その総合特区申請（1999年9月30日）において、自然エネルギーを地場産業に活かす内容が組み込まれている。例えば、現在、花卉栽培を行うハウスに隣接する遊休農地に太陽光発電設備を設置して、ハウス内の電力を太陽光発電で賄えるようにしたことである[7]。さらに、兵庫県が2013年5年度に開設を予定している県立淡路病院（洲本市塩谷1丁目）に150kWの太陽光発電設備を設置すること等が挙げられる[8]。まさしく中央集権から地方分権への移動、すなわち国から地方へ降りている。中央集権から地方分権への移動があってはじめて、市民参加型が起こる。経済の重心そのものが中央集権から地方分権へシフトしている。まさしくミクロ・メゾ・マクロ・ループを形成していると言える。

7-2　住民参加型太陽光発電事業―県民債発行による資金調達―

7-2-1　「住民参加型くにうみ太陽光発電所」事業の概要

当該事業の目的は、より多くの島民から小口の資金供給を受け、地域資源である豊かな日照から得られる共有財産を地域に還元することを念頭に置きつつ、同構想が推進する再生可能エネルギーの創出に参画をしてもらうことである。具体的には、県立淡路島公園隣接用地に建設したメガワット級（発電能力：計950kW、太陽光発電設備容量計994kW：単結晶パネル250kW×3,976枚）の「住民参加型くにうみ太陽光発電所」を運用し売電事業を実施する（表7－

表７－２－１ 「住民参加型くにうみ発電所」の概要

名　称	住民参加型くにうみ発電所
所在地	淡路市岩屋（県立淡路島公園隣接用地約 14 ha）
事業費用	57,592 千円
発電能力	0.95 MW
事業主体	一般財団法人淡路島くにうみ協会

２－１）。CO_2 排出削減量は年間約 315t である。

7-2-2　県民債発行による資金調達

兵庫県は、住民参加型太陽光発電事業に対して、小口による県民債（あわじ環境未来島債）を発行して資金調達を実施した。当該債券は、できるだけ多くの淡路島民に購入してもらうことを狙いとしたことから販売に当たっては、淡路島民に向け優先販売期間を設定したほか、販売対象を個人に限定し、購入限度額も設定された（上限 200 万円）。販売状況は販売開始前から島民に大きな反響があり、結果として淡路島民のみで発行総額４億円が締切日前に完売するに至った（販売件数 471 件）。同債券は、2018 年８月 30 日に償還した。同県民債の概要は、次のとおりである（表７－３－２）。①発行額：４億円、②発行年限：５年（2018 年８月 30 日償還）、③表面利率：0.33％、④販売単位：一口５万円以上５万円単位、⑤購入限度額：200 万円、⑥その他：住民参加型太陽光発電事業の（収支）実績報告書の送付（年１回）。（一財）淡路島くにうみ協会は、兵庫県からこの資金を借り入れ、建設・運営に充当する[9]（表７－２－２）。

7-2-3 「住民参加型くにうみ太陽光発電所」の仕組み

兵庫県は、「あわじ環境未来島債」によって調達した資金の発行利率と同じ利率で発電事業者となる同協会に貸付を行う。事業主体である（一財）淡路島くにうみ協会は、この資金を基に太陽光発電所の建設・運営を行い、発電した電気を「再生可能エネルギーの固定価格買取制度」に基づく単価で関西電力(株)に売電し、そこから得られた収入により発電所の運営を行うととも

表7－2－2　あわじ環境未来島債の発行概要

名　　称	あわじ環境未来島債
販売対象	個人のみ
販売期間	平成25年7月31日～8月26日（8月13日まで淡路島内優先販売）
発行総額	4億円
発行年限	5年：2018年8月30日（木）償還
表面利率	0.33％
購入単位	一口5万円から5万円単位
購入限度額	200万円
購入者特典	充電式電池急速充電器セット贈呈

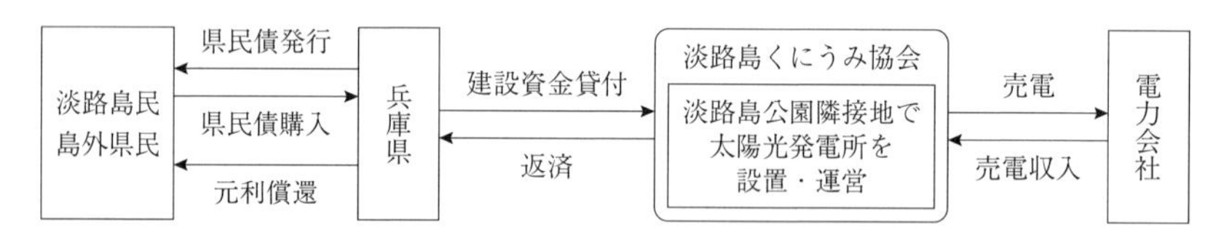

図7－2－3　「住民参加型くにうみ太陽光発電所」の仕組み図

（出所）（一財）淡路島くにうみ協会「住民参加型くにうみ太陽光発電所」資料より。

に、県に貸付資金の返済を行う。同協会は、県より県立淡路島公園隣接用地を借り入れ、住民参加型くにうみ太陽光発電所を建設し維持管理する。そして、最終利益（県からの借入金の元本・利息・施設の建設費、維持管理費等の経費を差し引いた金額）については、同協会の設立趣旨に基づき淡路地域の活性化のために活用することになっている（県と同協会との間で協定書を締結）。同協会は、県民債（あわじ環境未来島債）購入者に対して、年度末に月別太陽光発電電力量を送付する。同債券は、上述のように2018年8月30日に償還した。償還後は利子相当分を支払い、出資者に御礼状を発送する[10)]。特徴の一つとして、同発電所の4台あるパワコンのうちの2台については、「自立運転機能」を搭載し、災害による停電時に非常用電源として活用できる仕組みになっている。その仕組みは、図7－2－3に示される。

7-3　(一般財団法人)淡路島くにうみ協会の概要と役割

淡路島地域における環境事業において、2012年度に施行の固定価格買取制度と県主導型の県民債発行によって再生可能エネルギー推進の政策を実施している。この住民参加型太陽光発電事業において、注目すべき点は、(一般)財団法人淡路島くにうみ協会がメゾレベルにおける制度媒介として重要な役割を果たしていることである。

住民参加型太陽光発電事業の事業主体である(一財)淡路島くにうみ協会は、2009年に(財)淡路21世紀協会と(財)淡路花博記念事業協会とが統合し、淡路地域の活性化と花と緑あふれる地域づくりを推進することを目的として設立された一般財団法人である。発足後、9年目を迎える2017年度も、引き続きすべての島民の創意と行動力を結集して「人と自然の豊かな関係を築く“公園島”」を目指して、「淡路を担う人づくり」、「花と緑豊かな環境づくり」、「活気あふれる地域づくり」、「あわじ環境未来島構想の推進」の4つの柱で淡路地域の活性化と花と緑あふれる地域づくりを推進する(2017年度事業計画書)。「あわじ環境未来島構想推進協議会」の構成団体として、本構想の推進に努めている団体である。

同協会は、上述のような公益性の程度および余剰金の分配の存在を考えると、NPO法人的性格を色濃く持っていると言える。例えば、企業は企業市民として、市民参加型取り組みに企業市民参加において、CSRおよびSRIに体現された企業の市民化による活動の取り組み(進化経済理論の「製作本能」)が、しかしそれでも付随している利潤原理(同「収奪本能」)で市場的規律を持ち込み実現させ成功させ、市場による資金調達の実施を有効ならしめている。本事業での仕組みの根幹を同協会といった第三セクターとそれを取り巻く制度が、「企業市民」概念の両義性を伴って現れており、あるいは、入る器を作ってくれている。そのことは、上記二つの概念の時間的存在を越える実体であるとも考えられる。それがNPO法人の場合は、活動内容が限定され、所轄庁の監督を受けつつ報告の義務等が課せられ、若干規定が制約される。しかし、一般財団法人の場合では、そこが緩やかであり自由度がある。

上述の制度学派の２つの概念、つまり、製作本能、および収奪本能が、現在の資本主義のすべてを蔓延しているわけではないが、局部的にそのようなものが実現してきていると考えられる。このことは、両概念が、より緩やかな形で、そこで作られ、彷彿されて出現する。そのことは、現代の資本主義のすべてではないが、一部分として出現したと認識することができる。

7-4　淡路島民における意識の変化

7-4-1　淡路島民の地域特性―「県民意識調査」―

「あわじ環境未来島構想」においては、地方政府や(一財)淡路島くにうみ協会のみならず、住民の意識の高さが重要な役割を果たしていると考えられる。本節においては、住民参加型太陽光発電事業に資金供給する淡路島民の意識や行動がどのように行政や制度に影響を及ぼし、また行政による発電事業制度を媒介として、淡路島民の意識や行動がどのように変化したかを同地域のアンケート調査や聞き取り調査を踏まえつつ分析する。

日本の地域における共通の課題として、人口減少、高齢化、および経済の縮小が挙げられる。我が国の漁村集落について言えば、海と山に囲まれた急峻な地形に立地することが多く、家屋が密集した住宅地が特徴となっている。一方で、人との関係が希薄となったといわれる現代において、漁業を生業とする生活形態から共同体意識が今なお、色濃く残り、地縁型コミュニティが発達している[11)]。また山本祥子ら（2001b）は、淡路島の北淡町の漁村集落を対象として、漁村集落の家族構成から避難行動および避難空間の特性を調査した結果、近隣に親戚がいる核家族では、親戚の安否確認をとる経由避難が多く見られ、このような住民の行動が共同体意識の高さを示すものであると指摘している[12)]。淡路島地域においても、地域に共通する同様の課題を抱えているが、農漁業を生業とすることから、伝統的に地域農漁業団体を通じて、上述のように共同体意識が高く、地域の連携が強いという特色がある。現在、兵庫県主導の「あわじ環境未来島構想」が進められているなか、淡路島民の意識はどのような地域特性があるのだろうか。兵庫県「県民意識調査」から分析する。

表7－4－1　平成29年度「兵庫のゆたかさ指標」県民意識調査

指標名	淡路地区	全県調査	摘　要
住んでいる地域に関心がある人の割合	71.1	71.8	H27年：75.1
住んでいる地域にこれからも住み続けたいという人の割合	73.5	77.5	H27年：79.2
地域に愛着や誇りを感じている人の割合	67.45	68.3	H27年：69.4
頼りになる知り合いが近所にいる人の割合	70.5	63.4	
住んでいる地域で、異なる世代と人と付合いがある人の割合	63.9	54.2	
ごみの分別やリサイクルに取り組んでいる人の割合	87.6	88.8	H23年：94.5
日頃から節電に取り組んでいる人の割合	79.0	76.2	
住んでいる地域で災害に備えた話合いや訓練に参加している人の割合	67.4	63.8	

“2017年度「兵庫のゆたかさ指標」県民意識調査（淡路地区）”によれば、「住んでいる地域に関心がある人の割合」71.1％（全県調査71.8％）、「住んでいる地域にこれからも住み続けたいという人の割合」73.5％（同77.5％）、地域に愛着を感じている人の割合」は、67.45％（同68.3％）、「頼りになる知り合いが近所にいる人の割合」70.5％（同63.4％）、「住んでいる地域で、異なる世代と人と付合いがある人の割合」63.9％（同54.2％）、「ごみの分別やリサイクルに取り組んでいる人の割合」87.6％（同88.8％）、「日頃から節電に取り組んでいる人の割合」79.0％（同76.2％）、そして「住んでいる地域で災害に備えた話合いや訓練に参加している人の割合」67.4％（同63.8％）等であった（表7－4－1）。

以上のことから、淡路島地域において、1995年に発生した阪神・淡路大震災の経験を契機として、将来世代に向けてライフラインにおける危機感、つまり災害時のエネルギー供給に対する問題意識が生まれたことが根底にあると考えられる。

7-4-2　住民参加型太陽光発電事業出資者へのアンケート調査結果

われわれは、当該発電事業の県民債購入者に対して、「県民債への出資を決めた理由」、および「県民債への出資後、環境面での行動変化」の質問へのアンケート調査を実施した。その結果は、以下のとおりである。

表7－4－2　県民債購入者に対するアンケート調査

質　問	回　答
県民債への出資を決めた理由	再生可能エネルギー事業に支援したいと思った
	淡路島での日照で創られた電気を地元で使えるということに関心があった
県民債への出資後、環境面での行動変化	地元で創られた電気を地元で使えることにより関心をもつようになった
	今後も住民参加型太陽光発電所事業の取組に参加したい

まず、「県民債への出資を決めた理由」の質問に対する回答は、⑴「再生可能エネルギー事業に支援したいと思った」、⑵「淡路島での日照で創られた電気を、地元で使えるということに関心があった」。

次に、「県民債への出資後、環境面での行動変化」の質問に対する回答は、⑴「地元で創られた電気を地元で使えることに、より関心をもつようになった」、⑵「今後も住民参加型太陽光発電所事業の取組に参加したい」というものであった（表7－4－2）。

以上のことから、淡路島民はエネルギーの地産地消に関心を高めつつ、今後も同事業への参加を望んでいることがわかる。行政もこれに影響を受け、住民の意識を促す県民債を発行することによって、行政の取り組みが住民の意識を変化させていることがわかる。

7-5　考察—住民参加型太陽光発電事業の成功要因—

淡路島地域で住民参加型太陽光発電事業が成功した要因としては、次の3点が挙げられる。まず第1に、本構想のシンボル・プロジェクトの実現に向けて、県が県民債を発行して小口の資金供給を募り、住民への参加意識を促し締切り期日前に完売したという、同島民の意識（関心）の高さである。本債権は、今日の超低利の銀行預金よりも高い利率であり、その表面利率は0.33％（当時の国債利率0.24％：2013年9月時点）であった。さらに県を通じての資金調達であるので、県が保証するという安心感もあり、淡路島民のみで早々に完売したものと考えられる。

第2に、再生可能エネルギー普及のための支援策である固定価格買取制度のもと、淡路島の日照量も多く、(一財)淡路島くにうみ協会の事業運営は順調に進んでおり、最終利益が見込めると予想された。同協会について、注目すべきことは、公益性の程度および余剰金の分配の存在を考えると、NPO法人的性格を色濃く持っていることである。課題を挙げるとすれば、電気代収入に影響する日照不足とパワコンの故障である。太陽光発電設備設置の場合、地域におけるニーズがなければ受け入れられない。住民の潜在的ニーズに見合った規模であったと考えられる。

第3に、本構想に対する行政の認識の高さである。具体的には、行政として県発信の「あわじ環境未来島構想」制度に基づき行動するなかで、啓蒙活動をはじめ、住民が関心のない分野にいかに興味を引きつけるのか、かつ、どのような協働ができるかが重要である。今回は行政と住民との関わりがあって、住民と行政の双方に意識が生まれ、住民参加型太陽光発電所の取り組みが提起された。このように住民に関わる機会を行政がつくることが重要であり、そのことは啓蒙活動に通じる。何も動きがなければ、そこには関わりはなく、意識も生まれてこない。今後、行政として、多様な関心をもった住民がプラスの関わり方ができる仕組みづくりが求められる。

次に、兵庫県、並びに淡路島くにうみ協会への聞き取り、島民へのアンケート調査を通じて、次の2つの要因を導出した。まず第1に、島民の地域の発展に対する認識の高さである。第2に、経済的インセンティブである。前者の要因は、2017年度「兵庫のゆたかさ指標」県民意識調査(淡路地区)によれば、まず住んでいる地域に関心がある人の割合が71.1%、次に住んでいる地域にこれからも住み続けたいという人の割合が73.5%、さらに地域に愛着や誇りを感じている人の割合々が67.45%である。このように、島民の地域発展に対する認識の高さは、同県民意識調査のアンケート結果でわかる。また、県民債購入者に対するアンケート調査の結果によれば、淡路島民はエネルギーの地産地消に関心を高めつつ、今後も同事業への参加を望んでおり、行政も島民の選好に影響を受け、県民債を発行することによって、行政の取り組みが島民の意識を変化させていることがわかる。

では、島民の認識はどのような理由で醸成されたのであろうか。それは、淡路島地域において、1995年に発生した阪神・淡路大震災の経験を契機として、将来世代に向けてライフラインにおける危機感、つまり災害時のエネルギー供給に対する問題意識が生まれたことが根底にあると考えられる。とりわけ、集中型電力システムから地域分散型の電力システムへの移行、つまり停電時における電力供給を可能とする再生可能エネルギー導入の必要性である。そのような地域の発展に対する認識の高さが架け橋となって、いわゆる環境保全型の取り組みのベースとなる市民の意識、つまり、市民参加型の市民意識をもつことが同県民意識調査で明らかになった。それを媒介要因とし、住民を環境保全型の取り組みに誘ったということが、市民参加型の取り組みにおける市民意識の重層的構造である。換言すれば、潜在的およびグラスルーツ的な地域に対する住民の意識が、阪神・淡路大震災といった偶然を触媒にして、環境問題といった普遍的課題に取り組むことによって、ミクロ・メゾ・マクロ・ループに参加し、経済社会の進化に資することになったと言える。

後者の要因について、本債権は預金よりも高い利率であり、表面利率は0.33%であった（当時の国債利率0.24%：2013年9月時点）。かつ行政が発行することによる信頼度の高さがあり、リスクプレミアムが十分であったと考えられる。県は当初、兵庫県民を対象にしていたが、淡路島民の優先販売のみで締切日の前に完売したことが重要である。このことは、企業が企業市民として、市民参加型取り組みに企業市民参加において、CSRおよびSRIに体現された企業の市民化による活動の取り組み（進化経済理論の「製作本能」）が、しかしそれでも付随している利潤原理（同「収奪本能」）で市場的規律を持ち込み実現させ成功させているように、市場による資金調達の実施を有効ならしめている。ここでの仕組みの根幹を（一財）淡路島くにうみ協会といった第三セクターとそれを取り巻く制度が、本書の「企業市民」概念の両義性を伴って現れており、上記二つの概念の時間的存在を越える実体であるとも考えられる。

小　括

「あわじ環境未来島構想」の推進は、淡路島民の団結力と環境立島を目指す住民運動の蓄積を踏まえ、県民債（あわじ環境未来島債）の販売過程を通じて、淡路島民の意識（関心）の高さを反映している。また本構想のシンボル・プロジェクトとして実施された住民参加型太陽光発電事業は、県民債が2018年8月30日に償還したことによって当初の一定の志は達成できたと言える。しかし本構想は、まだ住民に周知されていないように考えられるので、一人でも多くの淡路島民が継続して主体的な取り組みに参画してもらうべく、住民がプラスの関わり方ができる仕組みづくりが必要である。今後も住民、地域団体、NPO、企業、行政など多様な主体が問題意識を共有しつつ、協働する重要性を認識して、同構想を推進していくことが求められる。

以上のように、住民参加型太陽光発電事業は、「あわじ環境未来島構想」のもと、エネルギーの持続を柱にした行政の働きかけによる淡路島民の環境問題への意識変化、また地方政府による県民債の発行という実効性の高い制度設計、さらに島民と地方政府の媒介として第三セクターの(一財)淡路島くにうみ協会が機能したことによって、マクロ全体を変化・発展させることでミクロ・メゾ・マクロ・ループを形成し、地域内でのエネルギーおよび資金循環が実現し、制度と環境・地域貢献への選好が共進化した事例であると言えよう。なお、同県民意識調査（淡路地区）において、「太陽光発電など再生可能エネルギーの利用と取り組みに参加している、または参加したいと思う人の割合」は、2013年度は48.5%（住民参加型くにうみ太陽光発電所における県民債が発行された同年度）と、している。その後、順次下降し、2017年度には17.9%に減少した。それは、全県調査の数値23.3%をも下回っている。この変化の実態を調査することによって、今後の取り組みの方向性を決める鍵になると考えられる。それは、今後の課題としたい。

注

1）　牛野正（1999）「神出方式による住民主体の地区総合計画づくりの分析：兵庫県三

原郡三原町神代南地区」農村計画論文集1　pp. 85-90、農村計画学会。

2）　武山絵美・九鬼康彰・三宅康成（2004）「兵庫県五色町における菜の花栽培と農地の多面的強化」において、農業土木学会誌72巻8号　pp. 673-676。

3）　吉田国光（2009）「淡路島三原平野における重層的農業者ネットワークからみた農業生産　活動の展開」人文地理学会大会誌　p. 21。

4）　伊藤真之・武田義明・蛯名邦禎・田中成典・堂囿いくみ・前川恵美子（2010）「兵庫県における持続可能な社会に向けた市民科学活動支援の取組と事例紹介」日本科学教育学会年会論文集34　pp. 271-274。

5）　田畑暁男（2013）「淡路島における市町村合併と地域情報化政策」神戸大学大学院人間発達環境学研究科研究紀要第7巻第1号　p. 13。

6）「あわじ環境未来島構想」兵庫県資料／https://web.pref.hyogo.lg.jp/awk12/miraijimapanfu.html

7）　同構想の主旨として、多様な主体の創意工夫による社会実験と課題解決先進地としての貢献することである。具体的には、エネルギーと職を基盤に暮らしが持続する地域をつくる構想全体を技術革新やビジネスモデルといった産業視点に加え、地域社会の受容や合意形成、様々な主体の協働・費用負担のあり方など、多面的に検証する社会実験として展開する。

8）　エネルギーフォーラム（2011）「淡路環境未来島構想―兵庫県淡路島：震災の経験を活かしエネルギー自給100％の島をめざす」第57巻677号　pp. 60-63。「太陽光発電設備導入スキームSOLAR―ECOWAVEの活用による兵庫県立淡路病院への太陽光発電設備（150 kW）の設置について―あわじ環境未来島構想の実現に向けた先行取組み―」大阪ガス(株)プレスリリリース（2011年12月21日）、具体的な仕組みは、大阪ガス(株)の100％子会社であるエナジーバンクジャパン(株)が、大阪ガスが特許をもつ「ECOWAVE: 顧客が初期投資を行わずエネルギー設備を導入できるエネルギーサービススキーム」をアレンジした太陽光発電設備導入スキーム「SOLAR―ECOWAVE」を活用して事業運営を実施する。〈http://www.osakagas.co.jp/company/press/pr_2011/1195508_4332.html〉

9）「県民債を活用した住民参加型太陽光発電事業」兵庫県企画県民部地域創生局地域振興課資料。当該発電事業による住民との合意形成については、「あわじ環境未来島構想」のもとでのプロジェクトであったこと、また設置場所が県立淡路島公園隣接地であり、そこは関西国際空港島へ土砂を提供した県所有の広大な未利用地のため、近隣住民との合意形成は実施されていない（淡路島くにうみ協会・兵庫県企画県民部地域創生局地域振興課への聞き取り）。

10）　住民参加型くにうみ太陽光発電所」(一財)淡路島くにうみ協会webサイト〈http://www.kuniumi.or.jp/solar/index.html〉

11）　山本祥子・斎藤傭平（2001a）「漁村集落の「つきあい」の場となる屋外空間に関する研究」農村計画論文集　第3集　pp. 51-156。

12)　山本祥子・松原秀也・田中健・沈悦・斎藤傭平（2001b）「淡路島の漁村集落における震災後の避難行動と避難空間に関する研究」ランドスケープ研究64巻５号 pp. 879-8826。

終　章

J. S. ミルは、富と人口の増加が停止した状態（定常状態）でこそ理想的な社会が実現される可能性を示唆した。再生可能エネルギー社会への転換というのは、直接的には気候変動への対応であるが、長期的には利用できるエネルギーの範囲内（環境容量）で経済活動を行っていくことを意味する。換言すれば、再生可能エネルギーへの転換は、J. S. ミルのいう「定常状態」の社会、広井良典（2001）、佐伯啓思（2003）が指摘する「あらたな豊かさ」の実現に向けた一つの手法でありプロセスとして位置づけることができる。

今日の工業社会からポスト工業社会へ、つまり、「あらたな豊かさ」への移行のなかで、市民の意識の変化およびその社会化した発展形態として制度の分析が不可欠である。そこで、本書では、制度学派の進化経済理論から論点を見出し、「ミクロ・メゾ・マクロ・ループ」視角における市民の意識と制度を通じたマクロ経済全体の変化・発展およびそれらの相互依存関係の枠組みで、市民参加型対策の仕組みを導出・提示し、実証を試みた。

そのなかで、市民自らによる参加と企業市民による参加を通じた、環境保全の取り組みの住民や企業の（製作本能）意識、それの社会化による制度形成への動き、およびマクロ的成果の変化の相互依存関係を、進化経済学の主要理論であるソースタイン・ヴェブレン、ジェフリー・ホジソン、青木昌彦などに求め、「ミクロ・メゾ・マクロ・ループ」視角に基づいて、特に「製作本能」概念と「収奪本能」概念に基づき、そのループ内における市民および企業市民の不可避性と独創性を強調した。具体的には、市民や企業の環境意識の高まりとそれに基づく行動が行政の政策の施行および法律制定に結びつき、また後者の動きが前者の意識の変化とそれに基づく行動の変化に結実するループが、その過程で両者の中間領域に形成された制度（市民参加型取り組み）と相まって、当該ループを形成している点、そしてこのように位置づけられた市民参加型取り組みに参加する市民あるいは参加しないまでもそれに賛同して協力する市民は、この制度を、「あらたな豊かさ」の主体的条件として自らの「自己実現」に向けた「時間の消費」の条件、あるいは「自然」や「コミュニティ」の時間の発見の条件と見なしつつあるという点、この二つが明らかになった。その態様の特質を実際に執り行われた取り組みから析出し、チャートを作成した。

また、本書の環境保全に関する市民参加型取り組みが、国家中央ではなく各地域での取り組みとして結実した点、つまり小宮山案が国家プロジェクトではなく、いわば市民参加型地域プロジェクトとしてこそ成立せざるを得ない要因、およびそのグラスルーツ的領域にしか制度構築ができなかった本質が、市民参加型という点、さらに、それと共同参画する企業が市民化した点とに求めている。ブレッセル・ペレイラの「社会自由主義国家」の管理体制は市民社会を含むと述べているが、この概念の具体化した内容が本書で析出した上述のチャートに包摂されている。

理論的な課題として、市民参加型の取り組みが、市民や企業の環境意識の高まりとそれに基づく行動が行政の政策の施行および法律制定に結びつき、また後者の動きが前者の意識の変化とそれに基づく行動の変化に結実するループが、その過程で両者の中間領域に形成された制度（市民参加型取り組み）を不可避的成分として包摂し、らせん的発展過程を築くに至っている。またそのループ内には、単に円環を形成しているのではなく、新たな円環上の過程を生み出す発展過程、という点が重要である。

それを証明するために、まず市民個々人、企業市民の具体的な取り組みとして、第5章における「CO_2ゼロ旅行」、「カーボン・オフセット農産物」、第6章における「企業の森（シャープの森）」、「西武・狭山丘陵パートナーズ――狭山丘陵の都市公園――」を考察した上で、本書における特徴的な取り組みである市民参加型の太陽光発電事業、具体的には、第7章、「住民参加型太陽光発電事業」、および第4章における、「メガさんぽおひさま発電プロジェクト」の取り組みを考察することによって、環境政策に関する個人的・社会的意義の変化過程、つまり、螺旋的発展過程を導出する。

第5章「消費者の環境配慮行動としてのカーボン・オフセット」であるが、カーボン・オフセットとは、自らが排出したCO_2量をオフセットするために、クレジットを購入することである。それは消費者にとって費用負担を伴うことを意味する。カーボン・オフセットする方法には、次の2種類がある。第1に、自らが排出するCO_2排出量を内部でオフセットする場合である。例えば、再生可能エネルギー（太陽光発電設備設置等）を活用することによってCO_2排出を削減すること、および敷地内の植林や建造物の壁面緑化等によってCO_2吸収量を増やすことである。第2に、外部のCO_2排出削減の取り組みを活用してオフセットする場合である。例えば、グリーン電力証書、CER、森林CO_2吸収証書、およびCO_2認証ラベル等のクレジットを購入し、外部調達するものがある。本書におけるカーボン・オフセットの取り組みは、市場メカニズムを活用した外部調達、つまりクレジットを付与したオフセット商品を企業が販売し、消費者・企業市民が購入してオフセットすることに焦点を絞った。その場合のクレジットとして、上述のグリーン電力証書、CER、CO_2認証ラベルを用い、それらを付与したオフセット商品である、「CO_2ゼロ旅行」、および「カーボン・オフセット農産物」を考察した。

まず、「CO_2ゼロ旅行」は、企業・NPOと消費者・企業市民との相互依存関係の取り組みである。具体的に、カーボン・オフセット制度のもと、（株）JTB関東は、CO_2削減に向けて、（NPO法人）環境エネギー政策研究所との共同で、「CO_2ゼロ旅行」というオフセット商品を開発し、販売した。つまり、メゾから意識化された消費者・企業市民自らが旅行に伴う飛行機・電車・バス・船舶での移動の際に排出するCO_2をオフセットするために、それに相当するクレジット（国内旅行はグリーン電力証書・海外旅行は京都メカニズムのCER）を付与した同商品を購買する行為がある。いわゆるマクロ、およびメゾ、そしてミクロへの下向きの過程がある。また消費者・企業市民は環境意識を高めつつ、それが社会化して制度に結び付く、いわゆるミクロからメゾに向かう上向きの過程がある。この両者の相互作用によって結実するループが、その過程でメゾレベルにおける、法令や企業・NPO協働の「CO_2ゼロ旅行」の取り組みを不可避的成分として包摂しつつ、当該ループに参加することによって、メゾを通じてマクロ的成果を創出し、経済活動の発展に寄与することになった。

次に「カーボン・オフセット農産物」は、行政（南アルプス市）が環境を配慮した手法を取り入れた農業生産物等に CO_2 認証制度を導入することによって、消費活動を通じて市民参加を促し、さらに CO_2 排出削減に向けた環境行動を促進する仕組みである。加えて、本取り組みの特徴は、オフセット商品に付与するクレジット（CO_2 削減量）を当地で創出された J-VER（森林 CO_2 吸収量）のクレジットを活用し、クレジットの地産地消を実現したことである。つまり、それは、国内の森林整備のために利用される J-VER 創出プロジェクトから創り出されたクレジットゆえ、その資金が地域の森林整備に活用されることによって、同地域に資金が還流し、地域内での副次効果も期待できる。

具体的に、行政は、カーボンオフセット制度のもと、消費者・企業市民のオフセットを支援するために、CO_2 認証ラベルを貼付した農産物のサクランボ等を市場（都市部）に向けて販売した。つまりメゾから意識化された住民の購買行為がある。自らの CO_2 排出量をオフセットするために、「カーボン・オフセット農産物」を購入するという、いわゆるマクロ、およびメゾからミクロへの下向きの過程がある。そのクレジットの購入費用は、農産物の価格に上乗せして消費者が負担する。このように、消費者・企業市民が同商品を購入することによって、日常生活から排出される一人当たり CO_2 排出量 5kg をオフセットする仕組みである。また消費者・企業市民が環境意識や行動の変化によって、それが社会化して制度に結び付く、いわゆるミクロからメゾに向かう上向きの過程がある。この両者の相互作用によって結実するループが、その過程で両者のメゾレベルに形成された、法令や「カーボン・オフセット農産物」の取り組みを包摂しつつ、当該ループを形成、メゾを通じてマクロ的成果を創出し、地域内の資金循環と地域経済の活性化に貢献することとなった。

第 6 章「都市近郊における里山保全—市民による共同管理—」では、特徴の一つとして、里山保全における仕組みの管理主体を「新しい公共」に求め、企業を含めたことが挙げられる。企業それ自体がその社会的責任を認識して市民参加型の取り組みに目を向け始めるや、「人々の社会問題への積極的な関わり」を持つことになり、企業市民概念が生まれる。そのような「新しい公共」の価値観のもと、市民、市民団体、地域住民だけでなく、企業市民概念を入れることによって、里山保全の仕組みについての分析が、より客観的な事実を捉えることができた。すなわち、企業が主体となることによって、里山の維持・管理に当該社員等の労力（いわゆる企業市民としての活動）、および基金や団体等を通じて資金提供が確保されることになった。さらに企業・企業市民による適切な里山の管理活動が継続されることによって、企業は社会的評価を受けることにも繋がった。それゆえ、企業・企業市民が地域全体に貢献する活動として、里山保全の取り組みを推進する意義は大きい。そこで、企業のシャープ㈱がCSRの一環として、里山再生の取り組みに参加する、「神於山シャープの森」づくり、および「西武・狭山丘陵パートナーズ――狭山丘陵の都市公園――」の活動を考察した。

まず、「神於山シャープの森」の取り組みは、「自然再生推進法」を踏まえて、大阪府が推進する企業等、および土地所有者とのマッチング「アドプトフォレスト制度」のもと、実施された。その仕組みは、まず住民による環境意識を反映した里山を再生するために、「森林づくり活動協定」を大阪府、岸和田市、および、シャープの3者で協定を締結する。つまり、シャープ㈱が同協定書に基づき対象地域での「神於山シャープの森」づくり活動を運営し、地域住民・企業・企業市民等との協働による里山保全活動である。具体的には、「自然再生推進法」の法制度を受けて、意識化された地域住民、当該社員（企業市民としての活動）、および当該社員の家族が、ボランティアとして里山保全活動の維持管理（里山再生に相応しい樹種としてクヌギ、コナラ、ヤマザクラの苗を植樹する）に参加するという、つまりマクロからメゾ、そしてミクロへの下向きの過程がある。また市民個々人の環境意識を高め、それが社会化して制度に結び付くミクロからメゾに向かう上向きの過程がある。この両者の相互作用によって結実するループが、その過程で両者のメゾ領域に形成された「アドプトフォレスト制度」等の法令、「神於山シャープの森」の取り組みと相まって、当該ループに参加し、地域における環境保全に大きく貢献し、地域社会の発展に資することとなった。

次に、「西武・狭山丘陵パートナーズ――狭山丘陵の都市公園――」において、本取り組みは、東京都が都市公園の運営を民間のノウハウを活用し、維持・管理面を都民との協働で実施するものである。具体的に、「指定管理者制度」のもと、狭山丘陵にある都立4公園（野山北・六道山公園・狭山公園・東大和公園・八国山緑地）の運営管理を東京都が認定する指定管理者として「西武・狭山丘陵パートナーズ」に委ねるという、新しい手法を取り入れた取り組みである。すなわち、住民、企業、行政、およびNPOとの協働事業である。その仕組みの特徴の一つとして、事業主体を民間事業者、NPO法人等4つの団体により構成された複数パートナー型の団体に委託したのである。具体的に、運営管理の全体統括、および樹林地等の維持管理を企業が行う。協働のコーディネイト、および自然保全再生をNPOが担い役割を分担した。つまり、本取り組みは指定管理者である「西武・狭山丘陵パートナーズ」が事業主体となり、上述の都立4公園の運営管理を行い、さらに住民、企業の環境意識を反映した実効性の高い制度設計の導入、つまり、意識化された都民・企業市民によるボランティア、および市民団体が公園の運営管理において、パークレンジャーによる園内のパトロール、および自然環境の保全を実施するという、いわゆるメゾからミクロへの下向きの過程がある。また市民個々人の環境意識、それが社会化して制度に結びつくミクロからメゾへの上向きの過程がある。この両者の相互作用によって結実するループが、その過程で両者のメゾ領域にある「市民緑地制度」等の法令を踏まえつつ、狭山丘陵の都市公園保全に形成された市民参加型の取り組みと相まって、当該ループに参加することとなった。加えて、地域行政の当該ループへの参加、すなわち、意識化した市民、ならびに企業市民を包摂して法令とそれに基づく制度設計は、かのブレッセル・ペレイラが指摘した「社会自由主義国家」の官僚の行動ではないだろうか。

公園ボランティアに参加する都民は、1年間の登録を行い、主体的な里山保全活動に積極的に参加することができる。年間登録費として1,200円の負担があり、その内容はボランティア保険料、消耗品費、通信費などである。このように、市民参加型の取り組みは、市民が主体的に参加するボランタリーな活動を通じて、個々人の自由な創意が発揮され、喜びや感動を共有しあう時間が流れることに繋がった。それゆえ、参加と共感をもたらす市民のボランタリーな活動は、「自己実現」による時間の消費に重きを置きつつある今日、大いに意義がある。一方企業・企業市民は、同取り組みに参加することによって、社会的評価を受けるとともに、地域における環境保全と地域社会の発展に資することとなった。

本書の特徴的な取り組みである太陽光発電事業であるが、まず第７章において展開した「住民参加型太陽光発電事業」は、兵庫県主導の「あわじ環境未来島構想」のもと、そのシンボルプロジェクトとして実施された「住民参加型くにうみ太陽光発電所」の事業運営である。同事業に対して資金供給する淡路島民の意識や行動がどのように政策や制度に影響を及ぼし、また行政による政策や制度によって、淡路島民の意識や行動がどのように変化したのかを考察した。

「住民参加型太陽光発電事業」は、「あわじ環境未来島構想」のもと、淡路島民の環境意識を反映した行政による淡路島民への県民債発行という実効性の高い制度設計、つまり、メゾから意識化された淡路島民が県民債（あわじ環境未来島債）に資金供給する過程がある。いわゆるマクロ、およびメゾ、そしてミクロに向かう下向きの過程がある。また島民が環境意識を高め、それが社会化して制度に結び付くミクロからメゾに向かう上向きの過程がある。この両者の相互作用によって結実するループが、その過程で両者のメゾ領域にある法令や「住民参加型太陽光発電事業」の取り組み、および住民と行政の媒介として第三セクターである（一財）淡路島くにうみ協会が機能したことによって、ミクロ・メゾ・マクロ・ループを形成し、マクロ経済全体を変化・発展させることで、地域内でのエネルギーおよび資金循環が実現し、地域経済の発展に資することとなった。

淡路島地域において、「住民参加型太陽光発電事業」が成功した要因として、次の３点を導出した。まず第１に、淡路島民の環境問題に対する意識（関心）の高さである。県は県民債発行において、当初、兵庫県民を対象に小口の資金供給を募る予定であったが、優先販売の淡路島民によって期日前に完売したという島民の意識（関心）の高さがあった。第２に、再生可能エネルギー普及支援策「固定価格買取制度」のもと、日照時間も多く最終利益の見込みが予想されたことで、（一財）淡路島くにうみ協会の事業運営が順調に機能したことである。特筆すべきことは、兵庫県から同協会に対する建設資金の貸付利率は、県民債の発行利率と同利率で設定された。また県民債償還後の売電収入は、兵庫県との間で地域活性化に活用することになっている。それゆえ同協会は、公益性の程度および余剰金の分配の存在を考慮すれば、NPO法人的性格を色濃く持っている。第3に、行政の環境意識（関心）の高さである。そのことが、県民債発行という制度設計に繋がったのである。

加えて、住民参加型太陽光発電事業に関して、県民債を発行した兵庫県、事業主体である淡路島くにうみ協会への聞き取り、および県民債を購入した淡路島民へのアンケート調査を通じて、次の2点を導出した。まず第1に、淡路島民の地域の発展に対する認識の高さである。第2に、経済的インセンティブである。まず前者は、1995年に発生した阪神・淡路大震災の経験を契機として、将来世代に向けてライフラインに対する危機感、つまり災害時のエネルギー供給に対する問題意識が生まれたことが根底にあった。つまり停電時における電力供給を可能とする再生可能エネルギー導入の必要性である。そのような地域の発展に対する認識の高さが架け橋となって、いわゆる環境保全型の取り組みのベースとなる市民の意識、つまり、市民参加型の市民意識をもつことが同県民意識調査で明らかになった。それを媒介要因とし、住民を環境保全型の取り組みに誘ったということが、市民参加型取り組みにおける市民意識の重層的構造である。換言すれば、潜在的およびグラスルーツ的な地域に対する住民の意識が、阪神・淡路大震災といった偶然を触媒にして、環境問題といった普遍的課題に取り組むことによって、これは、小宮山案の内容とその案とは別の経済空間、すなわち地域で実現したという、同案の批判的継承である。ここに、本書で同案を検討した意義を見出す必要があると言える。

後者の要因について、本債権は預金よりも高い利率であり、かつ行政が発行することによる信頼度の高さも相まってリスクプレミアムが十分であった。当初、兵庫県民を対象にしていたが、淡路島民への優先販売のみで締切日前に完売したことが重要である。このことは、企業が企業市民として、市民参加型取り組みに企業市民参加において、CSRおよびSRIに体現された企業の市民化による活動の取り組み（進化経済理論の「製作本能」）が、しかしそれでも付随している利潤原理（同「収奪本能」）で市場規律を持ち込み実現させ成功させているように、市場による資金調達の実施を有効ならしめている。ここでの仕組みの根幹を（一財）淡路島くにうみ協会といった第三セクターとそれを取り巻く制度が、本書の「企業市民」概念の両義性を伴って現れており、上述の二つの概念の時間的存在を越える実体であるとも考えられる。

もう一つの特徴的な取り組みとして、第4章の「メガさんぽおひさま発電プロジェクト」は、2012年7月に開始された固定価格買取制度を活用した、飯田市における太陽光発電「屋根貸し」制度である。その仕組みとして、運営主体は、民間企業である「おひさま進歩エネルギー（株）」が担い、「みんなとおひさまファンド」から出資金（約4億円）の資金調達を受ける。そして、飯田市内の事業所・一般住宅・公共施設などの屋根や空地などを20年間借用し、市民出資を初期資金として合計1メガ規模（約30件予定）の分散型の太陽光発電を設置し発電事業を行うものである。そこから発電された電気を20年間にわたり全量売電（2015年度29円/kWh）し、出資者には、その収益から分配金が支払われる。一般的に、太陽光発電事業は、個人・企業・地方自治体・中央省庁・電力会社・独立系発電業者（IPP）・特定規模電気事業者（PPS）などが参画する取り組みである。固定価格買取制度が導入されたことに伴い、事業期間内での一定の収益が確保され易くなったことで、地域金融機関も本格的に参画した。再生可能エネルギー事業拡大に向け、あらゆる参画者による動きが加速した。

太陽光発電の発展経路は、次の如くである。まず、政府によるオイルショック後の代替エネルギー技術開発を促すために補助金制度が導入され、日本国内に有力な太陽電池製造メーカーが萌芽した。その後、同事業の支援策として、太陽光発電より発電した余剰電力買取制度の導入に刺激されて太陽電池に対する需要が増加し、国内メーカーが相次いで増産計画を打ち出した。これらの追い風は、パネル製造メーカーだけでなく、関連する産業すべてに望ましい波及効果をもたらすことになった。つまり、太陽光発電事業において、かなり幅広い産業連関をもっており、太陽電池に対する需要拡大は、同商品の生産に直接携わるメーカーだけでなく、部品メーカー、装置産業、受託産業等に至るまで、非常に幅広い波及効果をもつことがわかる。

2012年には、再生可能エネルギー普及支援策として余剰ではなく全量を買取という固定価格買取制度の導入によって急速に発展した。さらに、2016年の電力自由化の導入によって、今後、より多くの企業が次々と参入することが期待される（諸富・浅岡 2010）。

一方、飯田市における市民団体、および、おひさま進歩エネルギー㈱が役割分担しながら協働する市民ファンドの発展モデルが注目される。そのモデルの発展経路は、次の如くである。まず2004年、飯田市の事業を担う民間企業として、(NPO法人)南信州おひさま進歩を母体とした「おひさま進歩エネルギー㈱」が設立され、「南信州おひさまファンド」から資金調達を行い、太陽光発電の設置場所として、公共施設の屋根を飯田市から無償での提供を受けて太陽光発電を設置し電力供給を行うことであった。次に2009年、住宅用太陽光発電の余剰電力買取制度が開始され、同制度を活用して一般住宅の普及プロジェクトが可能になり、初期費用をゼロ円で太陽光発電を設置する「おひさまゼロ円システム」が構築された。それは、運営主体である「おひさま進歩エネルギー㈱」が無償で家計の屋根に太陽光発電設備を設置し余剰分を売電した家計は、これを原資に9年間、リース料金を支払う。10年以降は設備機器の所有権が譲渡され、そこから発電された電気を自由に使用できる仕組みである。本取り組みでは、国家プロジェクトとして結実しなかった「小宮山案」の課題であった事業体を民間企業（発電事業者）が担っており、地域における民間金融機関との連携による低利融資での資金供給を促すことによって、官民協働（public private partnership）のシステムが実現している。本システムの構築によって、市民個々人の再生可能エネルギーへの意識変化が一挙に高まったのである。

さらに、現在では、上述のように、市所有の施設の屋根だけでなく、あらゆる施設の屋根を活用した太陽光発電施設の面的展開、すなわち、飯田市「屋根貸し」制度が導入された。それは、省エネ基準を満たした新築住宅への集中的な太陽光発電システムの設置、太陽光発電パネルの価格低減にあわせた太陽光市民共同発電の発展モデルにより普及を促進することを目的とした取り組みである。同事業において認定された施設は、屋根の賃借料で施設の運営や防災機能向上などに活用され、当該プロジェクトによって創られた電力は、非常時の電源確保、防災機能の向上にも貢献することに繋がった。

飯田市は、2013年3月（同年4月施行）には全国で初めて本格的な再生可能エネルギー導入条例である「飯田市再生可能エネルギーの導入による持続可能な地域づくりに関する条例」を制定した。同市は、本条例によって、まちづくり委員会や地縁団体等が地元の自然資源を使って発電事業を行い、固定価格買取制度で得た売電収入を、主に地域が抱える課題に使用することで市民主導の地域づくりを進めていくことを支援するとしている。また条例の中では「地域環境権」が掲げられ、「再エネ資源は市民の総有財産でありそこから生まれるエネルギーは、市民が優先的に活用でき、自ら地域づくりをしていく権利がある」と謳われ、市民による再生可能エネルギー事業を公民協働事業に位置づけて、地域住民が主体となり進める再生可能エネルギーの利用を推進している。

本書において、「市民参加型」の活動に共同参画する企業を市民化して参加することを求めた。具体的に、企業は制度学派が明らかにしたように、利潤追求を目的とする主体であり、それは収奪本能である。企業市民という市民参加型の仕組み（例えば、環境保全の取り組み）の場合、その仕組み自体が製作本能をベースとした取り組みである。つまり、製作本能がベースになって動いているなかで、企業がこの動きの中に参加することによって、これまでの収奪本能が劣位に退き、製作本能が前面に顕在化することになる。例えば、企業それ自体がその社会的責任を認識して市民参加型の取り組みに目を向け始めるや、「人々の社会問題への積極的な関わり」を持つことになり、企業市民概念が生まれる。基本的には、上述のようになることによって、企業は企業市民になると概念化した。つまり、企業市民は企業の立場ではなく市民の立場である。この場合、企業は利潤追求を目的とするのではなく、市場から相対的に遠い状況で本仕組みに参加している。そのことは、基本的に企業そのものが企業市民化していると定義した。換言すれば、収奪本能的空間から相対的に自立した市民参加型の仕組みは、収奪本能の体現主体である企業が、企業市民として、それでも利潤原理をベースにしていることによる効率性を伴って参加していることによって、過去のいかなる製作本能と収奪本能がより高い次元で融合しているといえる。企業はこのような部分を一部にもちつつ、企業市民化していくのである。つまり、収奪本能と製作本能が融合して、これまで存在しなかったような新しい組織体を組成していることになる。それが大量生産の社会システムの時代ではなく、自己実現する社会において、いわゆる時間を消費するための自己実現をめざす空間を形成しているのである。

H. S. エジェルは、ヴェブレンの進化プロセスを次のように分析している。市民個々人は、社会的な文化のなかで、科学技術の発展によって物的生活活動の実施方法を変えるが、このことは人間の内部にある思考習慣のあるものを時代遅れとなし、新しい習慣の形成に進むのである。その新旧制度間の矛盾・対立・相克を契機として、進化プロセスが生じる。すなわち、諸制度の発展、いわゆる、経済社会が発展するのである。

以上を踏まえて、太陽光発電事業における市民参加型取り組みの理論的な課題を次のように捉えることができる。飯田市における市民参加型の取り組みは、マクロ、およびメゾから環境規制を受けた企業がそれに影響を受けて、太陽光発電の技術開発を進めて商品化を実現する、つまり、メゾから意識された市民個々人・企業市民の購買行為がある。具体的には、「おひさまゼロ円システム」に参加して、毎月額のリース料金を支払うという、いわゆるメゾからミクロへの下向きの過程がある。そこでは市民個々人、企業との間の相互依存的なプロセスが存在する。また市民個々人・企業市民の環境意識や行動、それが社会化して制度に結び付く過程、いわゆるミクロからメゾへの上向きの過程がある。両者の相互作用によって結実するループが、その過程で両者のマクロからメゾ領域に形成された余剰電力買取制度という制度設計、そしてメゾ領域にある社会化・市民化した「おひさま進歩エネルギー㈱」が運営主体となる市民参加型の取り組みを包摂してミクロ・メゾ・マクロ・ループを形成、メゾ領域を通じて、マクロ成果を創出し、地域経済に貢献することになった。

さらに、マクロからの環境規制を受けて企業が太陽光発電の発電効率を高めるなどの技術革新による新商品の実現化を図る。そして、マクロからメゾ領域に形成された新制度の固定価格買取制度という実効性の高い制度設計、つまりメゾから意識化した市民個々人・企業市民が市民ファンドに出資する住民の行為がある。また、市民個々人・企業市民の環境意識や行動、それが社会化して制度に結び付く過程、いわゆる新たなミクロからメゾへの上向きの過程がある。この両者の相互作用によって結実するループが、メゾ領域にある飯田市の条例「地域環境権」、飯田市「屋根貸し」制度、および社会化・市民化した「おひさま進歩エネルギー㈱」が運営主体である市民参加型の取り組み「メガさんぽおひさま発電プロジェクト」を包摂して、当該ループを形成し、メゾを通じてマクロ的成果を創出し、地域経済の発展に資することとなった。

上述のように、旧制度の余剰電力買取制度から新制度である固定価格買取制度への移行によって、当初の当該ループを変化させ、新しい思考習慣の形成へと進化した。それが諸制度の発展、つまり螺旋的発展過程を築くに至っている。そのループ内には、単に相互作用の円環を形成しているのではなく、新たな円環上の過程を生み出す発展過程であるということが重要である。このように、空間における螺旋的な発展過程を築く多様な市民参加型の取り組みは、地域活性化、および、経済社会の発展に資することになった。

以上、6つの市民参加型取り組みを考察した結果、環境政策に関する個人的・社会的意義の変化過程、つまり螺旋的発展過程を次のように導出した。市民参加型の取り組みが、市民や企業の環境意識の高まりとそれに基づく行動が行政の政策の施行および法律制定に結びつき、また後者の動きが前者の意識の変化とそれに基づく行動の変化に結実するループがある。つまり、市民個々人・企業市民の環境意識や行動、それが社会化して制度に結びつく、つまりミクロからメゾへの上向きの過程がある。またマクロレベルの環境規制を受けた市民個々人、あるいは企業がそれに影響を受けてエコグッズのアイディアと商品化を実現するという、いわゆるメゾからミクロへの下向きの過程があり、そこにおいては、企業と消費者・企業市民との間の相互依存的なプロセスが存在する。その両者の行動の変化に結実するループが、その過程で両者メゾ領域に形成された制度（市民参加型取り組み）を不可避的成分として包摂し、螺旋的発展過程を築くに至っている。またそのループ内には、単に円環を形成しているのではなく、新たな円環上の過程を生み出す発展過程であるということが重要である。このように、メゾ領域を通じてマクロ的成果が創出され、地域経済の発展と経済社会の進化に資することが明らかになった。

本書における成果として、1つ目は、太陽光発電事業、カーボン・オフセット、および里山保全活動に関しての制度形成実体を市民参加型である特徴と企業市民概念とを包摂して、ミクロ・メゾ・マクロ・ループの構成要因であるメゾ領域の諸制度を、事実に則してチャート（62点）として作成・提示し、経済社会の進化として捉えたことである。2つ目は、市民が「自己実現」による時間の消費に重きを置きつつある今日、環境保全の取り組みが国家プロジェクトとして太陽光発電の普及、その政策を立ち上げようとした小宮山案と違って、地域レベルにおいて同様の政策が成功裏に遂行・実行されている点を析出して解明したことである。その際、本書では、「自己実現」型ともいうべき市民の参加と社会化・市民化した企業の企業市民の参加を特徴とする運営主体をベースにして議論した。その際、上述のように、市民個々人の意識、それが社会化して制度に結びつく上向きの過程、またマクロレベルの環境規制を受けた市民個々人あるいは企業がそれに影響を受けてエコグッズのアイディアと商品化を実現する下向きの過程を基軸（進化経済理論枠）に据えて、環境政策に関する個人的・社会的意義の変化過程、つまり螺旋的発展過程を導出した。

最後に、この取り組みの中に、これまで二項対立的に述べられたヴェブレンによる製作の動因である「製作本能」と収奪による所有の動因である「収奪本能」の（一段高いステージでの）融合の提示を試みた点である。取り組み制度の内における市民参加および企業市民参加において、CSR および SRI に体現された企業市民化による活動の取り組み（製作本能）が、しかし、それでも付随している利潤原理（収奪本能）で市場的規律を持ち込み、当該の取り組みに有効性（効率性）を実現させ、市場による資金調達を実施ならしめていることを明らかにした。残された課題は、ミクロ・メゾ・マクロ・ループの視角から、行政、市民参加の取り組み主体、市民・企業の意識の変化の過程をより緻密に調査することである。

参考文献

青木昌彦（1995）『経済システムの進化と多元性―比較制度分析序説―』東洋経済新報社

――――・瀧澤弘和・谷口和弘訳（2003）『比較制度分析に向けて』NTT出版

――――・奥野正寛編（2006）『経済システムの比較制度分析』東京大学出版会

芦田文夫・高木彰・岩田勝雄編（2000）『進化・複雑・制度の経済学』新評論社

足達英一郎（2002）「金融業の環境配慮に関する考察―エコファンドを事例として―」環境経済・政策学会編『環境保全と企業経営』東洋経済新報社

――――・金井司（2004）『CSR経営とSRI―企業の社会的責任とその評価軸―』金融財政事情研究会

淡路剛久・川本隆史・植田和弘・長谷川公一編（2005）『生活と運動：リーディングス環境　第3巻』有斐閣

粟田房穂（2002）『成熟消費社会の構想』流通経済大学出版会

生田孝史（2009）「カーボン・オフセットと国内炭素市場形成の課題」富士通総研経済研究所研究レポートNo. 348

石崎忠司（2013）「企業市民としてのCSR」松蔭大学大学院経営管理研究科松蔭論叢（9）pp. 29-49

磯谷明徳（2004）『制度経済学のフロンティア：理論・応用・政策』ミネルヴァ書房

――――（2006）「市場、制度そして行動をめぐって―制度論ミクロ・マクロ・ループの視点から―『茨城大学政経学会誌』第71号　pp. 22-40

――――（2006）「ミクロ・マクロ・ループ」進化経済学会編『進化経済学ハンドブック』pp. 536-538

一方井誠治（2008）『低炭素化時代の日本の選択―環境経済政策と企業経営―』岩波書店

伊藤葉子（2010）「太陽光発電の新たな買取制度と電気事業政策をふまえた課題」『エネルギー経済』第36巻第2号　pp. 19-34

――――（2015）「再生可能エネルギー支援策の変遷―国内外の制度事例から得る日本のFIT見直しへの示唆」『エネルギー経済』第41巻第4号　pp. 51-57

石堂徹生（2009a）「自治体でカーボン・オフセット導入の動き・中編尾崎高知県知事本県こそ立ち上がらなければ」『地球環境』第40巻3号（通号478号）　pp. 78-81

――――（2009b）「自治体でカーボ・オフセット導入の動き・後編　事例研究〈新潟市・佐渡市〉〈伊那市・新宿区〉〈福島県〉」『地球環境』第40巻4号（通号479号）pp. 76-79

稲葉敦編（2009）『カーボンフットプリント―LCA評価手法でつくる、製品別「CO_2排出量見える化」のしくみ』（株）工業調査会

今井賢一・金子郁容（1988）『ネットワーク組織論』岩波書店

今川晃（2002）「地方自治の住民の役割」、佐藤あつし監修、今川晃編『市民のための地方

自治入門」』実務教育出版　p. 88
植村博恭・磯谷明徳・海老塚明（1998）『社会経済システムの制度分析』名古屋大学出版会
牛尾洋也・鈴木龍也編（2012）『里山のガバナンス：里山学のひらく地平』晃洋書房
植田和弘（1992）『廃棄物とリサイクルの経済学―大量廃棄社会は変えられるか』有斐閣
――――（1996）『環境経済学』岩波書店
――――（2002）「循環型社会づくりの新しい課題」『都市問題研究』第54巻第9号　pp. 3-14
宇沢弘之・細田裕子編（2009）『地球温暖化と経済発展』東京大学出版会
氏川恵次（2016）「地域における再生可能エネルギー導入の現状」『環境と公害』第45第4号　pp. 2-7
内村直他（2011）「高知県協働の森づくり」『現代林業』通号544号　pp. 38-44.
遠州尋美編（2010）『低炭素社会への選択―原子力から再生可能エネルギーへ―』法律文化社
遠藤真弘（2009）「小口の排出量取引―家庭・オフィスや中小企業による温暖化対策の促進―」国立国会図書館　ISSUE BRIF NUMBER 662（2009.11.24）
大島誠（2013）「カーボン・オフセットを用いた地域環境政策について―徳島県を事例に―『都市問題』12月　pp. 91-104.
大塚直（2001）「循環型社会形成基本法の意義と課題」『廃棄物学会誌』Vol. 12 No. 5　p. 291
大橋洋一（2013）『行政法―現代行政過程論』有斐閣
大島堅一（2010）『再生可能エネルギーの政治経済学―エネルギー政策のグリーン改革に向けて―』東洋経済新報社
奥野信宏・栗田卓也著（2010）『新しい公共を担う人びと』岩波書店
片岡良範（2012）『環境の社会経済学』ふくろう出版
角倉一郎（2007）「カーボン・オフセット市場の活性化による地球温暖化対策の推進―キャップなき排出量取引の展望と課題―」『季刊環境研究　マーケット化する環境政策』No. 146　pp. 41-59
河口真理子（2007）「金融と環境―グリーン金融への動き－投資行動における環境配慮“日本におけるSRIと今後の可能性－エコファンドからサステナブル金融へ”」『環境情報科学』36巻3号　pp. 32-37
――――（2012）「ステークホルダーとしての“責任ある消費者”と持続可能な消費」大和総研調査季報　春季号　Vol. 6
ガルブレイス、鈴木哲太郎訳（1995）『ゆたかな社会』岩波書店
環境省（2001）「日本の里地里山の調査分析について（中間報告）」
――――（2002）「金融業における環境配慮行動に関する調査研究報告書」
――――（2003）『平成15年版　環境白書』ぎょうせい

――――（2006）「環境に配慮した『お金』の流れの拡大に向けて」環境と金融に関する懇談会7月
――――（2007）『平成19年度版　環境・循環型社会白書』ぎょうせい
――――（2008）「オフセット・クレジット（J-VER）制度について」
――――（2010a）「日本おけるカーボン・オフセットの取組と国内排出量取引制度」
――――（2010b）「環境と金融のあり方―低炭素社会に向けて金融の新たな役割―」中央審議会総合政策部会環境と金融に関する専門委員会（6月15日）
――――（2010a）「里地里山保全活用行動計画～自然と共に生きるにぎわいの里づくり～」（9月15日）
――――（2010b）「生物多様性国家戦略　2010」（3月16日）
――――（2010c）「生物多様性総合評価報告書」生物多様性総合評価検討会（5月10日）
――――（2011a）「カーボン・オフセットの現状とカーボン・ニュートラル」6月
――――（2011b）「我が国におけるカーボン・オフセットの取り組み活性化について（中間とりまとめ）カーボン・ニュートラル等によるオフセット活性化検討会　9月
――――（2012）「平成24年度カーボン・オフセットレポート」
――――自然環境局（2013）「生物多様性国家戦略2013　生物多様性国家戦略2012―2020　―豊かな自然共生社会の実現に向けたロードマップ―」（9月28日）
――――編（2014）『平成26年度版環境白書』ぎょうせい
橘川武郎（2013a）「太陽光発電を展望！太陽光発電を根付かせるための条件　普及促進のカギ握る“屋根貸し”制度」『月刊ビジネスアイエネコ』日本工業新聞社 Vol. 46 No. 4 通号542　pp. 16-19
――――（2013b）『日本のエネルギー問題（世界のなかの日本経済：不確実性を超えて；2）』NTT出版
木原啓吉（1992）『ナショナル・トラスト：自然と歴史的環境を守る住民運動ナショナル・トラストのすべて』三省堂
金融機関の環境戦略研究会編（2005）『金融機関の環境戦略― SRIから排出権取引まで』金融財政事情研究会
杭田俊之（1998）「進化経済学と秩序の理論―自生的秩序と階層的秩序」『Artes liberales』岩手大学人文社会科学部紀要編集委員会編　62号　pp. 37-58
國田かおる編（2008）『カーボン・オフセット―自分の出したCO_2に責任を持つしくみ―』工業調査会
熊谷哲（2014）「環境市民運動の理論と実践「里山再生をめざす市民運動の意義」『環境技術』Vol. 12　pp. 20-26
呉尚浩（2000a）「市民による里山保全の現代的意義―“市民コモンズ”としての都市里山―」『社会学研究』中京大学社会学研究所 20巻(1)39　pp. 75-121
――――（2000b）「都市近郊における里山保全の新たな展開と課題―市民による共同管理をめぐって―」環境経済・政策学会編『(環境経済・政策学会　年報第5号）アメニ

ティと歴史・自然遺産』東洋経済新報社　pp. 163-179
経済産業省編『エネルギー白書 2010』ぎょうせい
――――『エネルギー白書 2015』ぎょうせい
小寺正一（2008）「里地里山の保全に向けて―二次的自然環境の視点から―」国立国会図書館レファレンス　58(3)　pp. 53-74
小林重人・栗田健一・西部忠・橋本敬（2011）「地域通貨流通実験にみるミクロ・メゾ・マクロ・ループの流れ：メゾレベルの貨幣意識を中心にして」北海道大学　HUSCAP
小林辰夫（2010）「温暖化防止に必要な 3 つの革新―避けて通れない産業構造、ライフスタイル変革―」『日本経済センター会報』 4 月　pp. 4-7
小林紀之（2009）「地方自治体のカーボン・オフセットを生かすポイント」『現代林業』通号 517 号　pp. 14-17
――――（2010）「森林吸収源とカーボン・オフセットへの取り組み」『林業改良普及双書』全国林業改良普及協会編
――――（2011）「森林吸収源を活用するカーボン・オフセット　J-VER 制度」『農業と経済』第 77 巻第 4 号　pp. 26-38
小宮山宏（2009）「家庭の CO_2 排出削減“自立国債”設備導入を国が立て替え」『日本経済新聞』（5 月 13 日付）
――――（2010）『日本の論点 2010―省エネ技術・自立国債・エコシティの三本柱で 25％削減は達成できる―』文芸春秋
――――編（2010）『サステイナビリティ学　②　気候変動と低炭素社会』東京大学出版会
――――編（2010）『サステイナビリティ学　④　生態系と自然共生社会』東京大学出版会
近藤かおり（2010）「我が国の太陽光発電の動向」『国立国会図書館』ISSUE BRIEF NUMBER 683（6 月 10 日）
佐伯啓思（1998）『アメリカニズムの終焉―シヴック・リベラリズム精神の再発見へ―』TBS ブリタニカ
――――（2003）『成長経済の終焉―資本主義の限界と「豊かさ」の再定義―』ダイヤモンド社
佐々木晃（1998）『ソースタインヴェブレン―制度主義の再評価―』ミネルヴァ書房
佐々野謙治（2003）『ヴェブレンと制度派経済学―制度派経済学の復権を求めて―』ナカニシヤ出版
佐藤あつし（1975）「住民参加と自治行政」、佐藤あつし・渡辺保男編『住民参加の実践』学陽書房　p. 3
澤山弘（2007）「広がり見せる“環境融資”への取組み状況―環境配慮企業への金利優遇には経済合理性がある」『信金中金月報』 8 月　pp. 44-69
塩沢由典（1997a）『複雑さの帰結　複雑系経済学試論』NTT 出版
――――（1997b）『複雑系経済学入門試論』生産性出版

――――（1999）「ミクロ・マクロ・ループについて」『京都論叢（京都大学）』第184巻第5号　pp. 1-73
篠原一（2004）『市民の政治学―討議デモクラシーとは何か』岩波新書
島崎規子（2010）「カーボン・オフセットによる温暖化ガス排出削減―カーボン・オフセットの動向と課題―」『城西国際大学紀要』第18巻第1号　pp. 83-109
シューマッハ、小島慶三・酒井懋訳（1986）『スモール・イズ・ビューティフル―人間中心の経済学―』講談社
新エネルギー・産業技術総合開発機構編：NEDO（2014a）「NEDO再生可能エネルギー技術白書第2版―再生可能エネルギー普及拡大に向けて克服すべき課題と処方箋―」
――――（2014b）「太陽光発電開発戦略：NEDO PV Challenge」2030年に向けた太陽光発電ロードマップPV2030/PV2030＋」
末吉竹二郎（2006）「国連環境計画・金融イニシアティブ（UNEP FI）活動『季刊環境研究　環境への取組みをファインスする』日立環境財団　No. 140　pp. 20-23
鈴木幸毅（1995）『環境問題と企業責任』中央経済社
平康一（2007）「信託機能を活用した排出権取引」『季刊環境研究　マーケット化する環境政策』No. 146　pp. 60-65
高哲男（1991）『ヴェブレン研究―進化論的経済学の世界』ミネルヴァ書房
高尾克樹（2010）「カーボン・オフセットの質に関する一考察」『政策科学』第17巻　pp. 33-45
高田俊彦（2014）「自然再生事業における主体形成」『季刊環境研究』No. 176　pp. 61-70
高橋秀行（2000）『市民主体の環境政策上』公人社
武市明弘・植田和弘・片山幸士編（1999）『人間環境の創造』勁草書房
武内和彦・住明正・植田和弘編（2002）『環境学序説』岩波書店
高乗智之（2016）「現行法における住民参加制度に関する一考察」『高岡法学』第34号　pp. 77-125
高橋卓也（2010）「ローカルなカーボン・オフセットの可能性―取引費用の観点から―」『環境経済政策学会2010年大会報告論文集』9月
高橋洋（2011）『電力自由化―発送電分離から始まる日本の再生―』日本経済新聞社
――――（2016）「日本の電力システム改革の形成と変容―集中型・競争型・分散型」『環境と公害』46巻1号　pp. 14-21
武内和彦・鷲谷いづみ・恒川篤史編（2001）『里山の環境学』東京大学出版会
武内和彦・奥田直人（2014）「自然とともに生きる」武内和彦・渡辺綱男編『日本の自然環境政策：自然共生社会をつくる』東京大学出版会
竹内憲司（2016）「再生可能エネルギー普及のためのインセンティブ設計」『環境情報科学』45巻1号　pp. 10-13
只木良也（1996）『森林環境科学』朝倉書店
田中勝（1996）『廃棄物入門』中央法規出版

――――（2002）「循環型経済社会とリサイクル」『都市問題研究』第54巻第9号　pp. 15-28
谷本寛治編（2003）『SRI社会的責任投資入門』日本経済新聞社
――――（2006）『企業と社会を考える』NTT出版
――――編（2007）『SRIと新しい企業・金融』東洋経済新報社
田端英雄編（1997）『里山の自然』保育社
田村悦一（2006）『住民参加の法的課題』有斐閣
丹下博文（2003）『企業経営の社会的研究』中央経済社
寺西俊一（1992］『地球環境問題の政治経済学』東洋経済新報社
――――（2010）『新しい環境経済政策』東洋経済新報社
暉峻淑子（1995）『豊かさとは何か』岩波書店
――――（2003）『豊かさの条件』岩波書店
戸田常一（2002）『グリーン共創序説―循環型社会をめざして―』同文館出版
豊田陽介責任・執筆（2010）『市民・地域共同発電所全国調査報告書2013』市民・共同発電所全国フォーラム「調査・報告書作成チーム」9月
内閣府（2009）『平成20年度版国民生活白書』時事画報社
南部鶴彦（2010）「太陽光発電の経済政策としての評価」『エネルギーフォーラム』31巻　pp. 86-89
新潟県県民生活・環境部環境企画課（2009）「オフセットの資金でトキの森整備―新潟県カーボン・オフセットモデル事業―」『現代林業』通号517号　pp. 22-25
新井田智幸（2007）「ウェブレンの制度論の構造―人間本性と制度・制度進化―」『東京大学経済学研究』第49号　pp. 1-12
西尾勝（2001）『行政学（新版）』有斐閣
――――（2006）「特集　住民参加・協働―自立した地域社会の形成に向けて―」“参加論から協働論へ：住民自治の歴史を回顧する”『地域政策研究』35号　pp. 6-9
西部忠（2010）「4.4 制度」『進化経済学基礎』日本経済評論社
西村淑子（2011）「カーボン・オフセット―地方自治体によるオフセット・クレジットの活用―」『群馬大学社会情報学部研究論集』第18巻　pp. 131-139
野村敦子（2010）「環境問題と個人金融―環境金融に取り組む金融機関の動向―」『個人金融』年冬号　pp. 33-42
(株)野村総合研究所（2008）「約8割の消費者が家電製品の省エネ性能を重視“生活の地球温暖化・エネルギー問題への認識に関するアンケート調査”」11月
野村好弘編（1997）『環境と金融：その法的側面』成文堂
野村良一（2001）「行為と秩序の相互規定性―ミクロ・マクロ・ループに関連して―」『立命館經濟學』第50巻6号　立命館大学経済学会　pp. 942-955
浜中裕徳（2010）『低炭素社会をデザインする―炭素集約経済システムからの転換のために―』慶應義塾大学出版会

原科幸彦編（1989）『市民参加と合意形成—都市と環境の計画づくり—』学芸出版社
昼間文彦（2005）『金融論　第2版』新世社
広井良典（2001）『定常型社会—新しい「豊かさ」の構想—』岩波書店
藤倉良・藤倉まなみ（2014）『文系のための環境科学入門』有斐閣
福田慎一・照山博司（2011）『マクロ経済学入門　第4版』有斐閣
藤井良広（2005）『金融で解く地球環境』岩波書店
————（2007）「金融と環境—グリーン金融への動き—民間金融機関の貸付における環境配慮“金融機関のプロジェクト・ファイナンスにおける環境配慮の活用の展開について－エクエーター原則の展開を中心に—」『環境情報科学』36巻3号　pp.3-8
————（2013）『環境金融論—持続可能な社会と経済のためのアプローチ』青土社
古江晋也（2006）「金融機関における環境問題・CSRの取り組み—4～CSRを経営戦略と位置付ける滋賀銀行～」農林中金総合研究所2月　pp.23-27
————（2006）「金融機関における環境問題・CSRの取り組み—5～びわこ銀行の環境戦略～」農林中金総合研究所3月　pp.16-21
ブレッセル－ペレイラ、田中祐二訳（2010）「新しい国家のための新しい管理—社会自由主義共和制—」『立命館經濟学』第58巻第5・6号　pp.613-626
ホジソン、八木紀一郎他訳（1997）『現代制度派経済学宣言』名古屋大学出版会
細田衛士・室田武編（2003）「物質循環から見たリサイクルの経済学」『循環型社会の制度と政策：岩波講座環境経済・政策学第7巻』岩波書店
————（2012）『グッズとバッズの経済学（第2版）』東洋経済新報社
牧田義輝（2007）『住民参加の再生—空虚な市民論を超えて—』勁草書房
松下圭一（1971）『市民参加』東洋経済新報社
松田裕之（2008）『なぜ生態系を守るのか？』NTT出版
丸山徳次・宮浦富保編（2007）『里山学のすすめ「文化としての自然」再生にむけて』昭和堂
水口剛（2007）「金融と環境—グリーン金融への動き—投資行動における環境配慮の歴史－SRIは環境を守れるか—」『環境情報科学』36巻3号　pp.26-31
————編（2011）『環境と金融・投資の潮流』中央経済社
南眞二（2008）「里山保全の方向性と法の仕組み」『新潟大学法政理論』第40巻第3・4号　pp.24-53
村松岐夫（2001）『行政学教科書』有斐閣
室田武（2003）『環境経済学の新世紀』中央経済社
森下哲（2016）「地球環境問題の現状と課題—COP21と今後の地球温暖化対策の推進—『環境と技術』第45巻1号（通巻529号）　pp.4-9
森谷正規（2010）『温室効果ガス25％削減は実現できる！』東洋経済新報社
森本幸裕（2008）「生物多様性と里山—ランドスケープの視点から—」『季刊環境研究』No.148　pp.41-49

──── (2011)「里山の概念と意義」『環境技術』Vol. 40　pp. 8-14
守山弘 (1988)『自然を守るとはどういうことか』農山漁村文化協会
守分紀子 (2014)「生態系サービスを享受する―生物多様性と生態系サービス」武内和彦・渡辺綱男編『日本の自然環境政策：自然共生社会をつくる』東京大学出版会
諸富徹・鮎川ゆりか編 (2007)『脱炭素社会と排出量取引―国内排出量取引を中心としたポリシー・ミックス提案―』日本評論社
──── (2009)『環境政策のポリシーミックス』ミネルヴァ書房
────・浅岡美恵編 (2010)『低炭素経済への道』岩波新書
────編 (2015)『電力システム改革と再生可能エネルギー』日本評論社
(株)矢野経済研究所 (2008)「カーボン・オフセット市場に関する調査結果　2009」
山川肇・植田和弘 (2001)「ごみ有料化研究の成果と課題：文献レビュー」『廃棄物学会誌』Vol. 12 No. 4　p. 5
山口定編 (2003)『新しい公共性』第 11 章　有斐閣
山下英俊 (2016)「基礎自治体における再生可能エネルギー導入の取り組みと政策課題」『環境と公害』第 45 第 4 号　pp. 8-13
吉田文和 (2004)『循環型社会―持続可能な未来の経済学―』中公新書
吉田正人 (2007)『自然保護―その生態学と社会学―』地人書店
四手井綱英 (1993)『森に学ぶ：エコロジーから自然保護へ』海鳴社
寄本勝美 (1999)『ごみとリサイクル』岩波新書
──── (2001)「二つの公共性と官、そして民」『公共を支える民』コモンズ
──── (2003)『リサイクル社会への道』岩波新書
林野庁編 (2013)『森林・林業白書　平成 25 年度版』全国林業改良普及協会

Arnstein, S. (1969) 'A Ladder of Citizen Participation' AIP Journal, 35, pp. 216-224
Dofer, K. Potts, J. (2008) *he General Theory Evolution economics,* Routledge
Geoffrey M. Hodgson (1988) "The Approach Institutional Economics" *Journal of Economics Literature,* Vol. 36 pp. 166-192
Geoffrey M. Hodgson (2003) *The hidden persuaders: institutions and individuals in economic theory,* Cambridge Journal of Economics pp. 159-175
Geoffrey M. Hodgson (2004) *The evolution of institutional economics* Agency, Structure and Darwinism in American institutionalism for a Modarn
H. Stewart Edgell (1975) Thorstein Veblen's Theory of Evolution Change, *American Journal of Eeconomics and Sociology,* Vol. 3334, No. 3, July 1975, pp. 267-280
John Rogers Commons (1934) *Institutional Economics*
Veblen, T. B. (1899) *The Theory of the Leisure Class,* Mcmillan (Penguin Books 1979)
Veblen, T. B. (1919) *The Place of Science in Modern Civilization,* Viking Press

あとがき

本書は、筆者が、2018年1月に立命館大学大学院経済学研究科に提出し受理された学位論文「環境問題の解決に向けた市民参加型制度に関する考察——ミクロ・メゾ・マクロ・ループを通じて——」が基になっている。本書を構成する各章とも論旨に影響のない範囲で加筆修正を行っている。もし誤りがあれば、その責任はすべて筆者にある。

序章、第1章、終章は全面的に書き下ろしている。また、第2章、第3章、補章、第4章、第5章、第6章、第7章の初出は、以下のとおりである。

第2章「環境問題を解決するための市民参加型制度の一考察——環境配慮—循環型社会の実現に向けて——」『立命館經濟學』65巻6号　2017年3月　pp. 266-300。

第3章「環境と金融の融合——環境配慮型社会の実現に向けた支援システムを中心に——」『立命館經濟學』61巻2号　2012年7月　pp. 112-130。

補　章「家計における太陽光発電普及のため提案——低炭素社会の実現に向けて——」『立命館經濟學』60巻2号　2011年7月　pp. 112-130。

第4章「太陽光発電普及のための市民参加型「屋根貸し」制度の現状と課題」『立命館經濟學』65巻2号　2016年10月　pp. 30-64。

第5章「消費者の環境配慮行動としてのカーボンセット——低炭素社会の実現に向けて——」『立命館經濟學』63巻1号　2014年5月　pp. 97-134。

第6章「都市近郊における里山保全に向けて——市民による共同管理を中心に——」『立命館經濟學』64巻1号　2015年5月　pp. 60-93。

第7章「地域環境事業における制度と選好の共進化——淡路島における住民参加型太陽光発電事業を事例として——」第22回進化経済学会九州大会発表論文　2018年3月30日

本書の出版にあたり、数多くの方々のご指導とご支援を賜った。まず、立命館大学名誉教授の松川周二先生には、環境問題に望む姿勢と研究の方法論をお教えいただくとともに、本書の基となった各論文の執筆において、骨格も定まらない状態から、私の思考の糸を紐解くための道を示していただいた。先生のご指導がなければ、ここまで、明確に問題意識を表すことはできなかったであろう。また、博士課程後期課程博士論文の審査において、審査委員を努めていただいた。そう考えると先生には、最初から最後までご尽力いただいたことになる。衷心より感謝申し上げたい。

立命館大学教授の田中祐二先生には、博士課程後期課程博士論文の審査において、主査を努めていただいた。田中先生には、博士論文の構成段階から多くの有益なコメントをいただくとともに終始懇切なるご指導を賜った。ここに厚く御礼申し上げる。

立命館大学准教授の徳丸夏歌先生には、博士課程後期課程博士論文の審査において、副査を務めていただいた。その際、先生には、博士論文の進化経済理論の理論枠組みをご教授いただき、学説領域の土台形成に多くを学んだ。ここに厚く感謝申し上げる。

本書を上梓することができたのはひとえに、先生方のご指導の賜物であると、ここに改めて、御礼申し上げる。また、博士論文の口頭諮問、学会や研究会通して、先生方には温かいご指摘をいただいた。大学院演習において、ゼミ院生との議論から大いに刺激を受けるとともに、的確なコメントをいただくことができた。

本書の刊行にあたっては、「立命館大学大学院博士課程後期課程博士論文博士論文出版助成制度」によるご支援を賜った。立命館大学には、博士論文の出版の機会を与えてくださったことに御礼を申し上げたい。最後になったが、本書の出版にあたり、文理閣の黒川美富子代表ならびに山下信編集長には、時には温かい御激励をいただき、しかも細部に至るまで丁寧に粘り強く編集作業にご尽力賜った。ここに記して感謝申し上げる。

2019年3月

越田加代子

資　料

〈資料1〉

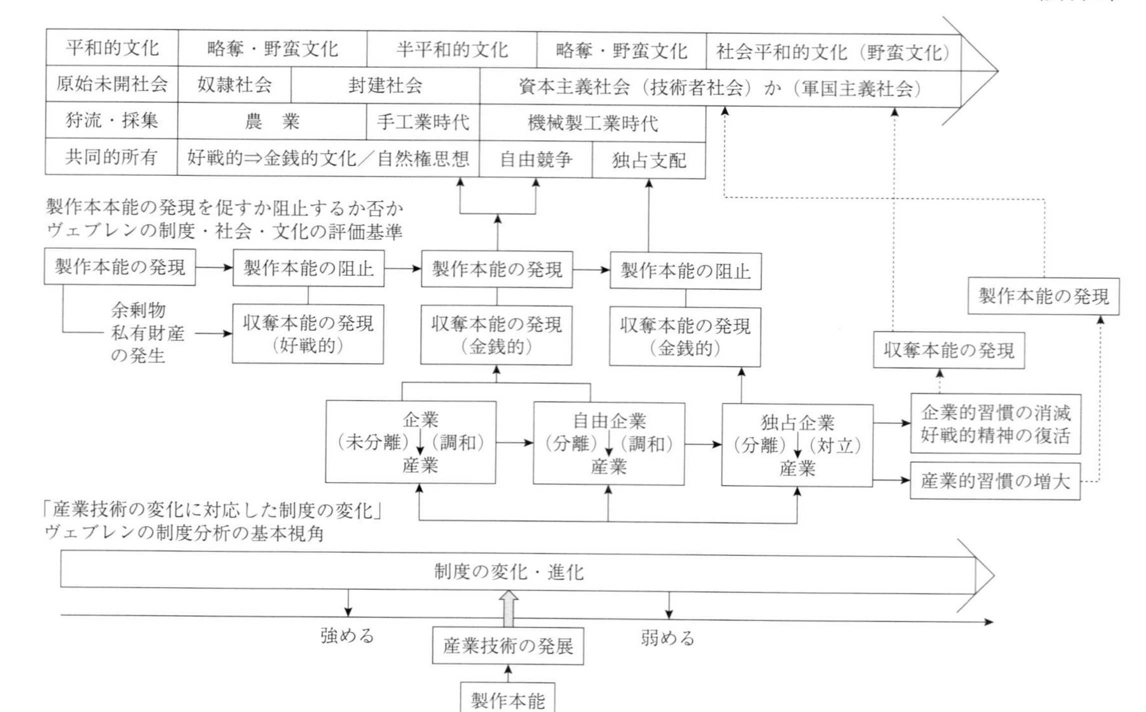

図1－3　ヴェブレンの進化論的変化の理論の基本構造（製作本能の顕在の仕方による時代区分）

（出所）　佐々野謙治「T・ヴェブレンの進化論的変化の理論」p. 43。一部加筆し作成。

〈資料２〉

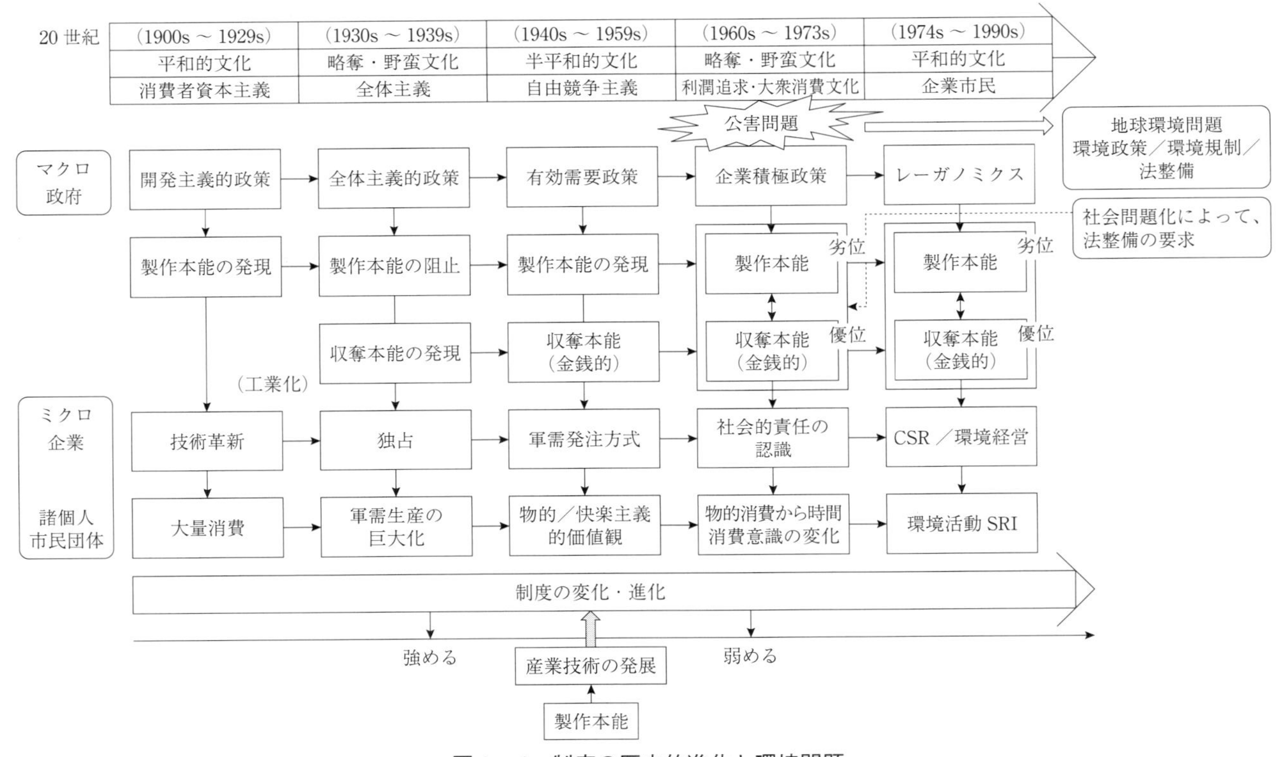

図１－４　制度の歴史的進化と環境問題

（出所）　筆者作成。

〈資料3〉

表3－1　日本の公募型SRI投資信託一覧（2012年3月末現在）

設定年月日	名　称	ファンド愛称	運用会社	評価項目	純資産残高（単位百万）	調査・助言
1999/8/20	日興エコファンド		日興アセットマネジメント	環境	12,221	グッドバンカー
2001/10/31	年金積立エコファンド	DCエコファンド	日興アセットマネジメント	環境	355	グッドバンカー
2000/1/28	エコ・パートナーズ	みどりの翼	三菱UFJ投信	環境	1,019	三菱UFJ & C
2000/9/28	朝日ライフSRI社会貢献ファンド	あすのはね	朝日ライフ　アセットマネジメント	CSR	2,955	ヴィジオ・ベルギー
2003/12/26	住信SRI・ジャパン・オープン	グッド　カンパニー	住信アセットマネジメント	CSR	11,777	日本総合研究所
2004/2/27	すみしんDCグッドカンパニ		住信アセットマネジメント	CSR	4,017	日本総合研究所
2004/4/27	フコクSRIファンド		しんきんアセットト投信	CSR	2,534	富国生命投資顧問
2004/5/20	ダイワSRIファンド		大和証券投資信託委託	CSR	2,063	インテグレックス
2004/7/20	DC・ダイワSRIファンド		大和証券投資信託委託	CSR	199	インテグレックス
2004/12/3	三菱UFJ SRIファンド	ファミリーフレンドリー	三菱UFJ投信	雇用	1,650	グッドバンカー
2005/3/18	SAIKYO日本株式CSRファンド	すいれん	パインブリッジ・インベストメンツ	CSR	662	＊ISS
2005/3/18	りそなジャパン	CSRファンド誠実の杜	パインブリッジ・インベストメンツ	CSR	3,322	＊ISS
2005/3/25	損保ジャパン・SRIオープン	未来のちから	損保ジャパン日本興亜アセット	CSR	1,022	インテグレックス
2005/4/28	パインブリッジ／ひろぎんCSRファンド	クラスG	パインブリッジ・インベストメンツ	CSR	201	＊ISSI
2005/8/12	日本SRIオープン	絆	岡三アセットマネジメント	CSR	1,019	富国生命投資顧問
2006/2/6	プラスアングル		インベスコ日本株式フォーカスアルファ		3,958	
2006/3/9	ダイワ・エコ・ファンド		大和証券投資信託委託	環境	6,661	日本総合研究所
2006/6/12	住信日本株式SRIファンド		住信アセットマネジメント	CSR	3,904	日本総合研究所
2006/6/30	アムンディ・りそなウーマンJファンド	LoveMe！PREMIUM	アムンディ・ジャパン	ウーマノミクス	459	—
2006/11/30	中央三井社会的責任ファンド	SRI計画	中央三井アセットマネジメント	CSR	567	インテグレックス
2006/12/8	しんきんSRIファンド		しんきんアセット投信	CSR	361	富国生命投資顧問
2007/2/16	STAM SRI・ジャパン・オープン		住信アセットマネジメント	CSR	1,651	日本総合研究所
2007/12/20	パインブリッジ日本株式SRIファンド		パインブリッジ・インベストメンツ	CSR	18	＊ISS
2008/4/18	損保ジャパン・エコ・オープン		損保ジャパン日本興亜AM		479	NKSJリスクマネジメント
2008/4/25	ニッセイ健康応援ファンド		ニッセイアセット		64	ニッセイアセット
2008/6/27	環境立国日本株オープン		国際投信投資顧問株式会社	環境	732	三菱総合研究所
2008/12/25	ダイワエネルギーテクノロジーファンド		大和証券投資信託委託	エネルギー	2,400	—
2009/2/27	次世代環境ビジネスファンド		大和住銀投信投資顧問	環境	879	—
2009/4/27	上場インデックスFTSE日本グリーンチップ35	上場日本グリーンチップ35	日興アセットマネジメント	環境	1,110	—
2009/6/26	環境ビジネス日本株オープン		大和住銀投信投資顧問		170	—
2009/7/24	環境ニューディールファンド		住信アセットマネジメント	環境	903	—
2009/9/30	DIAMジャパングリーンファンド（単位型）	新三種の神器	DIAMアセットマネジメント	環境	644	—
2010/1/29	中央三井環境関連日本株ファンド	エコの声	中央三井アセットマネジメント	環境	39	インテグレックス
2010/3/29	結い2101		鎌倉投信	環境／経済／社会	1,395	—
2010/8/2	生物多様性企業応援ファンド	生きものがたり	住信アセットマネジメント	環境	98	—
				国内株式型　小計	87,578	

（＊Institutional Shareholder Services: ISSと略す）。
（出所）「日本の公募型SRI投資信託一覧2012年3月末」特定非営利活動法人 社会的責任投資フォーラム（SIF-Japan）〈www.sifjapan.org/document/srimkt.pdf〉を参照し作成。

〈資料４〉

表３－２　地域金融機関の環境定期預金

タイプ	銀行名	預金名	取り組み内容
寄付型	岩手銀行	いわぎんエコ定期（地球防衛軍）	預金残高の0.05％相当分を県内の森林整備に寄附。
	香川銀行	環境ボランティア定期〈花と緑〉	定期預金残高の0.01％相当額を自然保護団体へ寄附。
	関西アーバン銀行	Eco定期預金	定期預金残高の0.01％相当額を琵琶湖の自然保護「マザーレイク」滋賀応援資金に寄附。
	きやらか銀行	美しい山形・最上川定期	預金残高の0.01％相当額を最上川環境保護団体等に寄附。
	滋賀銀行	エコプラス定期	１回の預入れごとに７円を“環境学習の場”「学校ビオトープ」作りの資金として拠出。
	四国銀行	環境応援定期「絆の森」	四国４県に繋がる「四国の水源の森づくり」などの自然環境を保全する地域活動を支援している高知県に四国銀行が本預金残高の0.003％相当額を寄附。
	静岡銀行	富士山定期	利息の全額を富士山の環境保全に取り組む「富士山基金」に寄附。
	大東銀行	エコ定期預金「ふるさと環境応援団」	預金残高100億円に達成時、残高の0.005％相当の金額を「湖美来基金」に寄附。
	東京都民／東日本／八千代銀行	東京緑の定期	預金残高の0.1％相当額を東京都が運営する「緑の東京募金」へ寄附。
	びわこ銀行	CO_2ダイエット・チャレンジ定期預金」	預金残高の一定割合を、環境保全活動を推進する団体に寄附。
	徳島銀行	環境サポート定期預金	販売残高200億円の0.01％を県の環境団体「とくしま環境県民会議」へ寄附。
	福島銀行	エコ定期「みんなの尾瀬」	定期預金残高の0.01％に相当する金額を「尾瀬保護財団」に寄附。
	みちのく銀行	みちのく「エコ定期預金」	定期預金残高の0.02％を「白神山地を守る会」の自然保護活動のために寄附。
連動型	東京スター銀行	外貨定期〈仕組み預金〉「エコのチカラ」	関連商品の指数に連動、上限金利3.00％・下限金利0.25％の間で金利を決定。
	びわこ銀行	エコクリスタル定期預金	琵琶湖の透明度が１年間で改善すれば、当初１年間に限り倍額の優遇金利を適用。
	敦賀信用金庫	エコ定期、リサイクル定期	近隣市町可燃性ゴミの減少に応じて金利を上乗せ。
	大和信用金庫	大和川定期	大和川の水質浄化が進めば最高１％の金利を上乗せ。
カーボン・オフセット型	滋賀銀行	カーボンオフセット定期「未来の種」	定期預金額の0.1％分の排出権を購入。
	伊予銀行	いよぎん環境定期預金「いよの美環」	「いよの美環」（預入額の0.1％相当の排出権を購入）。

（注）　既に募集を終了しているものもある。
（出所）　各銀行webサイトを参照し作成。

〈資料5〉

表3－3　民間金融機関の主な企業向け環境配慮型融資一覧

金融機関名	主な環境融資商品名	環境に特化した融資制度など
三菱東京 UFJ 銀行	「融活力」エコアクション	ISO14001・エコアクション 21 認証登録で 0.5%の金利優遇。
	排出権創出支援ローン	排出権創出のサポート、排出権の買取り、事業資金の融資を通じて、中堅中小企業の節電・省エネを支援。
三井住友銀行	SMBC 環境配慮評価融資／私募債	当行と日本総研が作成した環境配慮評価に基づき、企業の環境配慮状況を評価しそれに応じた条件設定での資金調達。
	SMBC-ECO ローン	ISO14001・エコアクション 21、KES など、当行所定の環境認証を取得済の企業に対して貸出金利の優遇。
みずほ銀行	みずほエコアシスト	外部認の証取得や環境報告書発行、環境良化に繋がる設備投資を行う企業をエコ認定し、一部弾力的に金利設定。
	環境配慮型企業融資	環境経営を実施している企業や今後その企業を目指す企業を対象に、「環境チェックリスト」より判定し優遇金利。
住友信託銀行	環境格付け融資	環境マネジメント、地球温暖化対策、生物の多様性などの観点から企業を評価し、その格付けに応じて融資金利を優遇。
	CSR 調達配慮　売掛債権信託	メーカー等の企業が原材料等を調達するサプライヤーに対して求める社会・環境面の配慮度に応じて、納入企業から売掛債権の信託受益権を買い取る際に適用する割引率を優遇。
鳥取銀行	とりぎん環境配慮型融資	グリーンアシスト：環境配慮の取り組みに必要な事業性資金を対象。 グリーンリード　：ISO14001 など環境に係る外部認証または当行環境格付け B 以上の事業者を対象。
	銀行保証付私募債	私募債発行の要件に加え、環境に係る外部認証または当行環境格付け B 以上の事業者を対象。
南都銀行	〈ナント〉環境配慮型融資	環境経営を行う企業の環境配慮に係る設備投資に対応した、当行所定の環境ランクに基づき金利を優遇。
	〈ナント〉グリーン私募債	環境経営や環境負荷低減に資する事業を行う企業が発行する私募債の引受けに際し保証料や手数料の一部優遇。
京都銀行	エコローン	ISO14001 の認証取得など要件を満たす企業に対し、「京銀固定長期融資ファンド」の適用金利より最大 0.3%優遇。
	エコ私募債	事務委託手数料を 0.15%優遇（通常、手数料は「発行額×0.25%×年限」であるが、「発行額×0.1%×年限」に優遇。
北陸銀行	ほくぎんエコ私募債	独自の「環境評価シート」により、企業の環境配慮への取組を評価し評価ランク（3段階）により金利優遇。
	地球温暖化対策加速支援無利子融資制度	環境に配慮した地球温暖化対策のための設備投資を行う企業向けの融資で、企業は当初3年間、約定利息の範囲内で環境省の利子補給（上限3％）受ける。
	エコ・リードマスター	日本政策投資銀行との提携による「環境評価シート」により、企業の環境配慮への取組を評価し融資条件に反映。
八十二銀行	エコウェーブⅡ（環境格付）	国の利子補給制度を活用するとともに、独自の「環境格付評価システム」で企業の環境保全活動の状況を評価し金利優遇。
	信州エコ・ボンド（山紫水明）	ISO14001 認証取得企業など環境に配慮した企業のための私募債発行に際して、銀行保証料率を優遇。
山口銀行	環境格付け融資	環境配慮した企業に独自の環境格付けを行い適用金利を優遇。温暖化対策の設備投資として環境省の利子補給交付事業に対応。
三重銀行	ビジネスセレクトローンエコ	年商 30 億円以内の環境認証を取得している法人を対象とした無担保ローン。
静岡銀行	エコサポートビジネスローン	ISO14001 認証を取得した企業に、運転資金、設備資金を低利で融資。
中国銀行	エコ私募債	環境配慮事業への資金の調達を目的に企業が発行する私募債の手数料を引き下げ。
広島銀行	エコ・ハーモニー	リサイクルや自然エネルギー事業のための設備資金などを低利で融資。
肥後銀行	くまもとビジネスローン	公害防止、地下水の保全などの整備を低利で融資。
伊予銀行	いよぎん環境クリーン資金	環境保全に係る設備資金・運転資金、公害防止施設に係る環境保全施設の設置・改善資金、ISO 認証のための資金。
四国銀行	環境応援融資「絆の森」	環境関連の認証を取得している企業や環境に配慮した事業活動を行っていると当行が認める企業に最大年 0.5%優遇。

（出所）　各銀行 web サイト／「環境配慮型金融商品一覧」大阪府 web サイト〈http://www.pref.osaka.jp/kannosomu/kankyo-kinyu/moneylist.html〉を参照し作成。

〈資料6〉

表3－4　自然環境保護を目的とする公益信託

名　称	主務官庁	発足年	信託目的・活動内容	当初信託財産（百万円）
遠藤記念三多摩自然環境保全基金	東京都	1982	三多摩地区の自然環境の整備・保全活動への助成。	10
富士フイルム・グリーンファンド	環境省	1983	緑化事業を中心とした自然環境の保全・創出への助成。	500
タカラ・ハーモニーファンド	環境省	1985	緑と水に恵まれた自然環境の保全・創出への助成。	100
自然保護ボランティアファンド	環境省	1986	自然保護ボランティア活動への助成。	10
コープこうべ環境基金	兵庫県	1992	兵庫県内の自然環境保全活動への助成。	50.5
むさし緑の基金	埼玉県	1992	埼玉内の自然環境保全活動への助成。	50
福島銀行ふるさと環境基金	福島県	1992	福島県内の自然環境保全、社会づくりへの助成。	50
しずぎんふるさと環境保全基金	静岡県	1993	静岡銀行創立50周年記念、社会づくりへの助成。	50
オータケ記念愛知県自然保護基金	環境省	1993	愛知県内の自然環境整備・保護等への助成。	80
今井記念尾瀬・日光自然保護基金	環境省	1995	日光国立公園の自然保護活動への助成。	10
道志水源基金	山梨県	1997	山梨県道志村の自然環境保全・生活基盤向上事業への助成。	1,010
高島環境ボランティア	長野県	1997	長野県諏訪地域の湖、河川の環境保護活動への助成。	10
エスペック地球環境研究・技術基金	環境省	1998	地球環境保全に関する科学的、技術的活動への助成。	30
日本経団連自然保護基金	環境省／外務省	2000	アジア太平洋地域・日本での自然保護活動を支援・推進。	110
コベルコ自然環境保全基金	兵庫県	2001	兵庫県内の自然環境保全事業等への助成。	50
「百間川」水とみどり基金	岡山県	2003	百間川地域の環境美化活動・団体等への助成。	60
みのお山麓保全ファンド	大阪府	2004	箕面市の山麓部保全活動への助成。	200
伊予銀行環境基金『エバーグリーン』	愛媛県	2008	愛媛県の自然環境及び生物多様性の保全活動への助成。	100

（出所）　一般社団法人信託協会webサイト〈http://www.shintaku-kyokai.or.jp/〉
「社会的課題の資する金融商品・サービス/公益信託」『住友信託銀行2008年CSRレポート』18頁を参照し作成。

〈資料 7〉

表 3 - 5　国内市民風力発電所一覧

風車名	事業主体	設置場所	風車機器	運転開始	総事業費	出資総額	出資者	補助金
市民風車 「はまかぜちゃん」	株式会社 北海道市民風力発電	北海道浜頓別町	Bonus 社 1,000 kW　1 基	2001 年 9 月	2 億円	1 億 4,150 万円	217 名	なし
市民風車「わんず」	特定非営利活動法人 グリーンエネルギー青森	青森県鯵ヶ沢町	GE Wind Energy 社 1,500 kW　1 基	2003 年 2 月	3 億 8 千万円	1 億 7,820 万円	776 名	NEDO 補助金 （補助率 1/2）
市民風車「天風丸」	特定非営利活動法人 北海道グリーンファンド	秋田県天王町	Pepower 社 1,500 kW　1 基	2003 年 3 月	3 億 4 千万円	1 億 940 万円	443 名	NEDO 補助金 （補助率 1/2）
石狩市民風車 「かぜるちゃん」	有限会社中間法人 いしかり市民風力発電	北海道石狩市	Vestas 社 1,650 kW　1 基	2005 年 2 月	3 億 2,500 万円	2 億 3,500 万円	266 名	NEDO 補助金 （上限 1 億円）
石狩市民風車 「かりんぷう」	有限会社中間法人 グリーンファンド石狩	北海道石狩市	Vestas 社 1,650 kW　1 基	2005 年 2 月	3 億 2,500 万円	2 億 3,500 万円	266 名	NEDO 補助金 （上限 1 億円）
大間市民風車 「まぐるん」ちゃん	有限会社中間法人 市民風力発電おおま	青森県大間町 大字奥戸	三菱重工業社 1,000 kW　1 基	2006 年 2 月	2 億 4,500 万円	8 億 6,000 万円	1,720 名	NEDO 補助金 設備導入費に対し 45％相当額
秋田市民風車 「風こまち」	有限会社中間法人 秋田未来エネルギー	秋田県秋田市 飯島	REpower Systems 社 1,500 kW　1 基	2006 年 3 月	3 億 2,500 万円			
秋田風車「竿太朗」	有限会社中間法人 あきた市民風力発電	秋田県秋田市 新屋町	REpower Systems 社 1,500 kW　1 基	2006 年 3 月	3 億 2,500 万円			
波崎市民風車 「なみまる」	有限会社中間法人 波崎未来エネルギー	茨城県神栖町 豊ヶ浜	GE Wind Energy 社 1,500 kW　1 基	2007 年 7 月	3 億 4,500 万円			
海上市民風車 「かざみ」	有限会社中間法人 うなかみ市民風力発電	千葉県旭市 岩井	GE Wind Energy 社 1,500 kW　1 基	2006 年 7 月	3 億 4,500 万円			
石狩市民風車 「かなみちゃん」	特定非営利活動法人 北海道グリーンファンド	北海道石狩市	Ecotecnia 社 1,650 kW　1 基	2008 年 1 月	4 億 1,700 万円	2 億 3,500 万円	470 名	NEDO 補助金 （補助率 1/2）以内
輪島もんぜん市民 風車「のとりん」	一般社団法人 輪島もんぜん市民風車	石川県輪島市 門前町	REpowerSystem 社 1,980 kW　1 基	2010 年 4 月	5 億 3,500 万円	9,900 万円	495 名	NEDO 補助金 （補助率 1/2）以内

（出所）　自然エネルギー市民ファンド「市民風車ファンド 2006（大間・秋田・波崎・海上）匿名組合出資案内」・「市民風車ファンド 2008 石狩匿名組合の概要」、各市民風車 web サイト／「市民風車とは」北海道グリーンファンド web サイト〈http://www.h-greenfund.jp/citizn/citizn.html〉
「地域新エネルギー導入促進事業補助金」一般財団法人新エネルギー・産業技術開発機構（NEDO）web サイト〈http://www.nedo.go.jp/〉を参照し作成。

〈資料８〉

表３－６　特色のある「住民参加型市場公募地方債」（ミニ公募債）

名　称	自治体名	発行年月	発行額 単位億円	資金使途・特徴
川崎シンフォニー債	神奈川県川崎市	2003.12	20	川崎駅西口市民文化施設事業に活用。利率年 0.720%。
佐賀県民債	佐賀県	2004. 9	10	「2007 年青春、佐賀総体」県有体育館設備費用に充当。利率は国債より 0.172% 下回る。
川崎市民健康の森債	神奈川県川崎市	2004.12	20	市民健康の森推進事業に活用。利率年 0.620%。
千歳命名 200 年記念債	北海道千歳市	2005. 5	5	ママチ川河川公園整備、水防センター建設、最終処分場整備などの 8 事業に活用。
千歳空港開港 80 年ほほえみ債	北海道千歳市	2006. 5	5	最終処分場整備事業など 4 事業に活用。
川崎緑化債	神奈川県川崎市	2006. 9	20	公園力施設整備事業・自然保護対策事業・リサイクルパーク整備事業。金利軽減分を「川崎市緑化基金」に積立て緑化推進事業に活用。
一葉債	東京都台東区	2006.11	2.5	樋口一葉の新記念館整備費に活用。
しっかり！　ぼう債	徳島県と徳島市	2006.12	10	防災対策。利率は国債より 0.1%下回る。
厚木まなび債	神奈川県厚木市	2006.12	2.5	高齢者福祉対策を目的としたゆえ、60 歳以上の市民と対象に発行。
中央区子育て応援債	東京都中央区	2007. 2	2	子育て支援施設の整備費に活用。
ハマ債風車	神奈川県横浜市	2007. 2	2.8	風力発電施設に活用。利率は国債より 0.05%下回る。
かこがわ未来債	兵庫県加古川市	2007. 3	3.5	消防・緊急車両を購入に活用。
市制施行 50 周年・J8 サミット記念きぼう債	北海道千歳市	2008. 5	5	地域情報化推進事業など 6 事業に活用。国債流通利回り参考に 0.89%決定。
こうとう未来債	東京都江東区	2011. 1	8	（仮称）昭和大学新豊洲病院整備費補助。
堺のびやか債	大阪府堺市	2011. 4	20	社会福祉施設の整備、小学校への太陽光発電設備の設置等に活用。
千歳の未来につながる安心債	北海道千歳市	2011. 5	5	小学校耐震化改修事業など、5 事業に活用。
市原みんな幸福債	千葉県市原市	2012. 4	3	総合公園整備事業、消防車両整備事業等に活用。

（出所）　各地方自治体の web サイト　住民参加型市場公募地方債」（ミニ公募債）を参照し作成。

〈資料９〉

表６－３ 「トトロの森」トラスト取得地一覧

保全地	所在地	面積(m^2)	取得年度	金額(円)
第１号地	所沢市上山口雑魚入 351	1,183	1991	64,407,800
第２号地	所沢市大字久米字八幡越 2375・2376	1,712	1996	56,300,000
第３号地	所沢市上山口チカタ 253-2	1,252	1998	20,000,000
第４号地	所沢市三ケ島１丁目 395	約 1,173	2001	8,196,367
第５号地	沢市大字堀之内 133-1、134-1	3,935	2003	19,900,000
第６号地	所沢市大字山口字狢入 2627-1 他	3,873	2003	19,030,000
第７号地	所沢市北野南２丁目 28-45、4	1,151	2008	9,300,000
第８号地	所沢市北野南１丁目 20-49	1,179	2008	8,201,250
第９号地	所沢市三ヶ島１丁目 410-13、14	104	2008	100,000
第 10 号地	所沢市三ヶ島１丁目 379-1	1,349	2009	5,400,000
第 11 号地	所沢市北野南２丁目 28-13	2,386	2010	14,250,000
第 12 号地	所沢市北中四丁目 455 番	5,168	2010	36,505,000
第 13 号地	所沢市掘之内 472	1,443	2010	5,815,290
第 14 号地	所沢市北野３丁目６－12	336	2011	2,000,000
第 15 号地	所沢市上山口字チカタ 2-2	1,248	2011	無償寄附
第 16 号地	所沢市北野南二丁目 28-9	1,046	2012	無償寄附
第 17 号地	東京都東村山市秋津町５丁目 28-21 他	1,767	2012	無償寄附
第 18 号地	所沢市堀之内 374	376	2012	1,504,800
第 19 号地	所沢市大字上山口字大芝原 1998	1,968	2013	11,808,000
第 20 号地	所沢市三ヶ島二丁目 497-2、-3、502	3,468	2013	12,138,000
第 21 号地	所沢市三ヶ島二丁目 503	3,979	2013	13,926,500
第 22 号地	所沢市三ヶ島一丁目 73-1	2,791	2014	14,848,120
第 23 号地	所沢市山口字貉入 2636 番	2,542	2014	11,947,400
第 24 号地	所沢市三ヶ島一丁目 336-1	1,221	2014	4,395,600
第 25 号地	所沢市大字山口字狢入 2629	1,107	2014	無償寄附
第 26 号地①	所沢市三ケ島二丁目 526 番	1,683	2014	6,563,700
第 26 号地②	所沢市三ケ島二丁目 524 番	979	2014	3,720,200
第 27 号地	所沢市北野三丁目６番 13	587	2014	3,545,480
第 28 号地	所沢市大字上山口字長久保 440 番４	1,058	2014	4,126,200
合計（28 箇所）		約 52,064	—	357,929,707

（2014 年 12 月 16 日現在）

（出所）（公財）トトロのふるさと基金 web サイト「トトロの森の紹介－トラスト取得地」を参照し作成。〈http://www.totoro.or.jp/intro/national_trust/index.html〉

〈資料 10〉

表 6 - 4　神奈川県内のトラスト緑地一覧

地域	場所		緑地名	＊面積（ha）①	②	③
県西	1	箱根町	仙石原			2.27
	2		箱根小塚山			12.69
	3		塔ノ沢			0.88
	4	大井町	大井吾妻山			1.24
湘南	5	秦野市	葛葉	0.66	5.77	
	6	大磯町	大磯こゆるぎ	1.96		
	7	藤沢市	川名	2.43	0.23	
県央	8	厚木町	厚木上依知鬼ケ谷			1.96
	9	相模原市	下溝			0.10
	10		東林ふれあい	0.43		
	11	大和市	泉の森	0.21	2.76	
	12		久田		7.05	0.74
川崎・横浜	13	横浜市	桜ヶ丘			1.20
	14		日吉			0.03
三浦半島	15	鎌倉市	鎌倉広町	15.96		
	16		鎌倉坂ノ下			2.35
	17		鎌倉今泉			0.31
	18		山崎・台峯	0.52		
	19	逗子市	大崎		1.75	
	20	葉山町	長柄			1.62
	21		葉山堀内			0.39
	22		葉山			1.06
	23		葉山滝の坂			5.13
	24		一色台			0.45
	25	横須賀市・葉山町	長者ケ崎			1.57
	26	横須賀市	秋谷			
	27	三浦市	小網代の森	3.91	8.60	
	28		三浦金田			0.25
合計（28 箇所）				26.08	26.16	34.31

2014 年 3 月 31 日現在

＊　①　県による買い入れ
　　②　財団の緑地保全契約
　　③　県による寄贈の受け入れ

（出所）　公益財団法人かながわトラストみどり財団 web サイト
　　かながわのナショナル・トラスト運動「神奈川県内のトラスト緑地」を参照し作成。

〈資料 11〉

表6－5　さいたま緑のトラスト保全地一覧

保全地	名　称	所在地	面積(ha)	取得年度
第 1 号地	見沼田圃周辺斜面林	さいたま市緑区南部領辻	1.1	1990・1991
第 2 号地	狭山丘陵・雑魚入樹林地	所沢市上山口	3.4	1994・1995
第 3 号地	武蔵嵐山渓谷周辺樹林地	嵐山町鎌形ほか	13.5	1997
第 4 号地	飯能河原周辺河岸緑地	飯能市矢颪(やおろし)ほか	2.3	1998・1999
第 5 号地	山崎山の雑木林	宮代町山崎	1.4	2001
第 6 号地	加治丘陵・唐沢流域樹林地	入間市寺竹	11.2	2002・2003
第 7 号地	小川原家屋敷林	さいたま市岩槻区馬込	0.7	2000・2001（寄贈）
第 8 号地	高尾宮岡の景観地	北本市高尾	3.6	2006
第 9 号地	堀兼・上赤坂の森	狭山市堀兼	6.0	2007
第 10 号地	浮野の里	加須市北篠崎・多門寺	5.4	2008
第 11 号地	黒浜沼	蓮田市黒浜	6.6	2009
第 12 号地	原市の森	上尾市原市	3.4	2012
合計（12 箇所）			58.6	

2012 年 12 月 31 日現在

（出所）（公財)トトロのふるさと基金 web サイト「トトロの森の紹介－トラスト取得地」を参照し作成。〈http://www.totoro.or.jp/intro/national_trust/index.html〉

表6－7　世田谷区の市民緑地一覧

	土地概況	市民緑地	面積(m^2)
1	屋敷林	北烏山九丁目屋敷林	2,490.46
2	雑木林	成城三丁目なかんだの坂	446.73
3	竹林	喜多見五丁目竹山	2,919.53
4	草地	成城三丁目こもれびの庭	465
5	雑木林	成城四丁目十一山	793.63
6	雑木林	成城三丁目崖の林（はけのはやし）	598
7	雑木林	岡本一丁目谷戸の坂（やとのさか）	757
8	草地	世田谷区桜新町 2-16	1,156.67
9	雑木林	等々力七丁目うえきば	500
10	樹木畑	上用賀五丁目いらか道	1146.44
11	樹木畑	北烏山四丁目梅林	1,939
12	庭園	大原一丁目柳澤の杜	1,259.25
13	庭園	成城四丁目発明の杜	1,617.38
合計（13 箇所）			16,089.09

（出所）（一財)世田谷トラストまちづくり web サイト「市民緑地」を参照し作成。〈http://www.setagayatm.or.jp/trust/map/cgs/〉

〈資料 12〉

表6－6　横浜市「市民の森」一覧

区　名	名　称	面積(ha)	場　所	開園年月日
栄	飯島市民の森	5.7	栄区飯島町	S47. 4. 5
栄	上郷市民の森	4.8	栄区上郷町、尾月	S47. 4.10
港南	下永谷市民の森	6.1	港南区下永谷六丁目、下永谷町、戸塚区上柏尾町	S47. 4.15
緑	三保市民の森	39.5	緑区三保町	S47.11. 4
金沢	釜利谷市民の森	10.2	金沢区釜利谷町、釜利谷東五丁目	S48.11. 7
磯子	峯市民の森	12.9	磯子区峰町	S49.10. 8
鶴見	獅子ケ谷市民の森	18.6	鶴見区獅子ケ谷二丁目、獅子ケ谷三丁目、港北区師岡町	S50. 4.26
瀬谷	瀬谷市民の森	19.1	瀬谷区瀬谷町、東野台、東野	S51. 4.24
磯子	氷取沢市民の森	60.8	磯子区氷取沢町、金沢区釜利谷東五丁目	S52. 4.12
港北	小机城址市民の森	4.6	港北区小机町	S52.10. 1
栄	瀬上市民の森	48	栄区上郷町	S54. 7. 7
金沢	称名寺市民の森	10.7	金沢区金沢町、谷津町	S54. 7.11
港北	熊野神社市民の森	5.3	港北区師岡町、樽町四丁目	S55. 7.19
神奈川	豊顕寺市民の森	2.3	神奈川区三ツ沢西町	S58. 4.23
戸塚	まさかりが淵市民の森	6.5	戸塚区汲沢町、深谷町	S59.10.25
戸塚	ウイトリッヒの森	3.2	戸塚区俣野町	S62. 5.30
旭	矢指市民の森	5.1	旭区矢指町	H3. 4.28
港北	綱島市民の森	6.1	港北区綱島台	H3.10.26
旭	追分市民の森	32.9	旭区矢指町、下川井町	H6. 3.26
旭	南本宿市民の森	6.3	旭区南本宿町	H7. 9.17
栄	荒井沢市民の森	9.6	栄区公田町	H10. 5.24
緑	新治市民の森	67.2	緑区新治町、三保町	H12. 3.26
青葉	寺家ふるさとの森	12.4	青葉区寺家町	S58.10.28
戸塚	舞岡ふるさとの森	19.5	戸塚区舞岡町	H13. 5. 5
金沢	関ケ谷市民の森	2.2	金沢区釜利谷西二丁目、釜利谷東八丁目	H15.10.26
緑	鴨居原市民の森	2	緑区鴨居町	H17. 4. 2
鶴見	駒岡中郷市民の森	1.1	鶴見区駒岡三丁目	H19. 4.28
金沢	金沢市民の森	24.8	金沢区釜利谷町	H23. 5.17
戸塚	深谷市民の森	3.1	戸塚区深谷町	H24. 4. 1
泉	中田宮の台市民の森	1.3	泉区中田北三丁目	H24. 7.20
旭	今宿市民の森	3	旭区今宿町	H25. 3.15
栄	鍛冶ケ谷市民の森	2.9	栄区鍛冶ケ谷二丁目	H26. 4. 1
都筑	川和市民の森	4	都筑区川和町	H26. 4. 1
泉	新橋市民の森	3.3	泉区新橋町	H27. 1.16
緑	(仮)長津田市民の森	3	緑区長津田町	未開園
青葉	(仮)恩田市民の森	4.7	青葉区恩田町	未開園
都筑	(仮)池辺市民の森	3.6	都筑区池辺町	未開園
金沢	(仮)朝比奈北市民の森	11.5	金沢区朝比奈町、大道一丁目、高舟台二丁目	未開園
旭	(仮)柏市民の森	1.9	旭区柏町	未開園
戸塚	(仮)名瀬・上矢部市民の森	14.1	戸塚区上矢部町、名瀬町	未開園
保土ケ谷	(仮)今井・境木市民の森	2.1	保土ケ谷区今井町	未開園
金沢	(仮)富岡東三丁目市民の森	1.3	金沢区富岡東三丁目	未開園
合計（42か所）		約507ha		

(2015年1月31日現在)

(出所)　横浜市環境創造局 web サイト“「市民の森」一覧”を参照し作成。〈http://www.city.yokohama.lg.jp/kankyo/green/shiminnomori/shimin-mori-hyou.html〉

索　引

【ア　行】

【カ　行】

【タ　行】

【ナ　行】

【ハ　行】

【マ　行】

【ヤ　行】

【ラ　行】

【ワ　行】

著者紹介

越田加代子（こしだ　かよこ）

大阪府出身　奈良県在住
立命館大学大学院経済学研究科　博士課程博士後期課程修了　博士（経済学）

（主な研究実績）
「家計における太陽光発電普及のための提案――低炭素社会の実現に向けて――」『立命館經濟學』60巻第2号　立命館大学経済学会　2011年。
「環境と金融の融合――環境配慮型社会の実現に向けた支援システムを中心に――」『立命館經濟學』61巻第2号　立命館大学経済学会　2012年。
「消費者の環境配慮行動としてのカーボン・セット――低炭素社会の実現に向けて――」『立命館經濟學』63巻第1号　立命館大学経済学会　2014年。
「都市近郊における里山保全に向けて――市民による共同管理を中心に――」『立命館經濟學』64巻第1号　立命館大学経済学会　2015年　などがある。

環境問題と市民参加型制度の発展
―進化経済理論から見た市民参加の展開―

2019年3月31日　第1刷発行

著　者　越田加代子
発行者　黒川美富子
発行所　図書出版　文理閣
京都市下京区七条河原町西南角　〒600-8146
TEL（075）351-7553　FAX（075）351-7560
http://www.bunrikaku.com
印刷所　共同印刷工業株式会社

ISBN978-4-89259-845-6